電磁気学入門

筑波大学名誉教授
理学博士

岡崎 誠 著

裳華房

INTRODUCTION TO ELECTROMAGNETISM

by

Makoto OKAZAKI, Dr. Sc.

SHOKABO

TOKYO

JCOPY 〈出版者著作権管理機構 委託出版物〉

まえがき

電磁気学のすすめ

電磁気学は，大学で学ぶ物理学の中で，力学と並んで最初に勉強する重要な分野である．そこで得る知識は，理工学分野のほかの科目を学ぶときにも必要となる．いや，知識ばかりではない．大学初年級の電磁気学を学ぶとき，それまで知らなかった物理的な考え方に出会うことになる．Chap. 2 で導入される「場」の考えは，最も重要な例である．そのような考え方が，学生時代に物理のほかの科目を学び，のちに社会人として科学技術に関わる仕事をするときの基礎体力となるだろう．

電磁気学で扱われる現象は，家庭電化製品，携帯電話，コンピューターから大型エネルギー機器，情報通信技術など，日常生活の非常に多くの局面で見られる．電磁気学の応用は，原子サイズであるナノの世界の超 LSI，医療工学機器，バイオセンサーなどの開発でも，今後さらに重要性を増していくであろう．

本書の内容構成

本書は，電磁気学を初めて学ぶ人を対象としている．本書の構成について説明しておこう．

電磁気学はその言葉通り，電気と磁気に関する学問である．この本は 16 の章から成るが，これを 4 つのグループに分けることができる．すなわち，数学 (Chap. 0)，電気 (Chap. 1～7)，磁気 (Chap. 8～11)，電磁現象 (Chap. 12～15) の 4 つである．

Chap. 0 の数学では，微分・積分の初歩とベクトルの考えを導入してから，本書を読むのに必要最小限な応用を解説する．この章は，後の章を読む

ときの公式集となる．

　Chap. 1～7 では電気現象を扱う．各章のタイトルは，「電荷」，「電場」，「電位」，「電気容量」，「誘電体」，「電流」，「直流回路」と，基本的な術語が並んでいる．その意味では，各章がそれぞれ長い用語解説であると見てよいかもしれない．章を読み進むにつれて，これらのタイトルを要素として一通りの電気現象が組み立てられることになる．

　磁気現象に関する Chap. 8～11 では，「磁石と磁気的な場」，「電流が作る磁束密度」，「電流にはたらく磁気力」，「アンペールの法則」と，具体的な現象や法則がタイトルになっている．そして，この4つのタイトルをつないでいけば，一見複雑に思える磁気現象のストーリーが，初歩から高度なところまで，系統立った姿を現す．

　最後のグループ，Chap. 12～15 では，電気と磁気が相互にからみ合う電磁現象を学ぶ．そこでは，電気と磁気は切り離せないものであることを知り，電磁気学の全体像が得られることになる．

本書の執筆方針

　執筆方針として，なるべくわかりやすく丁寧に説明することを基本としている．そのために特に留意したことを，以下に挙げる．

(1) 電気と磁気の対応を意識して理論を展開する．例えば，電場に対する磁束密度，電気力線と磁力線，誘電体と磁性体，電場のエネルギーには磁気的な場のエネルギーなど，電気と磁気で相互に対応する物理量や現象が多い．その際，両者の共通する点と違う点をはっきりさせることにより，どちらも正しく理解できる．

(2) 「電場」に対する用語として，本書では「磁場」という言葉を使わずに，「磁束密度」を使う．磁気的な性質をもつ空間を一般的に表現する用語としては，「磁気的な場」という言葉を使うこともある．このことについての詳細は，9.4 節を参照してほしい．

(3) 図の説明をできるだけ丁寧にする．図の解釈を容易にするために，その描き方にまでさかのぼって説明する場合もある（例えば 9.1 節の図 9.1）．

また，磁気的な問題ではしばしば 3 次元的な図が現れるが，例えば，12.1 節の電磁誘導のコイルと磁力線の図 12.3 などでは，線の見えない部分を鮮明に示して，両者の位置関係を正しく読みとれるようにした．

(4) 物理学の他の分野との関連を意識し，より広い視点から電磁気学を解説する．例えば，ポテンシャルエネルギーについては力学，誘電体では物質科学，電気抵抗では固体物理学，電磁波では波動論といった分野がその例である．

わかりにくさを受け入れよう

電磁気学は，例えば力学と比べて，わかりにくいという印象をもつかもしれない．目に見える物体の運動を扱う力学に対して，見えない電気を対象としていることもその一因であろう．だから，一旦はそのわかりにくさを素直に受けとめるしかないとも言える．

電磁気学では，物体内の場所によって違う電荷分布や，充電時の電荷の時間変化など，これまでになじみのない現象が出てくる．これも最初に述べた新しい物理の見方である．

Chap. 15 までの道のりは長い．途中でくじけずに，"一度読んでわからないときは，また後で読む" というくらいの気持ちで学んで欲しい．

以下は，電磁気学を苦手とした先輩である著者の告白である．本書は初心者向けの教科書であるが，著者自身もある意味で電磁気学の初心者と言えるかもしれない．昔著者が学生で物理の厳密な理論体系の美しさを追っていた頃，期末試験で苦手だった科目が，複雑な電磁気学だった．以後，物理の研

究・教育を職としながら，電磁気学をきちんと理解せずに生涯を終わってしまうのかと，気持ちに引っかかるものがあった．筑波大学を定年退職後，中央大学で電磁気学の授業を担当する機会を得て，"電磁気学の複雑さを少しでも解きほぐそう"と思い，この本を書くに至ったのである．というわけで，電磁気学を理解する苦労の体験が，執筆に生かされていれば幸いである．

本書の出版に際して，裳華房 企画・編集部の小野達也氏，石黒浩之氏に大変お世話になった．多くの貴重なご意見を頂いて本書を完成させることができたことに，特に感謝したい．

2005年10月

岡崎　誠

目　次

CHAPTER. 0　数　学

0.1　微分 ・・・・・・・・・1
0.2　積分 ・・・・・・・・・5
0.3　ベクトル ・・・・・・・12
0.4　ベクトル場 ・・・・・・19
演習問題 ・・・・・・・・・23

CHAPTER. 1　電　荷

1.1　電荷 ・・・・・・・・・24
1.2　クーロンの法則 ・・・・26
1.3　物質の構造と電子 ・・・31
演習問題 ・・・・・・・・・35

CHAPTER. 2　電場 —空間の電気的性質—

2.1　電場 ・・・・・・・・・36
2.2　電気力線 —電場を視覚的に— ・41
2.3　空間に分布している電荷 ・・・45
2.4　電束 ・・・・・・・・・48
2.5　ガウスの法則 ・・・・・52
演習問題 ・・・・・・・・・55

CHAPTER. 3　電　位

3.1　ポテンシャルエネルギー ・・・56
3.2　電位 ・・・・・・・・・66
3.3　等電位面 ・・・・・・・70
演習問題 ・・・・・・・・・73

CHAPTER. 4 電気容量 —電荷を蓄える能力—

4.1 コンデンサーの電気容量・・・74
4.2 コンデンサーの接続・・・・78
4.3 コンデンサーのエネルギー・・81
4.4 電場のエネルギー・・・・・83
演習問題・・・・・・・・・・84

CHAPTER. 5 誘 電 体

5.1 誘電体・・・・・・・・・85
5.2 誘導電荷の分子モデル・・・92
5.3 誘電体内でのガウスの法則・・97
演習問題・・・・・・・・・・98

CHAPTER. 6 電流 —電気抵抗と起電力で決まる流れ—

6.1 電流を担うもの・・・・・・99
6.2 電流・・・・・・・・・101
6.3 電気抵抗・・・・・・・105
6.4 起電力・・・・・・・・112
6.5 電気回路のエネルギー・・・116
演習問題・・・・・・・・・118

CHAPTER. 7 直流回路

7.1 抵抗の接続・・・・・・・119
7.2 キルヒホッフの法則・・・122
7.3 RC 回路・・・・・・・・125
演習問題・・・・・・・・・129

CHAPTER. 8 磁石と磁気的な場

8.1 磁石と磁極・・・・・・・130
8.2 磁束密度・・・・・・・134
8.3 磁束・・・・・・・・・139
演習問題・・・・・・・・・141

目 次　　　　　　ix

CHAPTER. 9　電流が作る磁束密度

9.1　動いている電荷が作る磁束密度 ・・・・・・・・・・・・142
9.2　ビオ-サバールの法則 ・・・145
9.3　円電流が作る磁束密度 ・・・149
9.4　磁束密度と磁場の強さ ・・・154
演習問題・・・・・・・・・・・155

CHAPTER. 10　電流にはたらく磁気力

10.1　磁束密度中での荷電粒子の運動 ・・・・・・・・・・・・・156
10.2　電流にはたらく磁気力・・・159
10.3　平行電流間にはたらく力・・162
10.4　ループ電流にはたらく力・・164
演習問題・・・・・・・・・・・167

CHAPTER. 11　アンペールの法則

11.1　アンペールの法則・・・・168
11.2　変位電流・・・・・・・175
11.3　磁性体・・・・・・・・178
演習問題・・・・・・・・・180

CHAPTER. 12　電磁誘導

12.1　電磁誘導の実験・・・・・181
12.2　ファラデーの法則・・・・186
12.3　動く回路に誘導される起電力 ・・・・・・・・・・・・189
演習問題・・・・・・・・・・192

CHAPTER. 13　インダクタンス

13.1　相互インダクタンス・・・193
13.2　自己インダクタンス・・・196
13.3　磁気的な場のエネルギー・・199
13.4　RL 回路・・・・・・・・201
13.5　LC 回路・・・・・・・・205
演習問題・・・・・・・・・208

CHAPTER. 14　交流電流

14.1　交流発電機の原理・・・・・209
14.2　交流電流・・・・・・・・211
14.3　抵抗とリアクタンス・・・214
14.4　交流回路の電力・・・・・220
演習問題・・・・・・・・・・221

CHAPTER. 15　電　磁　波

15.1　マクスウェル方程式と電磁波
　　　・・・・・・・・・・・223
15.2　波動・・・・・・・・・226
15.3　平面電磁波と光速・・・・232
15.4　正弦電磁波・・・・・・・236
15.5　電磁場のエネルギーと運動量
　　　・・・・・・・・・・・238
15.6　物質中の電磁波・・・・・239
演習問題・・・・・・・・・・240

演習問題解答・・・・・・・・・・・・・・・・・・・・・・241
索　　引・・・・・・・・・・・・・・・・・・・・・・・・251

CHAPTER. 0

数　　学

　数学は，物理を表現する言葉だともいわれる．物理がわからないというとき，記号や数式になじみがないことが原因になっていることがある．

　本書『電磁気学入門』に出てくる数学は，微分，積分，ベクトル解析の初歩であり，意外に少ない．その内容を本書に必要なことに限定すれば，楽に学べると思う．物理全般に必要な数学には，ほかに線形代数（ベクトルはその一部），微分方程式，複素関数論などがあるが，それらについてはここでは省略する．

0.1　微　分

関数の極限

　関数の概念は，その重要性を意識しないほどに物理では日常的に使われている．変数 x に対して**関数** $f(x)$ によって決まる量を y として

$$y = f(x) \tag{0.1}$$

と表す．

　関数が与える重要な情報は，その値と変化の様子である．初めに，関数の**極限値**を説明しておく．関数 $f(x)$ で x を 0 に近づけたときの関数の値を，$f(x)$ の $x \to 0$ での極限値といい，$\lim_{x \to 0} f(x)$ と書く．例えば，

$$f(x) = x \tag{0.2}$$

のとき
$$\lim_{x \to 0} f(x) = 0 \tag{0.3}$$
である．

例題 0.1

$f(x) = 1/(x-1)$ のとき，$\lim_{x \to 2} f(x)$ を計算せよ．

[解] $\lim_{x \to 2} f(x) = \lim_{x \to 2} \dfrac{1}{x-1} = \dfrac{1}{1} = 1$ ¶

導関数

変数 x の関数 $y = f(x)$ において，x が Δx だけ変化したときの y の変化 Δy から，y の変化率を
$$\frac{\Delta y}{\Delta x} = \frac{f(x + \Delta x) - f(x)}{\Delta x}$$
と表す（図 0.1）．ここで $\Delta x \to 0$ の極限をとることを
$$f'(x) = \frac{dy}{dx} = \lim_{\Delta x \to 0} \frac{f(x + \Delta x) - f(x)}{\Delta x} \tag{0.4}$$
と表し，$f'(x)$ を $f(x)$ の**導関数**という．

導関数を求めることを，$f(x)$ を**微分する**という．dy/dx は，曲線 $f(x)$ の x での接線の傾きを表している．また，y を x について 2 度微分した $df'(x)/dx = d^2y/dx^2$ を y の x に関する **2 階導関数**という．

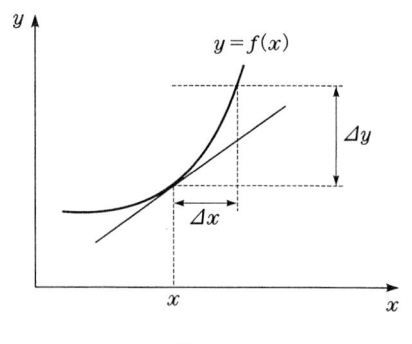

図 0.1

---**例題 0.2**---

運動する物体の原点からの距離 x が $x = (1/2)gt^2$ で表される時間変化をするとき、時刻 t での物体の速さを求めよ。

[**解**] 一般に速さといった場合には、その時間内 (Δt) の平均の速さ

$$\frac{x(t + \Delta t) - x(t)}{\Delta t}$$

ではなく、瞬間の速さ ($\Delta t \to 0$) で定義されるから

$$v(t) = \lim_{\Delta t \to 0} \frac{x(t + \Delta t) - x(t)}{\Delta t} = \lim_{\Delta t \to 0} \frac{\frac{1}{2}g(t + \Delta t)^2 - \frac{1}{2}gt^2}{\Delta t}$$

$$= \lim_{\Delta t \to 0} \frac{gt\,\Delta t + \frac{1}{2}g\,\Delta t^2}{\Delta t} = gt$$

となる。この場合、速さは時間に比例して増えることがわかる。　¶

基本的な関数について、その導関数を公式として以下に示す。これらの導関数は (0.4) によって導くことができる。

◆ 導関数

$f(x)$	$f'(x)$
x^n	nx^{n-1}
e^x	e^x
$\log x (= \ln x)$	$1/x$
$\sin x$	$\cos x$
$\cos x$	$-\sin x$

次に、よく使われる微分の公式を挙げる。

◆ 積の微分

$$\frac{d}{dx}[f(x)\,g(x)] = f'(x)\,g(x) + f(x)\,g'(x) \tag{0.5}$$

◆ 商の微分

$$\frac{d}{dx}\left[\frac{f(x)}{g(x)}\right] = \frac{f'(x)\,g(x) - f(x)\,g'(x)}{[g(x)]^2} \tag{0.6}$$

◆ 合成関数の微分

u の関数 y が $y = f(u)$ であり,さらに u が x の関数 $u = g(x)$ であるとき,y は u を通して x の関数となっている.このとき

$$y = f(g(x)) \tag{0.7}$$

を**合成関数**といい,合成関数 y の x に関する微分は

$$\frac{dy}{dx} = \frac{dy}{du}\frac{du}{dx} \tag{0.8}$$

で与えられる.

例題 0.3

次の関数の微分を合成関数の微分の方法で導け.
$$f(x) = a^2 x^2$$

[解] $u = ax$ とおくと $f(u) = u^2$ だから,(0.8) を用いて

$$\frac{df}{dx} = \frac{d(u^2)}{du}\frac{d(ax)}{dx} = 2ua = 2a^2 x$$

となる.なお,同じ計算を x の関数として直接行うと

$$\frac{d}{dx}(a^2 x^2) = 2a^2 x$$

である. ¶

偏微分

微分記号 df/dx において d を ∂ とした $\partial f/\partial x$ で,関数 f の x に関する**偏微分**を表す.この偏微分の記号を初めて見ると,難しいものという印象をもつかもしれない.しかし,実は簡単なことである.例えば,x と y の2つの変数をもつ関数 $f(x, y)$ の,変数 x に関する偏微分 $\partial f/\partial x$ とは

『y の方は定数と見なして,x で微分する』

という意味である.逆に,x を定数と見なして y で微分するとき,$\partial f/\partial y$ と表す.

例題 0.4

$f(x,y) = x^3y + 2xy^2 + y^3$ について,$\partial f/\partial x$ と $\partial f/\partial y$ を計算せよ.

[解]　$\dfrac{\partial f(x,y)}{\partial x} = 3x^2y + 2y^2,\quad \dfrac{\partial f(x,y)}{\partial y} = x^3 + 4xy + 3y^2$

偏微分に関しても,2階の導関数を定義できる.それは次の4つである.

$$\frac{\partial^2 f(x,y)}{\partial x^2},\quad \frac{\partial^2 f(x,y)}{\partial x\,\partial y},\quad \frac{\partial^2 f(x,y)}{\partial y\,\partial x},\quad \frac{\partial^2 f(x,y)}{\partial y^2}$$

なお,通常の関数の場合,微分の順序を入れ替えたものは同じ結果を与えるので

$$\frac{\partial^2 f(x,y)}{\partial x\,\partial y} = \frac{\partial^2 f(x,y)}{\partial y\,\partial x} \tag{0.9}$$

が一般に成り立つと考えてよい.　¶

0.2　積　分

不定積分

積分は,微分の逆の操作である.すなわち,$f(x)$ に対して

$$\frac{dF(x)}{dx} = f(x) \tag{0.10}$$

を満たす $F(x)$ を求めることを,$f(x)$ を積分するという.このとき,$F(x)$ を $f(x)$ の**原始関数**といい,$F(x)$ に任意の定数を加えたものも $f(x)$ の原始関数である.

　(0.10) の両辺を x について積分した結果を

$$\int f(x)\,dx = F(x) + C \quad (C：任意定数) \tag{0.11}$$

と表して,$\int f(x)\,dx$ を $f(x)$ の**不定積分**,C を**積分定数**という.例えば,

$$\frac{d(x^n)}{dx} = nx^{n-1}$$

という微分の関係式の不定積分を求めると

$$\int nx^{n-1}\,dx = x^n + C$$

となる.

ここで,積分公式の主なものを挙げておく.

$f(x)$	$F(x)$
x^n	$x^{n+1}/(n+1)$
$\sin x$	$-\cos x$
$\cos x$	$\sin x$
e^x	e^x
$1/x$	$\log|x|$
$g'(x)/g(x)$	$\log|g(x)|$

定積分

積分計算の例として,区間 $[a,b]$ で関数 $f(x)$ と x 軸に挟まれる部分の面積 S を計算する(図 0.2).

区間 $[a,b]$ を N 等分して,a,b を両端とする $N+1$ 個の点

$$a = x_0 < x_1 < \cdots < x_N = b$$

をとる.各小区間 $[x_i, x_{i+1}]$ で,$f(x)$ と x 軸に挟まれる部分の面積は,高さ $f(x_i)$,幅 $\varDelta x = (b-a)/N$ の長方形の面積 $f(x_i)\,\varDelta x$ で近似できる.これを i について加えて N が十分大きい極限を考える(分割数を限りなく大きくすると,長方形の面積の和が曲線と x 軸で挟まれる面積に限りなく近づく).したがって,面積 S は

$$S = \lim_{N \to \infty} \sum_{i=1}^{N} f(x_i)\,\varDelta x$$

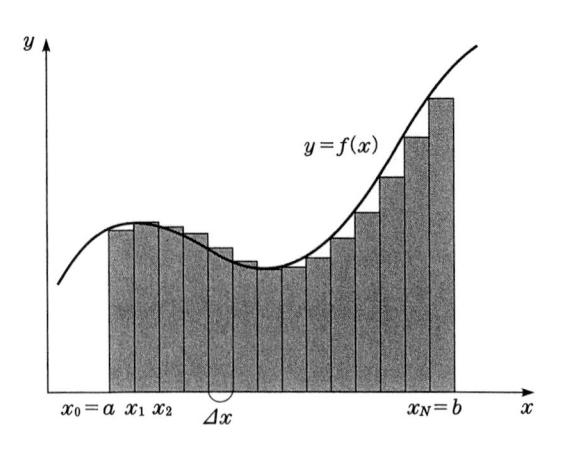

図 0.2

となり，これを

$$S = \int_a^b f(x)\, dx \tag{0.12}$$

と書く．(0.12) の右辺が**定積分**である．

定積分では x の積分範囲に，下限 a と上限 b がある．不定積分は，積分して得られた関数形を与えるものであり，(0.11) にみるように上限，下限がない．

次に，定積分 (0.12) の下限を固定し，上限の b を x でおきかえた関数

$$F(x) = \int_a^x f(t)\, dt + F(a) \tag{0.13}$$

を考える（ここで積分変数を t として，積分の上限 x と区別する）．右辺第2項に積分定数として $F(a)$ を加えたのは，そうすれば $x = a$ で両辺が等しくなるからである（このとき右辺第1項は $\int_a^a f(t)\, dt$ となり，積分範囲がゼロだからゼロである）．(0.13) で $x = b$ とおけば

$$\int_a^b f(t)\, dt = F(b) - F(a) \tag{0.14}$$

を得る．

このように，定積分は原始関数の上限での値と下限での値の差で決まる定数である．この式は定積分を計算するときに使い，そのとき右辺を簡略化して $F|_a^b$ と書くこともある．

例題 0.5

$f(x) = x$ を区間 $[0, 2]$ で積分せよ．

[解] x の原始関数は $x^2/2$ であるから，(0.14) より

$$\int_0^2 x\, dx = \frac{1}{2} x^2 \Big|_0^2 = \frac{1}{2} \times 2^2 - \frac{1}{2} \times 0^2 = 2$$

となる． ¶

合成関数の積分

例として，不定積分 $I = \int \dfrac{1}{x-a}\,dx$ を計算する．$x-a=X$ とおいて両辺を X で微分すると，$dx/dX=1$ となって $dx=dX$ だから，上の不定積分は

$$I = \int \dfrac{1}{X}\,dX = \log|X| + C$$
$$= \log|x-a| + C \quad (C：積分定数)$$

となる．

2重積分

2つの変数 x, y の関数 $f(x,y)$ の図 0.3 に示す長方形領域 $D\,(a \leqq x \leqq b,\ c \leqq y \leqq d)$ での積分を考える．それには，1変数の場合に考えたのと同じ筋道をたどる．

x 軸方向に，a, b を両端とする $N+1$ 個の点

$$a = x_0 < x_1 < \cdots < x_N = b \qquad (0.15)$$

をとり，区間 $[a,b]$ を幅 $\Delta x = (b-a)/N$ の小区間に N 等分する．y 軸方向にも，c, d を両端とする $M+1$ 個の点

$$c = y_0 < y_1 < \cdots < y_M = d \qquad (0.16)$$

をとり，区間 $[c,d]$ を幅 $\Delta y = (d-c)/M$ の小区間に M 等分する．i と

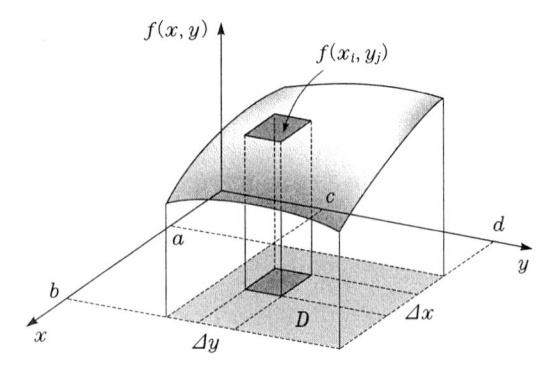

図 0.3

0.2 積分

j で指定される小区間 $[x_i, x_{i+1}]$, $[y_j, y_{j+1}]$ では，$f(x, y)$ と xy 平面で挟まれる部分の体積を，高さが $f(x_i, y_j)$ で底面積が $\Delta x\, \Delta y$ の直方体の体積で近似できる．N, M を十分大きくとれば，直方体の体積の和は，領域 D で，$f(x, y)$ と xy 平面で挟まれる部分の体積 V に限りなく近づき

$$V = \lim_{N,M \to \infty} \sum_{i=1}^{N} \sum_{j=1}^{M} f(x_i, y_j)\, \Delta x\, \Delta y$$

$$= \int_a^b \int_c^d f(x, y)\, dS \qquad (dS = dx\, dy) \qquad (0.17)$$

となる．この式で，$f(x, y)$ の長方形領域 D における **2 重積分**を定義する．

2 重積分の計算

一般の領域における 2 重積分の計算では，まず一つの積分変数について積分してから，もう一つの積分変数について積分する場合が多い．

例えば，積分領域を図 0.4 に示す三角形にとり，2 重積分

$$I = \iint_D (2x + 3y^2)\, dx\, dy$$

を計算する（図 0.4 は，図 0.3 でいえば $f(x, y)$ 軸の上方からながめたもの）．最初に棒状の領域で変数 y について 0 から x まで積分し，次に x について 0 から 1 まで積分する（図 0.4(a)）．

$$I = \int_0^1 \left\{ \int_0^x (2x + 3y^2)\, dy \right\} dx$$

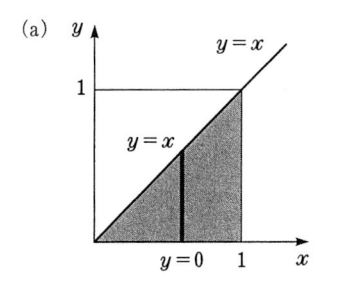

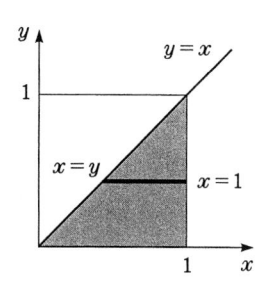

図 0.4

初めに { } 内の y に関する積分をするときは，x を定数と考えて

$$I = \int_0^1 (2xy + y^3)|_0^x \, dx = \int_0^1 (2x^2 + x^3) \, dx$$

となり，次に x で積分すると

$$I = \left(\frac{2}{3}x^3 + \frac{1}{4}x^4\right)\bigg|_0^1 = \frac{2}{3} + \frac{1}{4} = \frac{11}{12}$$

となる．

同じ積分を，初めに x について積分すると，その積分範囲は y から 1 までで，次に y に関する積分範囲は 0 から 1 までである（図 0.4(b)）．計算結果は

$$\int_0^1 \left\{\int_y^1 (2x + 3y^2) \, dx\right\} dy = \int_0^1 (x^2 + 3xy^2)|_y^1 \, dy$$

$$= \int_0^1 (1 + 2y^2 - 3y^3) \, dy$$

$$= \left(y + \frac{2}{3}y^3 - \frac{3}{4}y^4\right)\bigg|_0^1 = \frac{11}{12}$$

となり，結果は積分する変数の順序によらないことがわかる．

2 重積分 (0.17) を導いたのは，積分領域が長方形という特別な場合であった．一般に，図 0.5 に示すように $a \leq x \leq b$ の範囲で曲線 $y = h(x)$ と $y = g(x)$ で囲まれる領域での $f(x, y)$ の 2 重積分は

$$\iint f(x, y) \, dx \, dy$$
$$= \int_a^b \left(\int_{g(x)}^{h(x)} f(x, y) \, dy\right) dx \qquad (0.18)$$

で計算できる．図 0.4 で示した計算は，(0.18) を用いている例である．

なお，曲面上での 2 重積分も平面と同じようにできる．0.4 節で述べるベクトルの面積分はその例である．

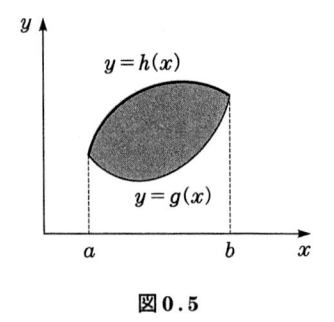

図 0.5

3変数の関数 $f(x, y, z)$ の3重積分は2重積分からの拡張で

$$\int f(x, y, z)\, dV \qquad (dV = dx\, dy\, dz) \tag{0.19}$$

で表される．

積分変数の変換

図 0.6(a) にみるように，**直角座標** (x, y) を**極座標** (r, θ) を用いて変換すると

$$x = r\cos\theta, \quad y = r\sin\theta \tag{0.20}$$

で与えられる．したがって，関数 f を極座標で表すと

$$f(x, y) = f(r\cos\theta, r\sin\theta) = g(r, \theta)$$

と書け，面積要素 dS が $r\, dr\, d\theta$ だから（図 0.6(b)），極座標での2重積分は

$$\int f(x, y)\, dS = \iint g(r, \theta)\, r\, dr\, d\theta \tag{0.21}$$

となる．

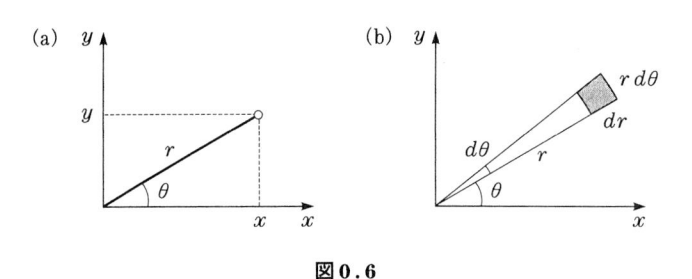

図 0.6

3重積分の場合は直角座標と**球座標**の間に

$$x = r\sin\theta\cos\phi, \quad y = r\sin\theta\sin\phi, \quad z = r\cos\theta \tag{0.22}$$

の関係があるから（図 0.7(a)），球座標での体積要素 dV は

$$dV = r^2 \sin\theta\, dr\, d\theta\, d\phi$$

となり（図 0.7(b)），球座標での3重積分は

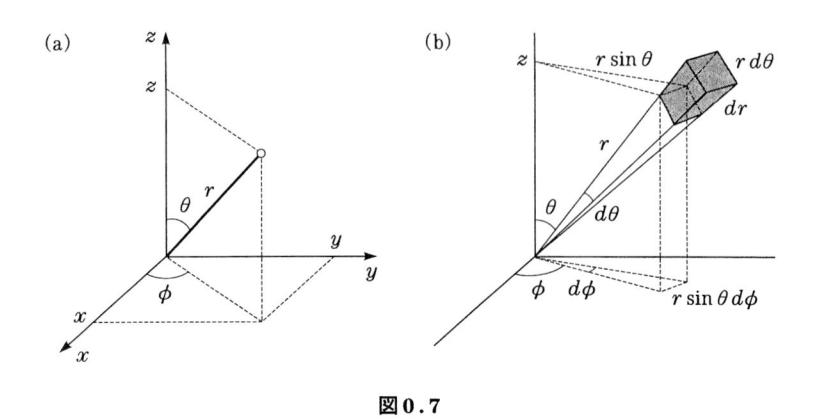

図 0.7

$$\int f(x,y,z)\, dV = \iiint g(r,\theta,\phi)\, r^2 \sin\theta\, dr\, d\theta\, d\phi \quad (0.23)$$

となる．

0.3 ベクトル

ベクトルとは

　質量や温度のように，大きさだけで向きをもたないものを**スカラー**といい，速度や CHAPTER. 2 で学ぶ電場のように，大きさと向きをもつ量を**ベクトル**という．ベクトル量を表すには，例えば速度は v，電場は E のように太文字を使う．例として，ベクトル A を図 0.8 に示す．これと同じ大きさで逆向きのベクトルが，$-A$ である．

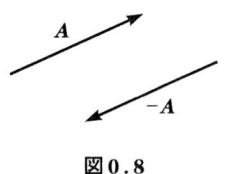

図 0.8

　ベクトルと定数の積は，もとのベクトルの大きさを，その定数倍したものになる．そのとき向きは，定数が正ならば同じ向き，負ならば逆向きになる．

0.3 ベクトル

ベクトルは，その成分によって規定される．2次元空間で定義されるベクトルは2成分，3次元空間のベクトルは3成分である．例えば，3次元空間での位置Pを，原点から点Pに向かう**位置ベクトル** r で指定すると（図0.9），これは x, y, z 座標を3成分として

$$r = (x, y, z)$$

と表される．

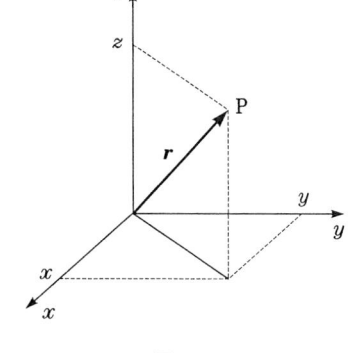

図 0.9

直交座標軸（x, y, z軸）方向の**単位ベクトル**（長さ1のベクトル）

$$e_x = (1, 0, 0), \quad e_y = (0, 1, 0), \quad e_z = (0, 0, 1) \tag{0.24}$$

を**基本ベクトル**という（図0.10）．いま，任意の3次元ベクトル

$$A = (A_x, A_y, A_z) \tag{0.25}$$

を考えると（図0.11），これは基本ベクトル (0.24) を用いれば

$$A = A_x e_x + A_y e_y + A_z e_z \tag{0.26}$$

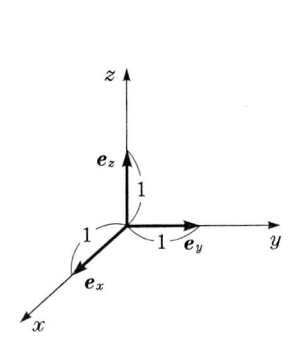

図 0.10 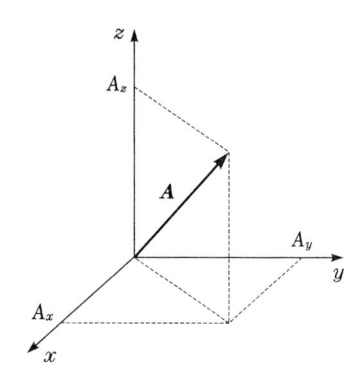　　　　　**図 0.11**

また，ベクトル $\boldsymbol{A}$ の大きさは
$$A = |\boldsymbol{A}| = \sqrt{A_x{}^2 + A_y{}^2 + A_z{}^2} \tag{0.27}$$
である．

(0.26) は，任意のベクトルが基本ベクトルの1次結合によって表せることを示している．また，2つのベクトル $\boldsymbol{A}$ と $\boldsymbol{B}$ の和を $\boldsymbol{C}$ とすると，その成分は $\boldsymbol{A}$, $\boldsymbol{B}$ それぞれの成分の和となる．
$$\boldsymbol{C} = \boldsymbol{A} + \boldsymbol{B} = (A_x + B_x, A_y + B_y, A_z + B_z) \tag{0.28}$$

ある向きを表すのに，その方向の単位ベクトルが使われることがある．例えば $\boldsymbol{r}$ の**方向を表す単位ベクトル**を $\boldsymbol{e}_r$ と書くと
$$\boldsymbol{r} = r\boldsymbol{e}_r \tag{0.29}$$
である．これより単位ベクトルは，ベクトルをそれ自身の大きさで割った
$$\boldsymbol{e}_r = \frac{\boldsymbol{r}}{r} \tag{0.30}$$
で与えられる．

スカラー積（内積）

2つのベクトル $\boldsymbol{A}$ と $\boldsymbol{B}$ の**スカラー積**を $\boldsymbol{A} \cdot \boldsymbol{B}$ と表し，これは2つのベクトルの成分ごとの積の和
$$\boldsymbol{A} \cdot \boldsymbol{B} = A_x B_x + A_y B_y + A_z B_z \tag{0.31}$$
で定義される（スカラー積のことを**内積**ともいう）．

図 0.12 に示すように，$\boldsymbol{A}$ の向きに x 軸を，$\boldsymbol{A}$ と $\boldsymbol{B}$ が作る平面内に y 軸をとり，$\boldsymbol{A}$ と $\boldsymbol{B}$ の間の角度を θ とすると
$$\boldsymbol{A} = (A, 0, 0)$$
$$\boldsymbol{B} = (B\cos\theta, B\sin\theta, 0)$$
だから
$$\boldsymbol{A} \cdot \boldsymbol{B} = AB\cos\theta \tag{0.32}$$
である．これをスカラー積とよぶ理由は，

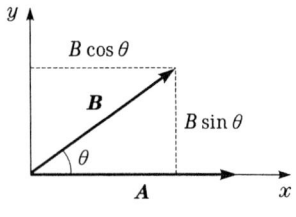

図 0.12

0.3 ベクトル

この積が向きをもたないスカラー量だからである．

スカラー積には次の基本的な性質がある．

(1) 直交するベクトル A と B のスカラー積はゼロである．
$$A \cdot B = 0 \quad (A \perp B) \tag{0.33}$$

(2) ベクトル自身とのスカラー積は，ベクトルの大きさの2乗である．
$$A \cdot A = A^2 \tag{0.34}$$

(3) スカラー積では，ベクトルの順序を変えても結果は同じである．
$$A \cdot B = B \cdot A \tag{0.35}$$

このように2つの量を交換したときに成り立つ関係を，**交換律**という．

(4) **分配律**
$$A \cdot (B + C) = A \cdot B + A \cdot C \tag{0.36}$$

が成り立つ．

例題 0.6

分配律 (0.36) が成り立つことを，図によって説明せよ．

[解] ベクトル A, B, C を図 0.13 のようにとる．

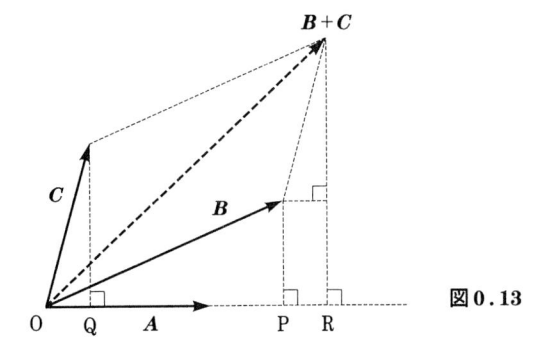

図 0.13

$A \cdot B$ は $A \times \overline{OP}$, $A \cdot C = A \times \overline{OQ}$ である．また
$$\overline{OR} = \overline{OP} + \overline{PR} = \overline{OP} + \overline{OQ}$$
だから，この両辺に A を掛けると，(0.36) がいえる． ¶

基本ベクトル (0.24) は，どれも大きさが1で互いに直交しているから，(0.33) を適用すると

$$e_x \cdot e_y = e_y \cdot e_z = e_z \cdot e_x = 0 \tag{0.37}$$

また，(0.34) から

$$e_x \cdot e_x = e_y \cdot e_y = e_z \cdot e_z = 1 \tag{0.38}$$

が成り立つことは容易にわかる．

ベクトル積（外積）

2つのベクトル A, B の積として，$A \times B$ で表される**ベクトル積**を導入する．ベクトル積は，スカラー積と違ってベクトル量である（ベクトル積のことを**外積**ともいう）．

ベクトル積を2つのベクトル A, B の成分で表すと，次の関係がある．

$$A \times B = e_x(A_y B_z - A_z B_y) + e_y(A_z B_x - A_x B_z) + e_z(A_x B_y - A_y B_x) \tag{0.39}$$

A と B のベクトル積は，2つのベクトルがなす角 θ を使って

$$D \equiv A \times B = AB \sin\theta \, e_n \tag{0.40}$$

と書ける．e_n は単位ベクトルで A, B の両方に垂直であり，D の向きは A から B の方に回した右ねじが進む向きである（図 0.14）．これを**右ねじの関係**といい，後でしばしば使う概念である（例えば 8.2 節のローレンツ力，9.2 節のビオ - サバールの法則など）．

e_n は，ベクトル A と B が作る面の**法線ベクトル**である．図 0.14 に示すように，A を x 軸にとり，B を xy 面内にとると，$A \times B$ は（つまり e_n も）z 軸方向を向き，$|D|$ は A と B を2辺と

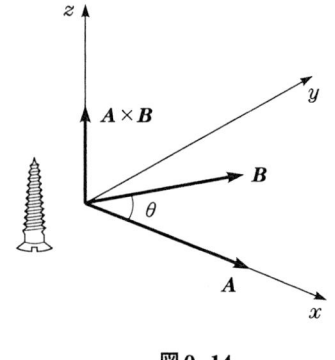

図 0.14

する平行四辺形の面積となる．

ベクトル積には次の性質がある．

(1)
$$A \times B = -B \times A \tag{0.41}$$

(2) A と B が平行のとき
$$A \times B = 0 \tag{0.42}$$

これは (0.40) で $\sin\theta = 0$ からいえる．したがって，
$$A \times A = 0 \tag{0.43}$$

(3) ベクトル積についても，分配律
$$A \times (B + C) = A \times B + A \times C \tag{0.44}$$
が成り立つ．

(4) (0.24) で定義した3つの基本ベクトルには
$$e_x \times e_y = e_z, \ e_y \times e_z = e_x, \ e_z \times e_x = e_y \tag{0.45}$$
が成り立つことが，ベクトル積の右ねじの関係 (0.40) を適用すればいえる．また (0.43) から
$$e_i \times e_i = 0 \tag{0.46}$$
である．

面積ベクトル

まず，平面に対して，**面積ベクトル** S を定義する．これは大きさが面積 S で，その面に垂直な方向を向くベクトルのことである（図 0.15(a)）．曲面の場合には，これを平面と見なしてよいくらい微小な部分に分け，それぞれについて面積ベクトルを考える（図 0.15(b)）．

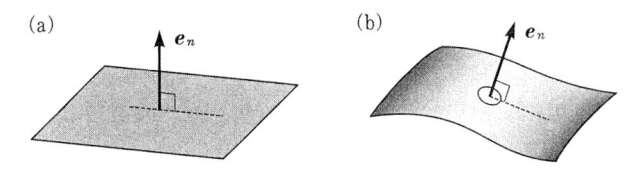

図 0.15

(a) 正の面　閉曲線の正の向き　負の面

(b) 面の正の垂直方向　閉曲線の正の向き

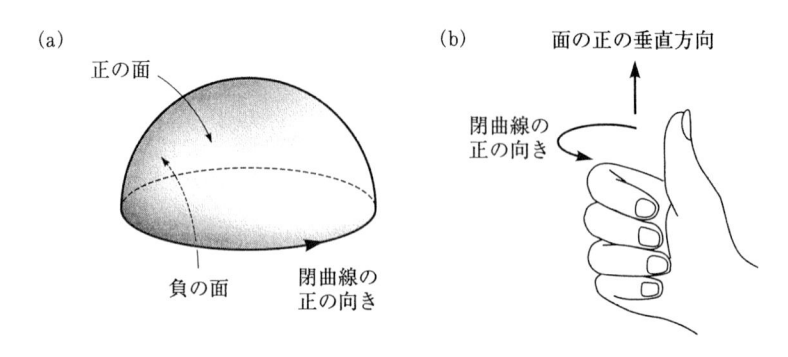

図 0.16

また，面の両側を区別するために符号を付けることがある．ある閉曲線で囲まれた面の片側を正，反対側を負とする（図 0.16(a)）．そのためには，まず面を囲む閉曲線の正の向きを決める（図 0.16(a) の矢印）．右手の親指以外の 4 本の指が閉曲線の正の向きとなるようにし，このとき親指の向きが正符号の面の垂直方向である（図 0.16(b)）．このように，**面の符号**は面を囲む線の向きを決めたとき，それに対して決まる．

ベクトルの微分

ベクトルは常に一定とは限らず，一般に時間や場所で変化する．その場合，ベクトルの変数に関する微分が必要になることがある．

ベクトル $\boldsymbol{A}$ が時間 t の関数ということは，その成分が時間の関数ということであり，$\boldsymbol{A}(t)$ は

$$\boldsymbol{A}(t) = (A_x(t), A_y(t), A_z(t)) \tag{0.47}$$

と表される．ベクトル $\boldsymbol{A}(t)$ の変数 t による微分は次のように書ける．

$$\frac{d\boldsymbol{A}}{dt} = \boldsymbol{e}_x \frac{dA_x}{dt} + \boldsymbol{e}_y \frac{dA_y}{dt} + \boldsymbol{e}_z \frac{dA_z}{dt} \tag{0.48}$$

(0.48) は，ベクトルを変数について微分したものもベクトルであることを示す．また，$\boldsymbol{A}$ が時間によらずに，空間の位置による場合，これを $\boldsymbol{A}(\boldsymbol{r})$ と表し，空間座標 $\boldsymbol{r}$ と時間 t の両方に依存するベクトルは，$\boldsymbol{A}(\boldsymbol{r}, t)$ と表す．

0.4 ベクトル場

場所によって変化するベクトル量で決まるその空間の性質を，**ベクトル場**という．また，空間の各点で変化するスカラー量を，**スカラー場**とよぶ．座標の関数である温度 $T(\bm{r})$ は，スカラー場の例である．

勾配ベクトル

温度 T 自体は向きをもたないスカラーである．しかし，温度変化は方向によって違うことがあるのでベクトルとなる．

3次元空間の各点 $\bm{r} = (x, y, z)$ で定義されるスカラー関数 $f(\bm{r})$ を考える．$f(\bm{r})$ の x, y, z 軸方向での変化率は3つの偏微分係数で表される．これを成分とするスカラー場の**勾配ベクトル**を

$$\left(\frac{\partial f(\bm{r})}{\partial x}, \frac{\partial f(\bm{r})}{\partial y}, \frac{\partial f(\bm{r})}{\partial z}\right) \equiv \left(\frac{\partial}{\partial x}, \frac{\partial}{\partial y}, \frac{\partial}{\partial z}\right) f(\bm{r}) \equiv \nabla f(\bm{r}) \tag{0.49}$$

で定義する．

この定義は，『∇ を関数 f に作用した結果が，関数 f の各座標に関する微分を成分とするベクトルである』ということである．∇f のことを $\mathrm{grad}\, f$ とも書き，f の**勾配**（gradient）という．∇ は偏微分の演算を表す記号で，**ナブラ**と読む．(0.49) の右側の等式は，∇ が

$$\nabla = \bm{e}_x \frac{\partial}{\partial x} + \bm{e}_y \frac{\partial}{\partial y} + \bm{e}_z \frac{\partial}{\partial z} \tag{0.50}$$

で定義されることを意味している．

ベクトル場の発散

ベクトル場の空間的な変化を特徴づける量に，**発散**がある．∇ とベクトル $\bm{A}(\bm{r})$ のスカラー積 $\nabla \cdot \bm{A}$ で定義される

$$\nabla \cdot \bm{A} = \frac{\partial A_x}{\partial x} + \frac{\partial A_y}{\partial y} + \frac{\partial A_z}{\partial z} \tag{0.51}$$

を $\bm{A}(\bm{r})$ の発散という．または $\mathrm{div}\, \bm{A}$ とも書く．

ベクトルの発散，div A はスカラーである．div の物理的な意味は，点 r での周囲への A の湧き出しである．

ベクトル場の回転

ベクトルの空間変化としては，もう一つ**回転**とよばれるものがある．これは ∇ と $A(r)$ のベクトル積であり，$A(r)$ の回転を

$$\nabla \times A = e_x\left(\frac{\partial A_z}{\partial y} - \frac{\partial A_y}{\partial z}\right) + e_y\left(\frac{\partial A_x}{\partial z} - \frac{\partial A_z}{\partial x}\right) + e_z\left(\frac{\partial A_y}{\partial x} - \frac{\partial A_x}{\partial y}\right) \tag{0.52}$$

で定義する．これを rot A とも書く．

曲　線

空間にある曲線を考える（図 0.17）．この曲線上の点 A から，曲線に沿って距離 s のところに点 P があるとする．図からわかるように，曲線上の基準点（いまの場合は A）を決めると，曲線上のすべての点はそこからの距離 s で指定できる．ここで s を独立変数と見れば，曲線上の位置を，1 つのパラメーター s だけで指定できる．したがって

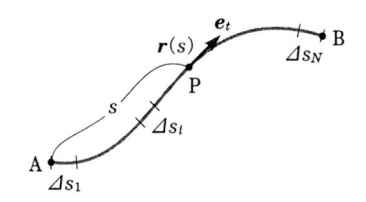

$$r = r(s) \tag{0.53}$$

は，**曲線を表す方程式**である．このとき s を**媒介変数**という．

曲線の**接線方向の単位ベクトル**を e_t とすると

$$\frac{dr}{ds} = e_t \tag{0.54}$$

の関係がある．

線 積 分

下限，上限が A, B である曲線上の各点で，s の関数として $f(s)$ が与えられているとする（図 0.17）．この曲線を N 個の小区間 $\Delta s_1, \Delta s_2, \cdots, \Delta s_N$ に分

割し，各区間での関数値を $f(s_1), f(s_2), \cdots, f(s_N)$ とすると

$$\lim_{N \to \infty} \sum_{i=1}^{N} f(s_i) \Delta s_i = \int_A^B f(s)\, ds \qquad (0.55)$$

で曲線に沿っての $f(s)$ の積分が定義される．これを**線積分**という．積分 (0.12) では変数 x が x 軸上を動いたが，(0.55) では変数 s が任意の曲線 $\boldsymbol{r}(s)$ 上を動くときの積分を与える．

ベクトルの線積分

空間の2点AとBを結ぶ曲線 C に沿って，ベクトル $\boldsymbol{A}(\boldsymbol{r})$ の線積分

$$I_C = \int_C \boldsymbol{A}(\boldsymbol{r}) \cdot d\boldsymbol{r} \qquad (0.56)$$

を考える（図 0.18）．線要素ベクトル $d\boldsymbol{r}$ は曲線 C の接線方向を向いた微小ベクトルで，(0.54) から $\boldsymbol{e}_t\, ds$ だから，(0.56) は $\boldsymbol{A}(\boldsymbol{r})$ の接線方向の成分を積分したものである．

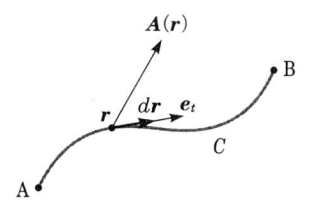

図 0.18

(0.56) は (0.53) を使うと

$$I_C = \int_C \boldsymbol{A}(s) \cdot \boldsymbol{e}_t(s)\, ds = \int_C A_t\, ds \qquad (0.57)$$

と書ける．ここで $A_t = \boldsymbol{A} \cdot \boldsymbol{e}_t$ は $\boldsymbol{A}$ の接線成分である．

── 例題 0.7 ──

2次元ベクトル場 $\boldsymbol{A}(\boldsymbol{r}) = (-y, x)$ について，原点Oを中心とする半径 R の円弧 $\stackrel{\frown}{\mathrm{AB}}$ を積分路 C として，線積分 $\int_C \boldsymbol{A}(\boldsymbol{r}) \cdot d\boldsymbol{r}$ を求めよ．

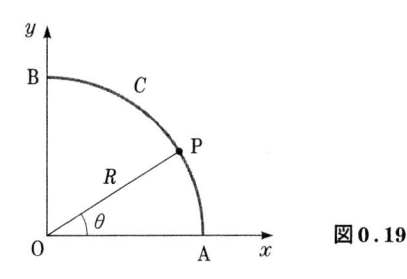

図 0.19

[解] 円弧上の点 P の位置ベクトル r は，直角座標で $r = e_x x + e_y y$ である．
$$x = R\cos\theta, \quad y = R\sin\theta$$
を使うと，極座標表示で
$$r = e_x R\cos\theta + e_y R\sin\theta \tag{1}$$
である．C 上では，変数は θ だけだから
$$dr = (-e_x R\sin\theta + e_y R\cos\theta)\, d\theta \tag{2}$$
一方，点 P でベクトル A は
$$A = (-y, x) = -e_x R\sin\theta + e_y R\cos\theta \tag{3}$$
より，(2) と (3) から
$$A \cdot dr = (R^2 \sin^2\theta + R^2 \cos^2\theta)\, d\theta = R^2\, d\theta$$
となるので
$$\int_C A(r) \cdot dr = R^2 \int_0^{\pi/2} d\theta = \frac{\pi}{2} R^2$$
となる． ¶

ベクトルの面積分

0.2 節の (0.17) で考えた平面での 2 重積分を，曲面の場合に拡張して考える．それには，線積分 (0.55) を Δs_i に分割して求めたように，面積分を小領域に分けて行う (図 0.20)．

3 次元空間のある曲面上で，領域 D を N 個の小領域 ΔS_1, ΔS_2, …, ΔS_N に分割し，各領域での関数値は $f(S_1), f(S_2), …, f(S_N)$ とすると

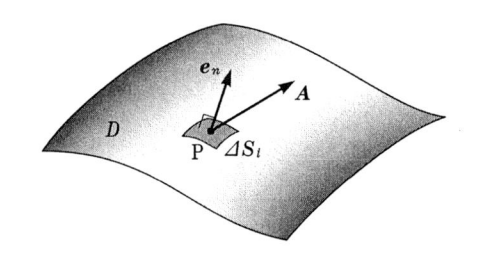

図 0.20

$$\lim_{N\to\infty} \sum_{i=1}^{N} f(S_i)\, \Delta S_i = \int_D f(x, y)\, dS \tag{0.58}$$

と表せ，$f(x, y)$ の領域 D での積分を定義できる．

十分小さな面要素 ΔS を考え，その中の点 P での法線ベクトルを e_n とすると (図 0.20)

0.4 ベクトル場   23

$$I_D = \int_D \boldsymbol{A} \cdot \boldsymbol{e}_n \, dS \tag{0.59}$$

は，領域 D におけるベクトル $\boldsymbol{A}$ の法線成分の面積分を与える．これは**面要素ベクトル** $d\boldsymbol{S}$ を使って

$$I_D = \int_D \boldsymbol{A} \cdot d\boldsymbol{S} \tag{0.60}$$

と書くこともできる．ベクトルの面積分は，2.4 節の電束や，8.3 節の磁束の議論で使われる．

演習問題

[1] $f(x) = x^n$ の導関数が $f'(x) = nx^{n-1}$ となることを証明せよ．
[2] $f(x) = e^x$ の導関数を求めよ．
[3] $f(x) = e^{ax}$ の導関数を求めよ．
[4] $\cos \omega t$ の t を変数とする原始関数を求めよ．これは簡単な合成関数の積分の例である．
[5] ベクトル $\boldsymbol{A}$ と $\boldsymbol{B}$ が平行なとき，$\boldsymbol{A} \times \boldsymbol{B} = 0$ となることを，例を挙げて示せ．
[6] 時間 t の関数 $\boldsymbol{A}(t)$ と $\boldsymbol{B}(t)$ のベクトル積を t で微分すると

$$\frac{d}{dt}(\boldsymbol{A} \times \boldsymbol{B}) = \frac{d\boldsymbol{A}}{dt} \times \boldsymbol{B} + \boldsymbol{A} \times \frac{d\boldsymbol{B}}{dt}$$

が成り立つことを示せ．
[7] ベクトル $\boldsymbol{A}$ について，$\mathrm{div}(\mathrm{rot}\,\boldsymbol{A}) = 0$ が恒等的に成り立つことを示せ．

CHAPTER. 1

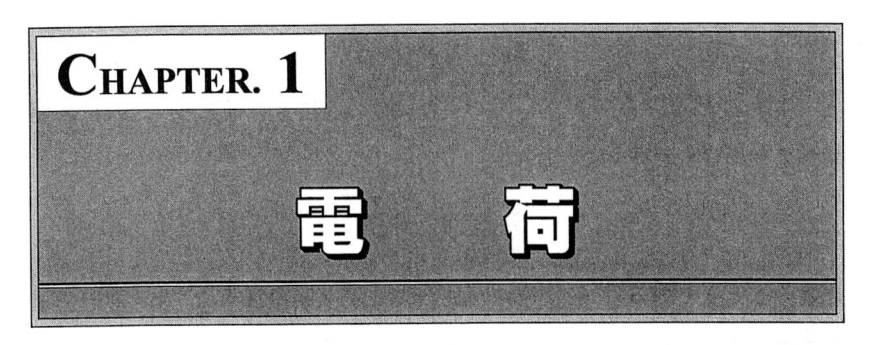

電 荷

　電気の源が電荷であり，電荷の間にはクーロン力がはたらく．そのことを身近に体験させる現象が摩擦電気である．我々の身の周りにある電荷を最小要素にまでさかのぼると，物質を構成する原子がもつ電子（負の電荷）や陽子（正の電荷）といった素粒子に行きつく．

1.1　電　荷

電気の始まり

　人々が電気現象を最初に認めたのは，古代ギリシャの時代，紀元前 600 年の昔だといわれている．毛皮でこすったコハクが物体を引きつける現象は，コハクが電気を帯びたことによって起こると，今日では理解されている．電気 (electricity) という英語の語源は，ギリシャ語でコハクを意味する elektron である．この現象は**摩擦電気**とよばれ，プラスチックの棒を毛皮でこすったときや，ガラスの棒を絹の布でこすったときなど，多くの場合に見られる．このとき物体がもつ電気のことを**電荷**とよび，この現象を帯電するという．摩擦電気は，多くの人が身近な現象として体験しているだろう．

摩 擦 電 気

　毛皮でこすって帯電させた 2 本のプラスチックの棒を近づけると，2 つの

1.1 電荷

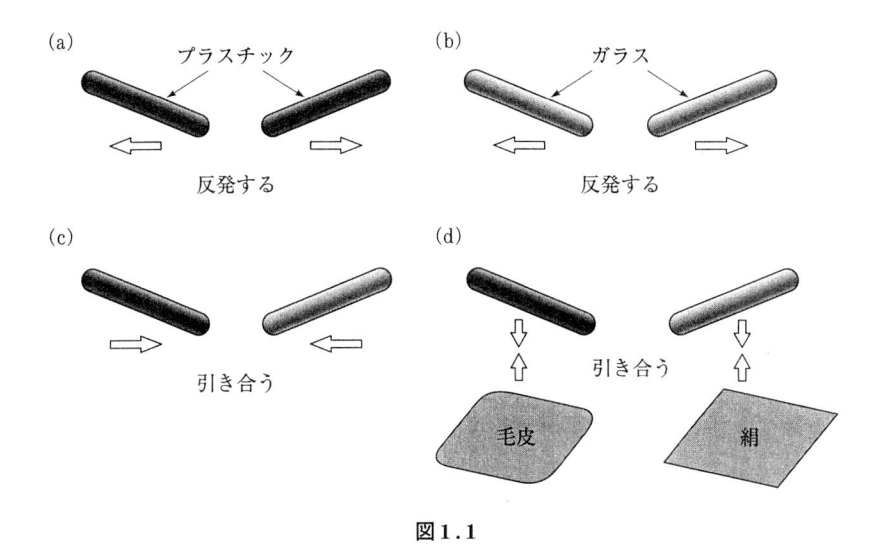

図 1.1

(a) プラスチック　反発する
(b) ガラス　反発する
(c) 引き合う
(d) 引き合う　毛皮　絹

棒の間に反発する力がはたらく（図 1.1(a)）．また，2 本のガラスの棒を絹の布でこすって帯電させたときも，2 本の棒は反発する（図 1.1(b)）．ところが，毛皮でこすったプラスチックの棒と，絹でこすったガラスの棒は引き合う（図 1.1(c)）．この摩擦電気の実験結果を解釈するには，電荷には 2 種類あると考えるとよいだろう．一つは毛皮でこすったプラスチックの棒が帯びている電荷であり，もう一つは絹でこすったガラスの棒が帯びている電荷である．前者を**負（マイナス）の電荷**，後者を**正（プラス）の電荷**とよんだのは，18 世紀後半に活躍したアメリカの科学者で政治家でもあったフランクリンで，そのよび方がいまも使われている．

上に述べた実験結果は，

『正の電荷同士，負の電荷同士の間には斥力がはたらき，正と負の電荷の間には引力がはたらく』

と考えると，すべて理解できる．毛皮との摩擦でプラスチックの棒が負に帯電したとき，毛皮の方はそれと同じ量の正の電荷を帯びている．したがっ

て，プラスチックの棒と毛皮は互いに引き合う（図 1.1(d)）．またガラスの棒をこすった絹は，ガラスと反対に負の電荷をもつので，ガラスの棒と絹も引き合う．

摩擦電気のように，静止している電荷のことを**静電気**という．CHAPTER. 6 で述べる電流は，電荷が移動することで起こるので静電気とはいわない．

1.2　クーロンの法則

電荷というものの実体が何であるかは 1.3 節で述べることにして，その前に電荷の間にはたらく力の性質を考える．

点 電 荷

ある大きさをもった物体では，電荷はその物体内に広がって存在している．その事情は，1.3 節で述べるように電荷を担う分子を考えるときも，小さいとはいえ大きさがあるので同じである．大きさのある物体が帯電しているとき，電荷が物体の各部分にどのように分布しているかが問題になる（図 1.2）．

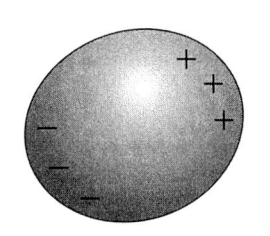

図 1.2

電荷のモデルとして，ある電気量が空間の一点に集中して存在する場合を考えて，これを**点電荷**という．点電荷は現象を単純化して，数学的に扱いやすくするためのモデルである．このモデルは，荷電粒子の大きさが，現象が起こっている範囲に比べて非常に小さいときに正当化され，実際に多くの電気現象に適用できる．

点電荷モデルの有用性はそれだけではない．電荷が空間的に広がって分布している場合も，空間を微小な領域に分割して考え，各領域内に分布している電荷を各点ごとに点電荷があるとして扱えるので便利である．その上で，

全体の効果は各点電荷の効果を積分することによって得ることができる.

クーロン力

1784 年にフランスの物理学者クーロンが, 荷電粒子の間にはたらく力の性質を明らかにした. クーロンは, 2つの点電荷 q_1 と q_2 の間には, その距離 r の2乗に反比例し, それぞれの電荷の大きさに比例する力がはたらくことを見つけた. これを**クーロンの法則**とよび, この力を**クーロン力**という. クーロン力の大きさ F を式で表すと

$$F = k \frac{|q_1 q_2|}{r^2} \tag{1.1}$$

となる. 絶対値の記号を付けたのは, q_1 と q_2 には正と負の2つの場合があるが, 力の大きさは常に正の量として定義されるからである.

クーロンの法則の比例定数 k の値は

$$k = 8.99 \times 10^9 \, \text{N·m}^2/\text{C}^2$$

と実験から決まる. ここで N は力の単位(ニュートン), m は長さの単位(メートル), C は**電気量の単位**で**クーロン**である. なお, 1 C は, 1 A (アンペア) の電流が1秒間に運ぶ電荷の量として定義され,

$$1\,\text{C} = 1\,\text{A·s}$$

の関係がある.

真空の誘電率とよばれる定数 ε_0 を導入して, k を $1/4\pi\varepsilon_0$ と表すと, クーロンの法則 (1.1) は

$$F = \frac{1}{4\pi\varepsilon_0} \frac{|q_1 q_2|}{r^2} \tag{1.2}$$

となる. ε_0 の値はおよそ,

$$\varepsilon_0 = 8.85 \times 10^{-12} \, \text{C}^2/(\text{N·m}^2)$$

とわかっている.

1 C という電荷の単位は, 実用上は大きすぎる. 実際に扱う電気量は 10^{-9} 〜 10^{-6} C 程度であることが多い. そのため, 電荷の単位として nC (ナノク

ーロン,10^{-9}C)や,μC(マイクロクーロン,10^{-6}C)を使う(例題1.1参照).

これまでクーロン力の大きさだけを考えてきたが,力は大きさと方向をもつベクトル量である.そしてクーロン力の方向は,2つの点電荷を結ぶ方向であり,q_1とq_2を結ぶ線で方向が1つ決まる(図1.3(a)).この方向には,矢印で示すように2つの向きがあり,ベクトル量は向きまで決めて確定することは,0.3節で述べた.

2つの点電荷q_1とq_2が同符号のとき,クーロン力は反発する向きにはたらく(図1.3(b)).このときq_2が受ける力を,q_1からq_2にはたらく力と考えて$F_{1\to2}$と表すと,イメージがはっきりする(図1.3(b)).同様にq_1が受ける力,つまりq_2からq_1にはたらく力を$F_{2\to1}$とする.このとき,作用・反作用の法則により$F_{2\to1} = -F_{1\to2}$である.q_1とq_2が異符号のとき,クーロン力は引き合う向きにはたらく(図1.3(c)).このときも$F_{2\to1} = -F_{1\to2}$が成り立っている.

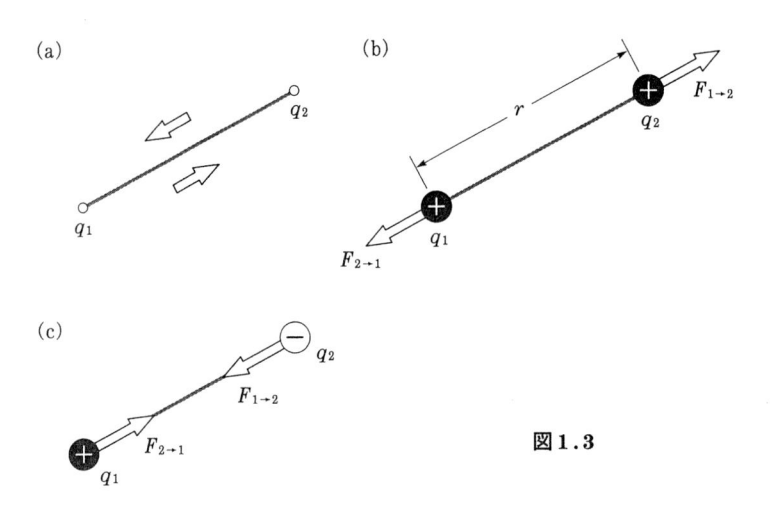

図1.3

―― 例題 1.1 ――

2つの点電荷 $q_1 = 3.0\,\mathrm{nC}$ と $q_2 = -5.0\,\mathrm{nC}$ が互いに $3 \times 10^{-2}\,\mathrm{m}$ 離れた場所にある．q_1 から q_2 にはたらく力の，大きさと向きを求めよ．また逆に，q_2 から q_1 にはたらく力の大きさと向きを求めよ．

[解] q_1 から q_2 にはたらく力は，(1.2) から
$$F_{1\to 2} = 8.99 \times 10^9 \times \frac{3 \times 10^{-9} \times 5 \times 10^{-9}}{(3 \times 10^{-2})^2} = 1.5 \times 10^{-4}\,\mathrm{N}$$
向きは q_1 から q_2 への向き．q_2 が q_1 に作用する力 $F_{2\to 1}$ は，$F_{1\to 2}$ と大きさが同じで逆向きである． ¶

クーロンの法則のベクトル表示

原点に q_1，原点から位置ベクトル $\boldsymbol{r}$ の点に q_2 の電荷があるとする．(0.30) で導入した動径方向の単位ベクトル
$$\boldsymbol{e}_r = \frac{\boldsymbol{r}}{r} \tag{1.3}$$
を使うと，q_1 から q_2 にはたらく力 (1.2) の**ベクトル表示**は
$$\boxed{\boldsymbol{F}(\boldsymbol{r}) = \frac{1}{4\pi\varepsilon_0}\frac{q_1 q_2}{r^2}\boldsymbol{e}_r} \tag{1.4}$$
で与えられる．q_1 と q_2 が同符号のとき，$\boldsymbol{F}$ は $\boldsymbol{e}_r$ の向きだから斥力（図 1.4(a)）を与える．q_1 と q_2 が異符号のとき，$\boldsymbol{F}$ は $-\boldsymbol{e}_r$ の向きとなるので引力を表す（図 1.4(b)）．つまり (1.4) は，q_1 と q_2 の符号が任意の場合にクーロン力を与える式である．

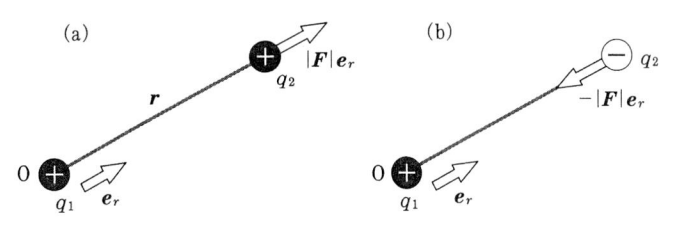

図 1.4

力の重ね合わせの原理

上で述べた 2 個の電荷に関するクーロンの法則 (1.4) を，3 個以上の電荷がある場合に一般化する．2 つの電荷 q_1, q_2 が第 3 の電荷 q_3 におよぼす，全体としてのクーロン力 $\boldsymbol{F}$ は，電荷 q_1 だけが電荷 q_3 におよぼすクーロン力 $\boldsymbol{F}_1$ と，q_2 だけが q_3 におよぼすクーロン力 $\boldsymbol{F}_2$ のベクトル和

$$\boldsymbol{F} = \boldsymbol{F}_1 + \boldsymbol{F}_2 \qquad (1.5)$$

となることが実験からいえる．これを**力の重ね合わせの原理**という．これは電荷 q_1, q_2 間に生じる力が互いに影響をおよぼさないときに成り立つ．q_3 が q_1, q_2 と同符号の場合の例を図 1.5 に示す．

図 1.5

例題 1.2

2 つの同じ大きさの正電荷 q が，x 軸上で原点からの距離が $\pm 0.4\,\mathrm{m}$ の位置にある．

(a) y 軸上 $0.4\,\mathrm{m}$ の点に置いた正電荷 q_1 にはたらく力を計算せよ．
(b) 電荷 q_1 が負のときはどうなるか．

[解] (a) 図 1.6 において，$x = -0.4$ にある電荷 q が y 軸上の電荷 q_1 におよぼす力を $\boldsymbol{F}_1$ とすると，(1.4) から $F_1 = (1/4\pi\varepsilon_0)qq_1/(0.4 \times \sqrt{2})^2$ の大きさの斥

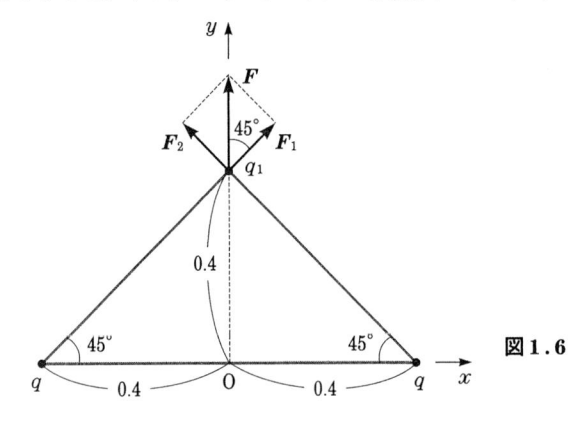

図 1.6

力となる．このとき F_1 と y 軸がなす角 $\theta = 45° = \pi/4$ だから，F_1 を成分で表すと
$$F_1 = F_1\left(\frac{1}{\sqrt{2}}, \frac{1}{\sqrt{2}}, 0\right)$$
となる．同様に，$x = 0.4$ にある電荷 q が q_1 におよぼす力 F_2 を成分で表すと，$F_2 = F_1(-1/\sqrt{2}, 1/\sqrt{2}, 0)$ となる．よって，(0.28) を用いて次のようになる．
$$F = F_1 + F_2 = F_1(0, \sqrt{2}, 0)$$
（b）　q_1 が負のときは，q との間に F_1 の大きさの引力がはたらき，向きを考えると $F_1 = F_1(-1/\sqrt{2}, -1/\sqrt{2}, 0)$，$F_2 = F_1(1/\sqrt{2}, -1/\sqrt{2}, 0)$ だから
$$F = F_1 + F_2 = F_1(0, -\sqrt{2}, 0)$$
となる．　　　　　　　　　　　　　　　　　　　　　　　　　　　　　　　¶

　これまで扱ってきたクーロンの法則は，真空中の点電荷で成り立つものである．物質中にある点電荷の場合は，クーロンの法則が (1.4) と違う形になる．それについては 5.1 節で述べる．

1.3　物質の構造と電子

電荷の素

　摩擦電気など，実際に観測される電気現象において，電荷を担っている物体は何だろうか．我々が見たり手にしたりする物体は，例えば 1 cm 程度のマクロな大きさであり，物体はその程度のスケールの領域に電荷を帯びている．物体を細かく分割していくと，その物質を作っている原子や分子（あるいはイオン）に行きつく．

　物質を作っているのは原子であり，原子を構成しているのは，負の電荷をもつ**電子**と，正の電荷をもつ**原子核**である．さらに原子核は，正の電荷をもつ**陽子**と，電気的に中性な中性子から成る．電荷は，原子がもつ基本的な性質の一つである（もう一つの基本的な性質は質量である）．陽子と中性子は原子の中心にあって，小さい高密度の原子核となっている．その大きさは

原子 電子

原子核 ● 陽子
○ 中性子

$\sim 10^{-15}$ m

$\sim 10^{-10}$ m

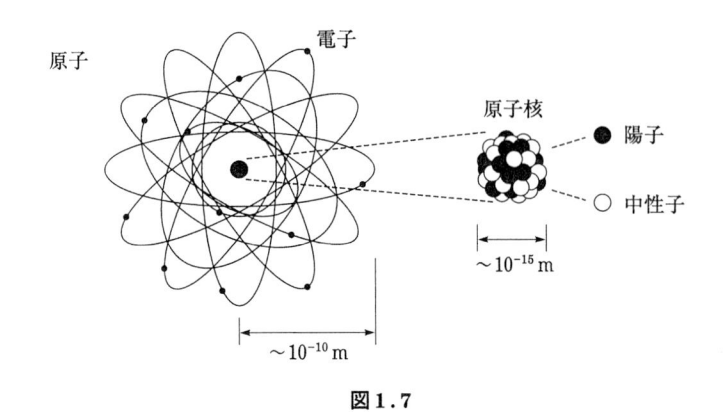

図 1.7

10^{-15} m 程度である．電子は原子核の周り 10^{-10} m の範囲に拡がって存在している（図 1.7）．これが原子のサイズである．

電気素量

電子がもつ負の電気量は，陽子の正の電気量と厳密に同じである．陽子は $+1.6\times10^{-19}$ C の電気量をもっている．これを**電気素量**といい，e で表す．クォークが見つかるまでの長い間，e は世の中に存在する電気量の最小単位とされていた．電子 1 個がもつ電気量は $-e$ である．最初に電子の電荷の大きさを実験的に求めたのは，アメリカの物理学者ミリカンで 1909 年のことである．現在では，陽子と中性子はクォークからできていて，クォークは電気素量の 2/3 か $-1/3$ の電荷をもつものが 3 種類ずつあることがわかっている．また，クォークはそれだけを単独に観測することは原理的にできず，1963 年にゲルマンとツワイクによって存在が理論的に予言され，60 年代後半に実験的に初めて確認された．

水素原子では陽子が 1 個，ヘリウム原子では 2 個という具合に，違う種類の原子がもつ陽子の数は違う．原子がもつ陽子の数を**原子番号**という．これは中性原子の場合には，電子の数でもある．原子が電子を失って正に帯電しているのが**正イオン**（＋イオンともいう）であり，電子を得て負に帯電して

1.3 物質の構造と電子

いるのが**負イオン**（−イオン）である．このように電子を失ったり得たりすることを，**イオン化**という．どのイオンも電気量の大きさは，電気素量 e の整数倍である．

電気的な中性

電子やイオンのように電気を帯びている粒子を総称して**荷電粒子**という．原子が集ってできている分子が帯電しているものを，**分子イオン**という．物体の中を電流が流れるのは，荷電粒子がある方向に移動するためである．この電気伝導現象については CHAPTER.6 で扱う．

我々が実際に見たり触れたりするマクロな大きさの物体は，莫大な数（$\sim 10^{24}$）の原子からできている．物体中の全原子がもつ陽子の総数と電子の総数が等しいとき，その物体は電気的に中性である．中性の物体を負に帯電させるには物体に電子を加えればよく，正に帯電させるには物体のもつ電子を減らせばよい．

以上のことからわかるように，帯電していない物体は，電荷をもっていないのではなくて，正電荷と負電荷の量が同じために打ち消し合っているのである．したがって，我々が物体で電荷と称しているのは，正電荷と負電荷の差として残っている，正味の電荷のことである．1.1 節の摩擦電気現象がその例であったが，ほかにも後で説明する静電誘導の現象などがある．

電荷の保存則

これまでの議論は，

『自然界で，電荷は新しく生成されることも，消滅することもない．』

という**電荷の保存則**を前提にしている．電荷の量が増えたり減ったりするように見えるのは，電荷が場所を動くことによって起こっているのである．

空気中に物体があるときに，それを囲む有限の領域に空間を限り，周りと完全に分けて考えたとき，その領域内部を**閉じた系**という．一方，境界表面に穴があいていて外部とつながっている系は，**開いた系**であるという．

さて，電荷の保存則は

(a)　　　　　　　　(b)　　　　　　　　(c)

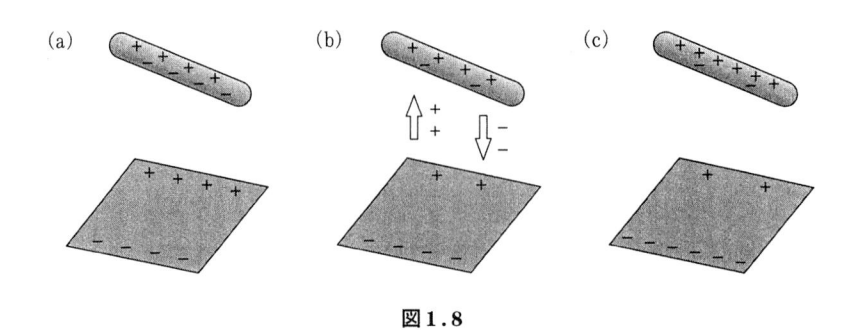

図 1.8

『任意の閉じた系において，すべての電荷の和は一定である』
といい表すこともできる．一定とは，時間的に変らない値をもつことである．例えば，ガラスを絹でこすったときを考える．初めはどちらも正と負の電荷が打ち消して正味に帯電していなかったのが（図 1.8(a)），摩擦によってガラスはある量の正の電荷を絹から得て，逆に絹は同じ量の負電荷をガラスから得る（図 1.8(b)）．したがって，2 つの物体は帯電しているが全体としてもつ正味の電荷の量はゼロで（図 1.8(c)），その状況は摩擦する前と後で変っていない．

このように，我々がある現象を見たときに，そこに電荷が現れるのは，電荷が新たに生成されたのではなくて，ほかの場所から移動してきたのである．同様にして，電荷が消えるのは消滅したからではなく，ほかの場所に移動したのである．

電荷の移動

物体内で電荷を移動させるにはどのようにしたらよいだろうか．摩擦によって負に帯電したプラスチックの棒を，電気的に中性な金属球に触れさせると，プラスチックから負の電荷の一部が移動して，金属球を負に帯電させることができる．これは，接触により電荷を移動させることである．これとは違い，接触させずに物体を帯電させる方法に，誘導による帯電がある．

金属球を絶縁体の台の上に置いて，負に帯電した棒を球に近づける（この

演習問題   35

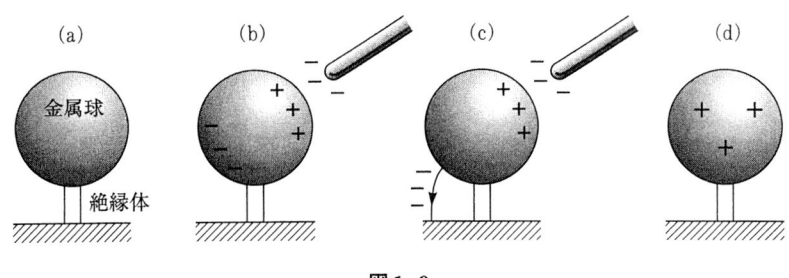

図 1.9

ときは接触させない）と（図1.9(a)），金属球中にある電子が棒の電子に反発して退けられ，球内の棒に遠い側に移動する（図1.9(b)）．台は絶縁体のため，電子は台を伝わって球の外へは流出できない．そのため，球内の棒に近い側では負の電荷が不足して，正味の正電荷が生じる．このとき，棒に近い帯電した部分には，電子を失って正に帯電したイオンが存在する．このように棒の電荷に誘導されて球の表面に電荷が現れる現象を**静電誘導**といい，このとき現れた電荷を**誘導電荷**という．

次に，球の左側表面からの導線の端を地面につなぐと，地球は非常に大きい導体でいくらでも電荷を吸収できるから，球の左側部分の電子が地球に流れ込む（図1.9(c)）．これを**アースする**という．次にアースした導線を切り離し，棒を遠ざけると金属球に残った正電荷が球内に分布する（図1.9(d)）．こうして，球に正の電荷を帯電させることができる．このときも，地球までを含めて考えれば，電荷の量は保存している．

演習問題

[1] 例題1.2で求めた力 F_1, F を単位ベクトル e_x, e_y を用いて表せ．
[2] 1Cの電気量が，ある断面を1秒間に通過するときの電流を1Aという．1Aの電流が流れているとき，その断面を毎秒何個の電子が通過するかを求めよ．

CHAPTER. 2

電 場 −空間の電気的性質−

　電荷があると，その周りの空間の性質が変化する．電荷間のクーロン力に注目した空間の電気的な性質から，電場の概念を導入する．電磁気学の基本法則の中で最初に学ぶガウスの法則とは，閉曲面上での電場の積分が，曲面内部に存在する電気量を与えるというものである．

2.1　電　場

空間の電気的性質

　CHAPTER.1 で，電荷の間にはたらく力に関するクーロンの法則を学んだ．2 つの荷電粒子が互いにクーロン力をおよぼし合うとき，2 つの粒子は直接接しているわけではなく，また，力を伝えるように粒子をつなぐものもない．そのような空間で，なぜ力が伝わるのか．さらにいえば，力をおよぼす相手の粒子がそこにあるのを，粒子はどうやって知るのだろうか．これらのことを改まって考えると実に不思議なことであり，この疑問に対する答えを考えることは，電場の概念を理解する助けになるだろう．

　2 つの小さな物体 A，B を考え，A は電荷 q を，B は電荷 q_0 をもつとする（q，q_0 ともに正とする）．A と B の大きさを無視できるとすると，q，q_0 を点電荷と考えることができる．B が A から受ける力を $\boldsymbol{F}$ とすると，

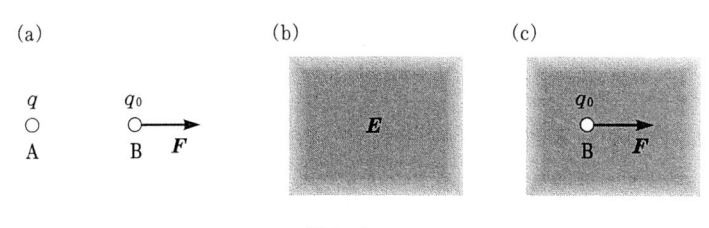

2.1 電場

図 2.1

F は図 2.1(a) に示すように斥力である．

　ここで，F が生じる理由を 2 段階に分けて考える．まず A は，それがもつ電荷 q によって，周りの空間の電気的な性質を変えている．このことを，「空間に何らかの場がある」と考え（図 2.1(b)），この場を**電場**とよび E で表す．電場とは，空間の電気的な性質を表す量である．次に，その空間のある点に B を置く．B は，それがもつ電荷 q_0 によって，A の電荷がその点に生じた電場を感知する．その電場 E に対する B の応答が，力 F を受けることである（図 2.1(c)）．

　以上のように，帯電体 B にはたらくクーロン力は，別の帯電体 A が作る電場が原因になって生じており，この力のことを，「電場 E が q_0 に作用している力」と単純に表現する．

　ある点にどれだけの強さの電場があるかを知るために，その場所に探針として置く電荷のことを，**試験電荷**とよぶ．試験電荷がクーロン力を受けるとき，そこには電場がある．

電場の定義

　これまで言葉で説明した電場というものを，ここでは式を用いて次のように定義する．

$$E = \frac{F}{q_0} \tag{2.1}$$

これを言葉で表すと

『電荷 q_0 がある点で受ける力 F を自身の電荷で割ったものが，その点での電場 E である』

となる．q_0 で割るということは，いいかえると，電場とはその点で単位電荷が感じる力である．単位電荷とは，電気量の１単位分，１Ｃのことである．物理学ではさまざまな物理量の単位量を用いる．単位長さとは１ｍのこと，単位面積とは $1\,\mathrm{m}^2$，単位時間とは１秒（s）のことである．

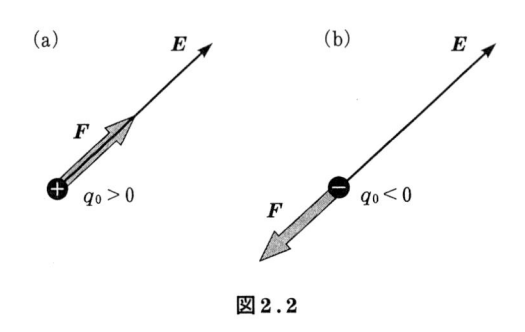

図 2.2

また，力はベクトル量だから，それに比例する電場もベクトル量である．$q_0 > 0$ のとき E と F は同じ向き（図 2.2(a)），$q_0 < 0$ のときは逆向きとなる（図 2.2(b)）．

ベクトル場としての電場

(2.1) を書き直すと

$$F = q_0 E \tag{2.2}$$

である．(2.2) は，ある点での電場 E がわかっているとき，そこに置かれた点電荷 q_0 が受ける力 F を与える．電場は座標の関数だから，力も座標の関数である．そのことを明示するときには

$$F(r) = q_0 E(r) \tag{2.3}$$

と書くが，外見をシンプルにするために，変数 r を省略して (2.2) のように記すことも多い．電場のように，座標の関数として与えられるベクトル量をベクトル場ということは 0.4 節で述べた．

電場中に置かれた物体が大きさをもっていると，電荷を点電荷とは見なせない．その場合には，物体のどの部分を考えるかによって電場は異なる値を

2.1 電場

もつ．したがって，物体にはたらく力は複雑なものになる．

電場の単位

(2.1) からわかるように，電場の単位はニュートン/クーロン (N/C) である．電位差にはボルト (V)，電流にはアンペア (A) といったよく知られた単位がある．これに対し電場には，一語でよべる固有の単位はない．その理由は，電場が単独に使われることが少ないからだろう．例えば，電場に電荷を掛けた力 (2.2) のように，電場に何らかの変換をした量で使われることが多い．このような事情も，電場の概念に馴染みにくくしている一因だろう．

点電荷が作る電場

電場の源である q の位置から $\boldsymbol{r}$ の点 P に q_0 の試験電荷を置いたとき，そこでの電場は，(2.1) にクーロンの法則 (1.4) を適用して

$$\boldsymbol{E}(\boldsymbol{r}) = \frac{1}{4\pi\varepsilon_0}\frac{q}{r^2}\boldsymbol{e}_r \quad (2.4)$$

となる．

点電荷が作る電場は，(2.4) からわかるように，点電荷の位置を中心として，向きは $\boldsymbol{e}_r$ と同じで放射状となる

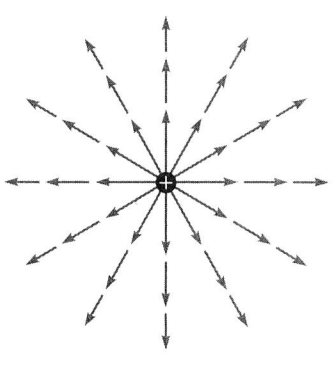

図 2.3

(図 2.3)．大きさは $1/r^2$ に比例するので，源の点電荷に近いほど電場が強い．

例題 2.1

原点 O にある点電荷 $q = -8.0\,\mathrm{nC}$ から 2 m 離れた点 P($\sqrt{2}$, $-\sqrt{2}$) m での電場を求めよ．

[解] 電場の大きさを E とすると，(2.4) から

$$E = \frac{1}{4\pi\varepsilon_0}\frac{8\times 10^{-9}}{2^2} = 18.0\,\mathrm{N/C}$$

と求まる.また,電場 E の向きは点 P から O に向かう向きで,$E = 18.0 \times (-e_x + e_y)/\sqrt{2}\,(\text{N/C})$ である. ¶

電場に関する重ね合わせの原理

1.2 節で力の重ね合わせの原理を学んだが,電場についても,次のような**重ね合わせの原理**が成り立つ.電荷 q_1 だけがあるときの点 r に生じる電場を $E_1(r)$ とし,電荷 q_2 だけがあるときの同じ点 r に生じる電場を $E_2(r)$ とすると,2 個の点電荷による r での電場 $E(r)$ は

$$E(r) = E_1(r) + E_2(r) \tag{2.5}$$

のように,2 つの電場の和になる(図 2.4).

電荷が N 個あり,それぞれの電荷が $q_1, q_2, \cdots, q_N$ の場合は,各電荷が作る電場をすべて重ね合わせたものが,電荷が N 個あるときの電場となる.これを式で表すと

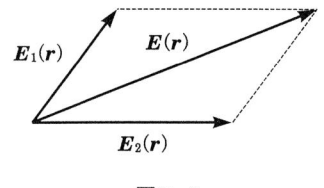

図 2.4

$$E(r) = \sum_i E_i(r) = \sum_{i=1}^{N} \frac{q_i}{4\pi\varepsilon_0} \frac{r - r_i}{|r - r_i|^3}$$

$$= \sum_{i=1}^{N} \frac{q_i}{4\pi\varepsilon_0} \frac{1}{|r - r_i|^2} e_{r-r_i} \tag{2.6}$$

となる.これは N 個のベクトルの和である.この和を求めるには,まず $E_1(r)$ と $E_2(r)$ の和を求め,その結果と $E_3(r)$ の和を求める…ということをくり返していけばよい.

── 例題 2.2 ──

ベクトルの大きさと向きが場所によらず一定であるとき,このベクトル場は一様であるという.x 軸方向を向いている一様な電場の様子を図示せよ.

[解] 各点での電場を矢印で示すと，どこでも大きさが同じで向きは x 方向だから，図 2.5 のようになる．図では，いくつかの点を選んでそこでの電場ベクトルを示しているが，一様な場だから他のどんな点を選んでも同じベクトルになる．　¶

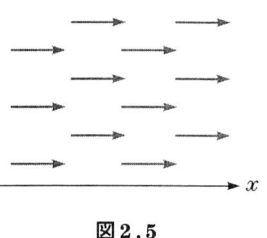

図 2.5

2.2　電気力線 —電場を視覚的に—

電場の向き

物体が力によって動くのは目に見える．ところが，力と違って電場そのものを直接見ることはできない．電場の様子を一目でわかるように表現することが，電場をもっと身近なものにしてくれるだろう．空間のいろいろな場所で，電場ベクトルを矢印で表して，電場の様子を図で示すこともできる（図 2.3 と 2.5）．しかしそれよりもわかりやすいのは，次に述べる**電気力線**の図である．

点電荷が作る電気力線

例として，原点に置かれた正の点電荷が作る電場（2.4）を考える．電場中に正の試験電荷を置いて，電場から受ける力の向き（電場の向きでもある）に微小な距離だけ動かす（図 2.6）．次に，動いた後の点で，そこでの電場の向きにまた少し動かす．これをくり返すと，原点から放射状の直線（向きは外向き）が得られる．これが，原点にある正の点電荷が作る電場の電気力線である．

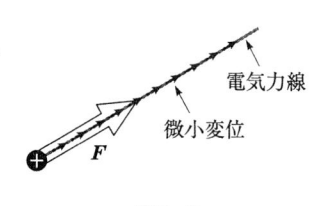

図 2.6

電気力線は，図 2.3 の電場の図と似ているが，電気力線は電場の向きだけを表し，大きさは表していない．また，電場は各点ごとに決まるベクトルで

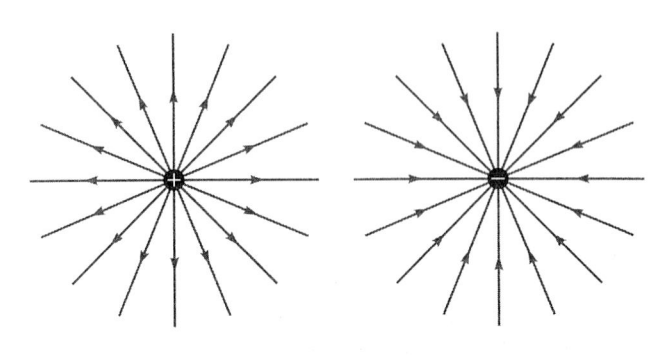

図 2.7

あるが，電気力線は1本のつながった線である．点電荷の周辺で点 r をいろいろに変えると，電気力線は点電荷の位置を中心として，向きが e_r で与えられる放射状の線群になる（図 2.7）．

ここでは，点電荷が作る電場を例として電気力線を説明したが，どんな電場にも同じようにして電気力線を描くことができる．しかし，電気力線が，いつも直線であるとは限らない．例えば，例題 2.3 で示すように曲線のこともある．**電気力線**の定義は

　　　『空間の各点における電場の向きを表す無限に小さい矢印を，
　　　次々につないだのが電気力線である』

ということになる．なお，電気力線の接線が，その点での電場の向きを表す．

電場の向きを表す電気力線は，空間のすべての点で考えることができる．しかし，力線を密に数多く描きすぎると，線が込み合って電場の全体の様子がわかりにくくなるので，実際には，代表的ないくつかの線だけを図に示すのがよい．

例題 2.3

Q，$-Q$（$Q>0$）の電荷を離して置いたときの電気力線が図 2.8 のようになることを説明せよ．

2.2 電気力線

[解] 正の試験電荷を動かして電気力線を描く．Qのごく近くでは，$-Q$の影響を受けないので，電気力線は外向き放射状である．同様に，$-Q$のごく近くでは内向き放射状である．Qから上に出る放射線は，Qを少し離れると，$-Q$による引力が加わるので直線が$-Q$の方へ曲がる（図2.8の点 A）．$-Q$に上から入る力線は，Qによる斥力が加わって曲がる（点 B）．Qと$-Q$の2等分線上では，傾きがゼロで右向きとなる（点 C）．Qと$-Q$を結ぶ水平線上では，Qから$-Q$への直線になる（点 D）．

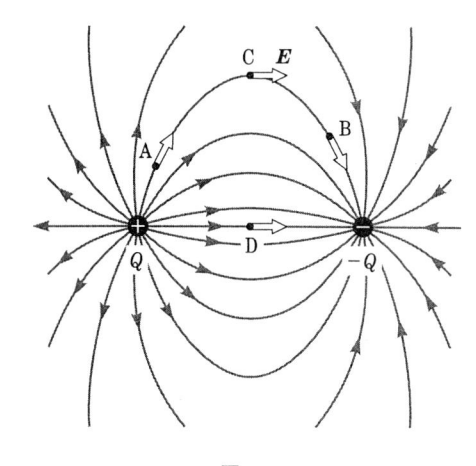

図2.8

空間のすべての点で，電場は唯一の方向をもつので，各点を通る電気力線の数は1本だけである．いいかえると，電気力線が互いに交わることはない．なぜならば，もし電気力線が交わっていると，その点では電場が2つの方向をもつことになってしまい，矛盾が生じるからである．ただし，電場がゼロとなる点では電気力線が交わることがある．それが許されるのは，電気力線の2つの向きでの電場の大きさはゼロで，実質的にないのと同じだからである．実際，章末の演習問題［1］の2つの電荷を結ぶ線分の中点ではそうなっている． ¶

電気力線の密度が電場の強さを表す

電気力線自体は電場の方向だけを表し，大きさは表していない．電場の大きさも電気力線の図で表すために，力線の密度を電場の大きさに比例させて描くと約束する．図2.9に示した点電荷が作る電場の例で，その事情を見てみよう．

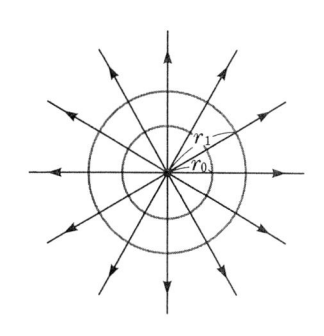

点電荷を中心として半径r_0の球を考えると，この球面上ではどこでも電場の強さ

図2.9

は同じである．したがって，上で述べた電気力線の密度の表し方をすると，球を貫く電気力線を各方向に等しい線密度で（電気力線を等間隔に）描くことになる．より大きな半径 r_1 の球面での電気力線の数も，半径 r_0 の球面上と同じだから，力線の密度は，源である電荷からの距離の2乗に反比例する．これはクーロン力の強さが r^{-2} に比例するからである．

図 2.9 は 2 次元の場合の電気力線であるが，3 次元の場合も同様に考えることができる．

電気双極子

例題 2.3 で見たような，大きさが同じで符号が逆の点電荷の対を，**電気双極子**という（図 2.10）．電荷の大きさを q, $-q$, 間隔を d として，負の電荷 $-q$ から正の電荷 q にいたるベクトル d を用いた

$$\boldsymbol{p} = q\boldsymbol{d} \tag{2.7}$$

で，**電気双極子モーメント**を定義する．$p(=|\boldsymbol{p}|)$ は電気双極子の強さを表す量である．

一様な電場 $\boldsymbol{E}$ の中に電気双極子を置くと，正の電荷には $q\boldsymbol{E}$, 負の電荷には $-q\boldsymbol{E}$ の力がはたらく（図 2.11）．この 2 つの力は電気双極子を回転さ

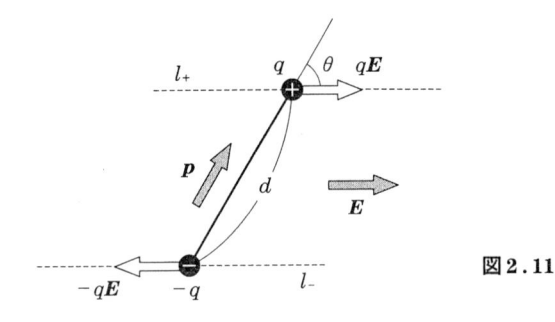

せる偶力としてはたらく．

偶力とそのモーメント

力が作用する点と力の向きで決まる直線を**作用線**という．いまの場合，正電荷の作用線 l_+ と，負電荷の作用線 l_- は平行である（図 2.11）．また，$\bm{F}(=q\bm{E})$，$-\bm{F}(=-q\bm{E})$ の大きさは等しく，向きは逆になっている．この，互いに平行で異なる 2 本の作用線上ではたらく逆向きの 1 対の力 $\bm{F}$，$-\bm{F}$ を**偶力**といい，**偶力のモーメント**（これをトルクともいう）$\bm{N}$ はベクトル積

$$\bm{N} = \bm{d} \times \bm{F} \tag{2.8}$$

で与えられる．また，これは

$$\bm{N} = \bm{p} \times \bm{E} \tag{2.9}$$

とも表される（ベクトル積については (0.39) で説明した）．

図 2.11 の場合，偶力のモーメントの向きは，紙面の手前から裏側への向きである．その大きさ N は，電気双極子の軸から電場までの角度を θ として

$$N = pE\sin\theta \tag{2.10}$$

である（図 2.12）．$\bm{N}$ の向きは，その方向を軸として偶力のモーメントがはたらくことを示す．また，電場 $\bm{E}$ の中にある**電気双極子 $\bm{p}$ がもつエネルギー** U は

$$U = -\bm{p}\cdot\bm{E} \tag{2.11}$$

とスカラー積で与えられる．

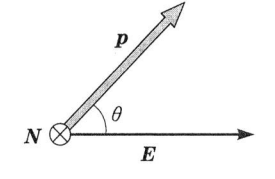

図 2.12

2.3 空間に分布している電荷

これまで電荷については点電荷のモデルを採用してきたが，実際の物体では，電荷はある大きさの領域に連続的に分布している．このとき各部分での

2. 電場

電荷の量を表すのに，**電荷密度**（単位体積中の電気量）を用いる．

球対称な電荷分布

まず，よく使われる結果を1つ示しておくことにする．電荷密度が球対称に分布するとき，その対称の中心から距離 r の点 P での電場は，図2.13のように半径 r の球内部に含まれる全電荷を Q とすると

$$E = \frac{Q}{4\pi\varepsilon_0 r^2} e_r \quad (2.12)$$

である．すなわち，中心から距離 r の点の電場は，球内部の全電荷が中心点に集っているときの電場と同じである．この結果は，2.5節で述べるガウスの法則を使えば直ちに証明できる（(2.23) 参照）．

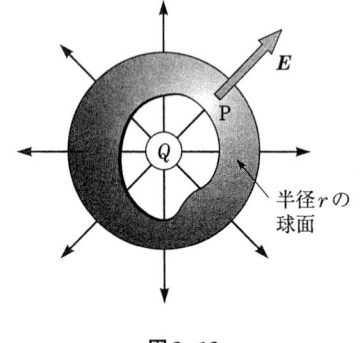

図 2.13

電荷が空間に広がって電荷密度 $\rho(\boldsymbol{r})$ で分布している場合に，電荷が作る電場を計算するには，0.2節の積分の定義に立って，空間を体積 $\varDelta V$ の微小領域に分割し，それぞれが作る電場を重ね合わせればよい（図2.14）．そのとき，

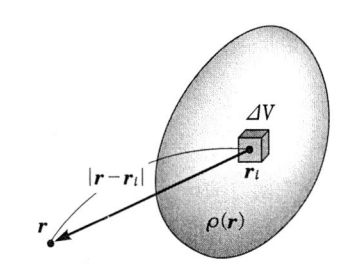

図 2.14

『i 番目の微小領域の中に分布している電荷を，1点 $\boldsymbol{r}_i$ に集中している点電荷とみる』

という近似を用いる．点 $\boldsymbol{r}_i$ での電荷密度を $\rho(\boldsymbol{r}_i)$ とすると，i 番目の微小領域の電荷が作る点 $\boldsymbol{r}$ での電場は

$$\frac{\rho(\boldsymbol{r}_i)\varDelta V}{4\pi\varepsilon_0|\boldsymbol{r}-\boldsymbol{r}_i|^2}\boldsymbol{e}_{r-r_i}$$

となる．これを i について和をとれば，$\boldsymbol{r}$ での電場は

$$\boldsymbol{E}=\sum_{i=1}^{N}\frac{\rho(\boldsymbol{r}_i)\varDelta V}{4\pi\varepsilon_0}\frac{1}{|\boldsymbol{r}-\boldsymbol{r}_i|^2}\boldsymbol{e}_{r-r_i}$$

となる．$N\to\infty$ ($\varDelta V\to 0$) の極限を考えると，上の和は積分におきかえられて

$$\boldsymbol{E}(\boldsymbol{r})=\frac{1}{4\pi\varepsilon_0}\int\rho(\boldsymbol{r}')\frac{1}{|\boldsymbol{r}-\boldsymbol{r}'|^2}\boldsymbol{e}_{r-r'}\,dV' \tag{2.13}$$

となる．dV' は，$\boldsymbol{r}'$ を変数とする3次元空間での体積要素である．

(2.13) の積分は，点 $\boldsymbol{r}'$ での大きさが $\rho(\boldsymbol{r}')/|\boldsymbol{r}-\boldsymbol{r}'|^2$ で，$\boldsymbol{e}_{r-r'}$ の向きのベクトルを目的の領域内のすべての点 $\boldsymbol{r}'$ について重ね合わせることである．このとき積分記号の中の単位ベクトル $\boldsymbol{e}_{r-r'}$ は添字に積分変数 $\boldsymbol{r}'$ を含むから，積分記号の外に出すことはできない．

── 例題 2.4 ──

電荷 Q が表面に一様に分布している半径 a のリングがある．リングの中心軸上にあって，リングの中心から距離 x の点 P における電場を計算せよ．

［解］ 図 2.15 のように，リングを ds の長さの微小部分に分ける．それがもっている電荷 dQ が点 P に作る電場の大きさを dE とすると，dE をリング上で1周積分したものが電場 $\boldsymbol{E}$ を与える．リングの軸対称性から，リング頂上の ds と底の ds が作る dE は y 成分の大きさが同じで逆符号だから，ds の対では $dE_y=0$．ds が移動して ds' になると，反対側の ds' との対によって，やはり $dE_y=0$．もう1つの垂直成分（z 成分）についても $dE_z=0$ がいえるので，1周したときの電場は x 成分だけがゼロでない．したがって，ds 部分が作る電場の大きさは $dE=(1/4\pi\varepsilon_0)\,dQ/(x^2+a^2)$ である．$\cos\theta=x/\sqrt{x^2+a^2}$ だから

$$dE_x=dE\cos\theta=\frac{1}{4\pi\varepsilon_0}\frac{x\,dQ}{(x^2+a^2)^{3/2}},\quad E_x=\oint\frac{1}{4\pi\varepsilon_0}\frac{x\,dQ}{(x^2+a^2)^{3/2}}$$

リングを1周するときに x は変らないから，積分によって $\oint dQ=Q$ がその他の因子に掛かり

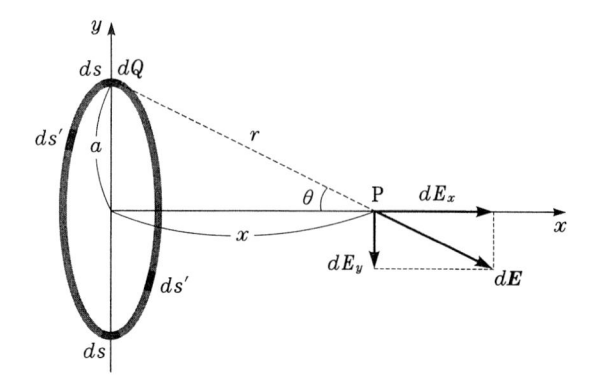

図 2.15

$$E_x = \frac{1}{4\pi\varepsilon_0}\frac{Qx}{(x^2+a^2)^{3/2}}$$

となる．これをベクトルで表すと

$$\bm{E} = \frac{1}{4\pi\varepsilon_0}\frac{Qx}{(x^2+a^2)^{3/2}}\bm{e}_x$$

である．ここで $x \gg a$ の極限を考えると

$$\bm{E} = \frac{1}{4\pi\varepsilon_0}\frac{Q}{x^2}\bm{e}_x$$

となる． ¶

2.4 電 束

電場は空間の各点で定義されるベクトルである．ある面を考えたとき，面の上での電場の大きさと面積で，**電束**が決まる．定義式は，後で (2.14) と (2.18) で与える．電束は，電場の源である電荷に関する情報を与えるものであるが，その法則が 2.5 節で述べるガウスの法則 (2.20) である．

電場から電荷を知る

これまでは，点電荷（または電荷分布）が与えられたときに，「それがどんな電場を作るか？」という問題を考えてきた．ここではその逆に，

2.4 電束

『ある領域での電場の様子がわかっているときに，その源（ソースともいう）の電荷分布について何がいえるか』を考える．

風船（図2.16(a)）は空間を，その内と外に分けている．このように，空間の一部を他の部分から完全に分離する面を**閉曲面**という．風船に穴があると，そこで風船の内と外がつながっているので閉曲面ではない．例えば，図2.16(b) のような浮き袋も閉曲面である．

(a) 閉曲面　　　　(b) ドーナツ型閉曲面

図2.16

閉曲面の内部に電荷がある場合を考える．電荷は電場を作り，電場はそこに置かれた試験電荷に力をはたらかせる．したがって，試験電荷を閉曲面の外でいろいろに動かして力を測れば，電気力線の様子を描ける．逆に考えると，多くの点での電気力線の様子から，電場の原因となっている電荷について知ることができると考えられる．

実際には，閉曲面内部の電荷量だけを知るのであれば，電荷を囲んでいる閉曲面上の電場 E だけがわかればよいことがいえる．これは非常に簡便なことである．

以下の例では，空間を内と外に分ける閉曲面として，図2.17のような直方体の箱を考える．内部に $+q$ の電荷が1個あるときの

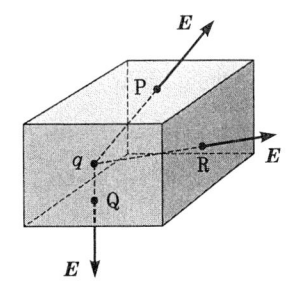

図2.17

箱の表面での電場の例を矢印で示す．これは箱がないときに存在している $+q$ による電場を，箱の表面上に適当に選んだ3点 P，Q，R で示したものである．箱の内部の電気力線を点線で示してあるが，これですべての電気力線を表しているのではないことは前に述べたとおりである．

電束の定義

ある面に関するベクトル $\boldsymbol{E}$ の垂直成分 E_n と面積要素 dS の積 $E_n\,dS$ で，dS を貫く**電束**を定義する（図2.18）．電束を Φ_E で表す（添字の E は電場を意味し，8.3節で定義する磁束 Φ_B と区別する）．Φ_E が外向きのとき，電束は正であるとする．内部に負の電荷があると，表面での電場は内部を向き，負の電束が存在する（図2.19）．

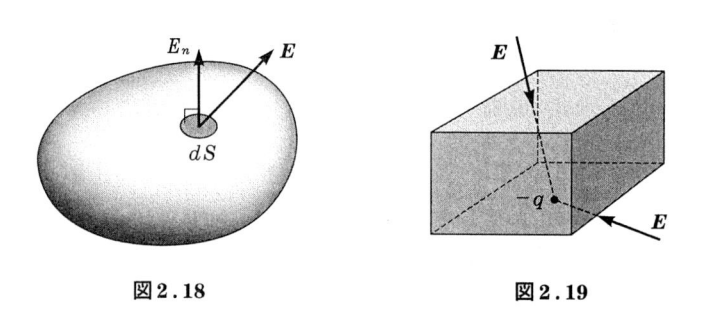

図2.18

図2.19

電束の表式

最初は，電束を定性的な概念として導入したが，ここでは電束を式を使って定量的に表す．

そのために面積を，0.3節で導入した面積ベクトルで考える．一様な電場 $\boldsymbol{E}$ の中で面積 S の平面の面積ベクトル $\boldsymbol{S}$ が $\boldsymbol{E}$ に平行なとき（いいかえると，平面が電場に垂直なとき），この面を通る電束は

$$\Phi_E = ES \tag{2.14}$$

で与えられる．電束の単位は $\text{N}\cdot\text{m}^2/\text{C}$ である．面積ベクトル $\boldsymbol{S}$ と電場 $\boldsymbol{E}$ のなす角を θ とすると

2.4 電束

$$\Phi_E = ES\cos\theta \quad (2.15)$$

である（図2.20）．この関係をベクトルのスカラー積を使って表すと

$$\Phi_E = \boldsymbol{E}\cdot\boldsymbol{S} \quad (2.16)$$

となる．面積ベクトル $\boldsymbol{S}$ は，面に外向きで垂直方向の単位ベクトル $\boldsymbol{e}_n$ を使って

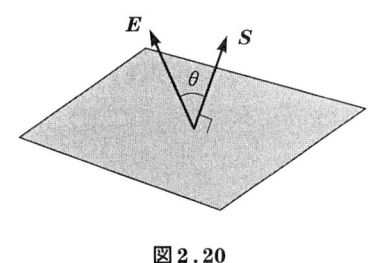

$$\boldsymbol{S} = S\boldsymbol{e}_n \quad (2.17)$$

とも書ける．

図2.20

例題 2.5

半径 10 cm の円板が，その面の垂直ベクトルを一様な電場 $\boldsymbol{E}$ との角度が $\pi/6$ となるように置かれている．このとき，$E = 4.0\times 10^3$ N/C として，円板を貫く電束を求めよ．

[解]　　$\Phi_E = ES\cos\theta$
$$= 4.0\times 10^3 \times 0.0314 \times \frac{\sqrt{3}}{2} = 108\text{ N}\cdot\text{m}^2/\text{C} \quad ¶$$

電場が一様でないときの電束

電場が一様でなく，場所ごとに変化しているとき，電束の表式はどうなるだろうか．また，面が平面ではなくて曲面のときの電束はどう表されるだろうか．

この2つの問題はどちらも，面 S を多くの微小部分に分けて考える．つまり，ベクトルとしての面積要素 $d\boldsymbol{S} = dS\,\boldsymbol{e}_n$ を考え，そこでの電束を面 S 全体で積分することにより全電束を求める（図2.21）．閉曲面全体からの電束は

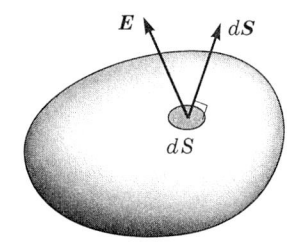

図2.21

$$\Phi_E = \int E\cos\theta\, dS = \int \boldsymbol{E}\cdot d\boldsymbol{S} \qquad (2.18)$$

となる．この積分は 0.4 節で述べたベクトルの面積分 (0.59) である．なお，(2.18) の右辺は，(2.17) から $\int \boldsymbol{E}\cdot \boldsymbol{e}_n\, dS$ とも書ける．

2.5 ガウスの法則

ドイツの偉大な数学者ガウスは，電磁気学でも，ガウスの法則を見つけるという重要な貢献をしている．その頃は，物理と数学がいまとは比較にならないほど近かったといえる．**電場に関するガウスの法則**は，電荷と電場の関係をクーロンの法則とは違う視点で表現している．その視点とは，閉曲面の内部にある電荷と，曲面での電束の関係である．

まず，1個の点電荷 q （> 0）が作る電場を考える．これは 2.1 節でもとり上げた例である．点電荷を半径 R の球の中心に置いたとする（図 2.22）．このとき，球面上の点での電場の大きさ E は，どこでも同じ値

$$E = \frac{1}{4\pi\varepsilon_0}\frac{q}{R^2}$$

であることは (2.4) で述べた．$\boldsymbol{E}$ の向きは，球面に垂直で外向きである．これより，全電束 Φ_E は

$$\Phi_E = ES = \frac{1}{4\pi\varepsilon_0}\frac{q}{R^2}(4\pi R^2) = \frac{q}{\varepsilon_0} \qquad (2.19)$$

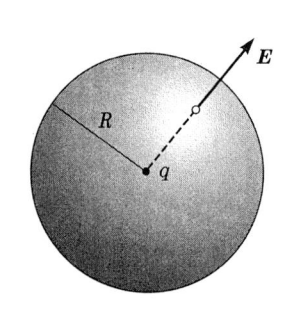

図 2.22

となる．この式は，

『電束の大きさは球面内の電荷 q だけで決まる』

ことを示している．いいかえると，考えた球の半径にはよらないのである．

ガウスの法則

任意の形をした閉曲面の内部に電荷 q がある場合の**ガウスの法則**を考える．閉曲面を面積要素 dS に分割して，そこでの電場 $\boldsymbol{E}$ との内積を閉曲面全体にわたって積分すると

$$\Phi_E = \int \boldsymbol{E} \cdot d\boldsymbol{S} = \frac{q}{\varepsilon_0} \tag{2.20}$$

となることが証明できる．これが任意の形の閉曲面の内部に電荷がある場合のガウスの法則である．閉曲面の内部に電荷がないとき，ガウスの法則は

$$\Phi_E = \int \boldsymbol{E} \cdot d\boldsymbol{S} = 0 \tag{2.21}$$

となる．(2.20)，(2.21) を**積分形のガウスの法則**という．

閉曲面の内部に N 個の電荷 $q_1, q_2, \cdots, q_N$ がある場合は，個々の電荷が作る電場のベクトル和を $\boldsymbol{E}$，電荷の総量を $Q = q_1 + q_2 + \cdots + q_N$ とすると，ガウスの法則は

$$\Phi_E = \int \boldsymbol{E} \cdot d\boldsymbol{S} = \frac{Q}{\varepsilon_0} \tag{2.22}$$

となる．(2.22) は，閉曲面を貫く全電束が，その面内部の全電荷量を真空の誘電率で割ったものであることを意味している．

球対称な電荷分布

電荷が球対称に分布しているときは，その分布は原点からの距離 r だけの関数となり，方向には依存しない．原点を中心とする半径 r の球内に含まれる全電荷を Q，球面上での電場を E とすると，ガウスの法則から $4\pi r^2 E = Q/\varepsilon_0$ だから

$$E = \frac{Q}{4\pi \varepsilon_0 r^2} \tag{2.23}$$

つまり，中心から距離 r の点の電場は，球面内の全電荷が中心に集まっている場合の電場と同じである．

ここで新しいベクトル

$$D = \varepsilon_0 E \tag{2.24}$$

を導入する．D を**電束密度**とよぶ．ガウスの法則 (2.22) は，両辺に ε_0 を掛けて電束密度の定義 (2.24) を用いると

$$\int D \cdot dS = Q \tag{2.25}$$

と，ε_0 が現れない形になる．

ガウスの法則を応用して，いろいろな電荷分布によって作られる電場を計算することができる．その一つを次の例題で示す．

―― 例題 2.6 ――――――――――――――――――――――
一様に正に帯電した無限に大きい板が作る電場を求めよ．ただし，電荷の面密度を σ とする．
―――――――――――――――――――――――――――

[解] 電場は，正に帯電した板から外向きに存在する（図 2.23(a)）．まず対称性の議論によって，電場の方向を決める．一様な電荷密度の板が無限に大きいとき，図 2.23 の板のどの部分も同等であるから，板をその面の方向にずらしても電場は変らない．ということは，電場の向きは板に垂直ということである．また，板の両側において電場 E の大きさは同じである．

次に電場の大きさを計算するために，中心軸が板の表面を垂直に突き通る円柱を考え，これにガウスの法則を適用する（図 2.23(b)）．円柱の端で電場は面に垂

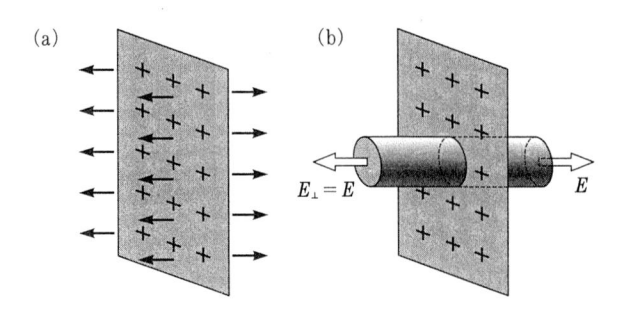

図 2.23

直であるから $E_\perp = E$，円柱の側面では $E_\perp = 0$ であるから，ガウスの法則の面積分は $2ES$（S は円柱の断面積），また $Q = \sigma S$ だから，$2ES = \sigma S/\varepsilon_0$．したがって，求める電場は

$$E = \frac{\sigma}{2\varepsilon_0}$$

となる．いわば同じ電荷密度で，両側の面から E を放出するので，片側のときの結果（演習問題 [5]）の 1/2 となる． ¶

なお，電荷の面密度 σ と $-\sigma$ の 2 枚の十分大きな導体板間の電場は

$$E = \frac{\sigma}{\varepsilon_0} \tag{2.26}$$

となる．これは例題 2.6 で示した 1 枚の導体板が作る電場の 2 倍の大きさである（証明は演習問題 [4]）．

演習問題

[1] 2つの同じ電荷 Q が離れて置かれているときの電気力線を描け．
[2] 一様な電場中での電気力線を描け．
[3] 点電荷がある平面で，円周上において，電気力線の密度が 2 倍になるのは半径がどういう関係のときか．
[4] 同じ量の逆符号の電荷を一様に帯電した，無限に大きい 2 枚の板がある．板によって分けられる空間に作られる電場を求めよ．
[5] 一様に帯電した半径 R の円板が，円板の中心軸から距離 x の点に作る電場を求めよ（$x > 0$）．
[6] 電荷 Q を一様に帯電した半径 R の球が作る電場を求めよ．
[7] 直方体の箱の中に電荷がないとき，箱の表面で電束はどうなるか．また，箱の中に q，$-q$ の点電荷があるとき，電束はどうなるか．

CHAPTER. 3

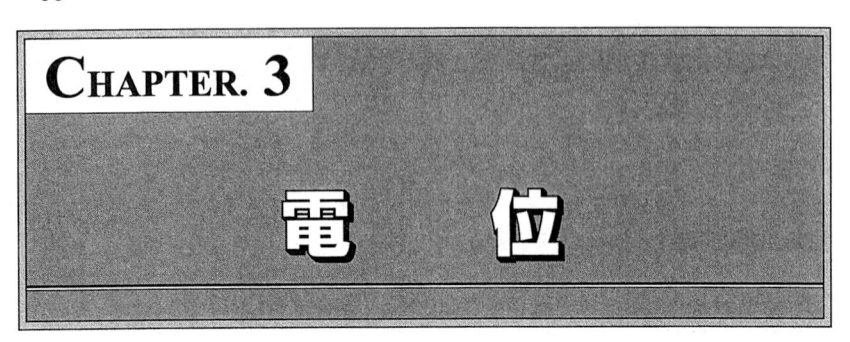

電　位

　電場が存在する空間では，それぞれの場所の静電的なポテンシャルエネルギーを定義できる．ポテンシャルエネルギーを単位電荷当りで考えた量で，電位を定義する．2つの点での電位の差が，電流が流れるときの起電力であることについては 6.4 節で述べる．

3.1　ポテンシャルエネルギー

一様な電場内での仕事

　電場中に置かれている電荷がされる仕事から，空間のある点での**ポテンシャルエネルギー**（位置エネルギー）を決めることができる．そのことを，まず一様な電場の例で説明する．

　第2章の演習問題［4］でみたように，正と負に帯電した2枚の金属板を平行に置いたとき，金属板の間の空間には一様な電場が存在する．図3.1に，その様子を示す．電場 E の向きは，正に帯電した板から，負に帯電した板への

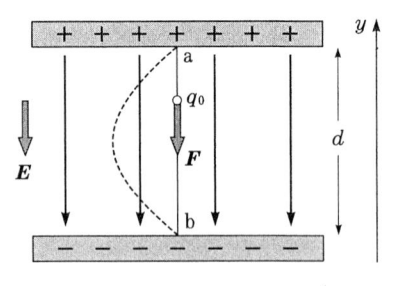

図3.1

方向で，図 3.1 では $-y$ 方向である．

電場は電荷に力をおよぼす．いま，この電場中に正の点電荷 q_0 を置くと，q_0 には $q_0 E$ の大きさの力が $-y$ 方向にはたらく．電場は一様だから，電荷を金属板の間のどこに置いても，力の向きと大きさはともに一定である．その力は，電荷を動かしたときに電荷に対して仕事をする．力の源は電場だから，その仕事は電場が電荷にしているといえる．逆の見方をすれば，このとき電荷は電場によって仕事をされる．

電荷 q_0 が，電場と平行の向きに，点 a から b までの距離 d を動くとき，**電場が電荷にする仕事**は，力と距離の積で

$$W_{\mathrm{a}\to\mathrm{b}} = Fd = q_0 E d \tag{3.1}$$

となる．仕事が単純に F と d の積で与えられるのは，力 F が移動の道筋で一定だからである．また，力と変位が同じ向きだから，この場合の仕事は正の量である．

ここで少し脇道に入るが，仕事という言葉を使うときには

『する仕事とされる仕事を，きちんと区別しなければならない』

ことを注意しておこう．その上で，電場が電荷に対してする仕事の符号は正，と約束する．つまり正の仕事をすることにより，電場はエネルギーを失う．逆に電荷が電場にする仕事の符号は負であり，それがされるとき，電場のエネルギーは増える．この符号の付け方は，電荷から見たときにそのエネルギーが増えるような仕事を正，エネルギーを失う仕事を負とすることを意味している．

ポテンシャルエネルギー

力学の教えるところによれば，あるポテンシャルエネルギー U が存在して，その勾配ベクトルによって

$$\boldsymbol{F} = -\operatorname{grad} U \tag{3.2}$$

と表せるような力が，**保存力**である．勾配については，(0.49) で説明した．

保存力がする仕事は，その移動の始点と終点で決まり，途中の道筋にはよ

らない．これも力学の教えるところである．いまの例でいえば，図 3.1 の点線の経路を動かしても，直線のときと仕事は同じになる．

いま，2 枚の金属板間で電荷にはたらく力の y 成分は $F_y = -q_0E$ と一定である（x 成分と z 成分は 0 だから），これをベクトルで表すと

$$\boldsymbol{F} = (0, -q_0E, 0) \tag{3.3}$$

である．このときの力が保存力であることを確かめる．そのためには，$\boldsymbol{F}$ が保存力であると仮定し，矛盾がないことを示せばよい．ここでは (3.3) の y 成分だけを考えればよいので

$$F_y = -\frac{\partial U}{\partial y} = -q_0E \tag{3.4}$$

とポテンシャルエネルギー U を用いて表してみる．最後の等式で両辺を積分すると，静電的な力のポテンシャルエネルギー U は

$$U = q_0Ey \tag{3.5}$$

となる．これは y 方向の**一様な電場中でのポテンシャルエネルギー**を表しており，y 座標に比例している．つまり，U は座標に依存する場の量である．また逆に，(3.5) が与えられれば，必ず (3.3) が導かれる．こうして一様な電場による力が保存力で，そのポテンシャルエネルギーが (3.5) で与えられることがわかった．なお，電場が一様でない場合のポテンシャルエネルギーを決めるには，後で述べる (3.12) を応用する．

ポテンシャルエネルギーと仕事の関係

次に，一様な電場内の点 a から b へ電荷を動かしたときの**仕事**が，2 つの点でのポテンシャルエネルギーの差に等しいことを示す．

金属板間に置いた試験電荷を，ポテンシャルエネルギーが U_a である高さ y_a の点から U_b である高さ y_b （$< y_a$）の点まで動かしたとき，ポテンシャルエネルギーの変化は $\mathit{\Delta}U = U_b - U_a$ である（図 3.2(a)）．これは，(3.5) を使うと

3.1 ポテンシャルエネルギー

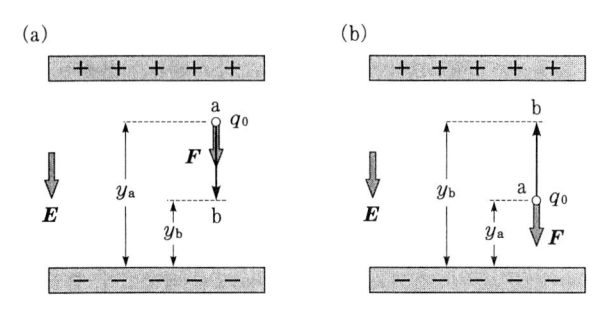

図 3.2

$$\Delta U = q_0 E y_{\mathrm{b}} - q_0 E y_{\mathrm{a}} = q_0 E (y_{\mathrm{b}} - y_{\mathrm{a}}) < 0 \tag{3.6}$$

である．つまり，この移動で，電場のポテンシャルエネルギーは減る．ということは，先に述べた電場と電荷の仕事の関係から，電場が正の仕事をしていることを意味する．したがって，正の仕事 W を負の量である ΔU で表すには，ΔU にマイナス符号を付ける必要がある．これを式で表すと

$$W_{\mathrm{a}\to\mathrm{b}} = -\Delta U = -(U_{\mathrm{b}} - U_{\mathrm{a}}) \tag{3.7}$$

である．この結果は，保存力がする仕事とポテンシャルエネルギーの間で，一様な電場に限らず一般的に成り立つ関係式である．

── 例題 3.1 ──────────────────────

一様な電場の中で，点 a から b まで正電荷 q_0 を動かすことを考える．$y_{\mathrm{a}} > y_{\mathrm{b}}$ の場合（図 3.2(a)）に，q_0 のポテンシャルエネルギー U が減ること，逆に $y_{\mathrm{a}} < y_{\mathrm{b}}$ の場合（図 3.2(b)）には U が増えることを示せ．また $q_0 < 0$ のとき，U の増減はどうなるか．

[解] $y_{\mathrm{a}} > y_{\mathrm{b}}$ のとき，電荷は下向き（電場と同じ向き）に動く．このときの変位は，$q_0 > 0$ ならば力 F と同じ方向だから，電場がする仕事は正である．(3.6) の最右辺から $\Delta U < 0$ であり，ポテンシャルエネルギー U は減少する．

$y_{\mathrm{a}} < y_{\mathrm{b}}$ のときには，電荷 q_0 が上方（電場と逆向き）に動くので（図 3.2(b)），変位の向きは力 F と逆である．このとき電場がする仕事は負となるので，$y_{\mathrm{a}} > y_{\mathrm{b}}$

の場合とは逆に $W_{a \to b} < 0$ であり，$\Delta U > 0$ となってポテンシャルエネルギーは増加する．

これまでの議論を，電荷の符号が負の場合に考えると，仕事とエネルギーがともに符号を変えるので，電場と同じ向きに（上から下に）動くときに U が増え，逆向きに動くときに U は減少する． ¶

結局，仕事をポテンシャルエネルギーと力に関係づけてまとめると

『ポテンシャルエネルギー U の勾配で決まるクーロン力が電荷にする仕事は，始点と終点のポテンシャルエネルギーの差の符号を変えたもの，$-\Delta U$ で与えられる』

となる．

電場は同じく一様であるが，電荷を動かす方向 (a → b) と電場の向きが平行ではなくて，その間の角度が θ の場合（図3.3）は，仕事に寄与するのは力の移動方向の成分 $F\cos\theta$ だから，(3.1) の E を移動方向の成分でおきかえた

$$W_{a \to b} = q_0 E d \cos\theta \tag{3.8}$$

となる．

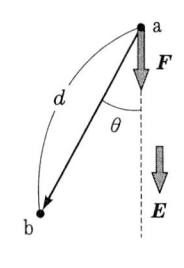

図3.3

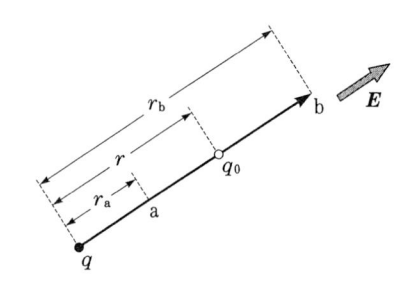

一様でない電場での仕事

これまでの議論を一般化して，電場が一様でない場合（つまり，強さと向きが場所で異なる場合）を考える．簡単な例として，点電荷 q が作る電場のポテンシャルエネルギーを求める．そのために，まずこの電場の中を点電荷 q_0 が動いたときの仕事を計算する（図3.4）．以下の議論では，

図3.4

3.1 ポテンシャルエネルギー

q は電場の原因である電荷，q_0 は試験電荷，という役割の違いがある．

点電荷 q が作る電場は，(2.4) に示したように r の 2 乗に反比例する．これは依存する座標が r だけだから，取り扱いやすい．始点 a と終点 b を q がある点から動径方向の線上に選ぶと，力だけでなく運動も r 方向だけで考えることになるので，q_0 にはたらく力は動径方向の成分 F_r だけの

$$F_r = \frac{1}{4\pi\varepsilon_0}\frac{qq_0}{r^2} \tag{3.9}$$

である．この力が a → b の間に電荷 q_0 にする仕事は，各点での力 F_r と r 方向の微小変位 dr の積を積分して（つまり微小変位ごとの仕事をすべて足し合わせて）

$$W_{a \to b} = \int_{r_a}^{r_b} F_r \, dr = \int_{r_a}^{r_b} \frac{1}{4\pi\varepsilon_0}\frac{qq_0}{r^2} \, dr = \frac{qq_0}{4\pi\varepsilon_0}\left(\frac{1}{r_a} - \frac{1}{r_b}\right) \tag{3.10}$$

となる．

上の結果をみるとわかるように，選んだ道筋での仕事は始点 a と終点 b だけで決まっている．この事実は動径方向の線に限らず，どんな道筋を通って移動したときにも成り立つことが証明できる．それは，点電荷にはたらくクーロン力が保存力だからである．

点電荷のポテンシャルエネルギー

仕事とポテンシャルエネルギーの関係 (3.7) を思い出すと，(3.10) は，電荷 q_0 が**点電荷** q から r の距離にあるときの**ポテンシャルエネルギー**が

$$U = \frac{1}{4\pi\varepsilon_0}\frac{qq_0}{r} \tag{3.11}$$

に等しいことを示している．その意味を最初から考え直してみよう．

初めは，電荷が互いに無限に離れている状況から出発する．まず点電荷 q を原点 O に運び，次に q_0 を q から r の距離まで近づける．この 2 つの過程に要する全仕事を計算する（図 3.5）．最初に何もない空間で q を原点に運

ぶときは，電気力がはたらかないから仕事はゼロである．次に q が作る電場の中で，q_0 をやはり無限遠（$r_a = \infty$）から，原点から距離 r の点（$r_b = r$）まで運ぶときの仕事が (3.10) である．つまり，これに相当するだけのエネルギーが，電荷の位置エネルギーとして蓄えられたことになる．

(3.11) は r だけ離れた2つの点電荷 q，q_0 のポテンシャルエネルギーである．

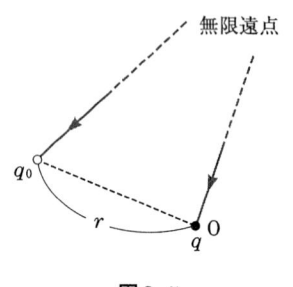

図 3.5

このとき q，q_0 の符号は任意であり，符号の組合せに応じて U の符号が決まる．(3.11) は2つの電荷 q，q_0 の相互作用に関するエネルギーであり，いわば2つに共有されているエネルギーと考えることもできる．

エネルギーのゼロ点

ポテンシャルエネルギーは，その値がゼロである点を基準にして定義するのが普通である．これを**エネルギーのゼロ点**という．(3.11) の場合は，q_0 が q から無限に離れている（$r \to \infty$）とき，$U = 0$ である（図 3.6）．したがって，ポテンシャルエネルギーの基準点は**無限遠点**（$r \to \infty$ とした点）で

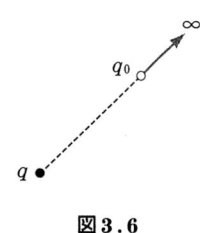

図 3.6

ある．この場合，無限遠点がどの方向にあるかは問わない．つまり，$r \to \infty$ であれば，方向による違いはない．

(3.11) の U は，q が作る電場の中で q_0 を ∞ から r まで動かしたときに電場がする仕事に等しい（図 3.5）．q と q_0 が同符号のときは電荷の間で斥力がはたらき，仕事は正である．q と q_0 の符号が異なるときは引力がはたらき，仕事は負となる．つまりこの場合は，q_0 を無限遠から r まで動かしたときにエネルギーが余り，そのエネルギーで q_0 が電場に対して仕事をする．

電場が一様でない場合に，点電荷を動かす道筋が直線ではなくて，任意の曲線に沿って動かすとする（図 3.7）．これは電場中での電荷移動が最も一般的な場合である．点 a，b を両端とする曲線上の点 P での電場を $\boldsymbol{E}$ とする．点 P での線要素を $d\boldsymbol{s}$（ベクトルの向きは点 P での接線方向）とし，そこにはたらく電場方向の力を $\boldsymbol{F}$ とすると，微小変位 $d\boldsymbol{s}$ による仕事は $\boldsymbol{F} \cdot d\boldsymbol{s}$ である．点 a から点 b まで電荷 q_0 を動かしたときの仕事は，0.4 節で説明した線積分によって

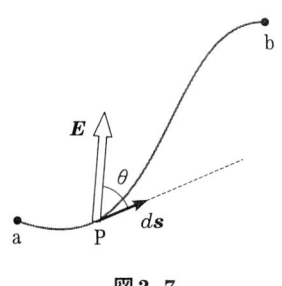

$$W_{a \to b} = \int_a^b \boldsymbol{F} \cdot d\boldsymbol{s} \tag{3.12}$$

と表される．これは

$$W_{a \to b} = \int_a^b q_0 \boldsymbol{E} \cdot d\boldsymbol{s} = \int_a^b q_0 E \cos\theta \, ds \tag{3.13}$$

である．ここで $\boldsymbol{E}$ と $d\boldsymbol{s}$ のなす角を θ とした．スカラー積の関係 (0.32) と (3.12) を使えば，電場や道筋がどんな場合であっても，仕事を計算できる．

複数の点電荷によるポテンシャルエネルギー

(3.11) を一般化して，空間に原点 O をとって電荷 q を置き，その周りに N 個の点電荷がある場合を考える．電荷 $q_1, q_2, \cdots, q_N$ がそれぞれ q から $r_1, r_2, \cdots, r_N$ の距離の点にあるときの q のポテンシャルエネルギーは，(3.11) を N 個の場合に拡張して

$$U = \frac{q}{4\pi\varepsilon_0}\left(\frac{q_1}{r_1} + \frac{q_2}{r_2} + \cdots + \frac{q_N}{r_N}\right) = \frac{q}{4\pi\varepsilon_0}\sum_{i=1}^{N}\frac{q_i}{r_i} \tag{3.14}$$

となる（図 3.8）．すべての q_i が q から十分遠い場合には r_i がすべて無限大となるから，$U = 0$ である．

q が原点とは別の点 r_0 にあるときは, N 個の電荷の位置をベクトル $r_1, \cdots, r_N$ で表す. このときポテンシャルエネルギーは (3.14) と同じ形で, 分母の r_i ($i = 1, \cdots, N$) を r_0 からの距離 $|r_i - r_0|$ としたもの

$$U = \frac{q}{4\pi\varepsilon_0} \sum_{i=1}^{N} \frac{q_i}{|r_i - r_0|} \qquad (3.15)$$

図 3.8

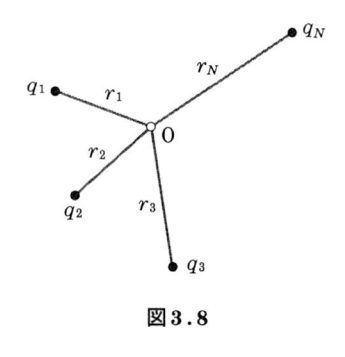

で与えられる. q を特別扱いせずに, $q, q_1, \cdots, q_N$ が同じ立場で存在しているときの全体のポテンシャルエネルギーは, 各電荷対の相互作用のポテンシャルエネルギーの和になるから

$$U = \frac{1}{8\pi\varepsilon_0} \sum_{i \neq j} \frac{q_i q_j}{r_{ij}} \qquad (3.16)$$

で与えられる. ここで q_i, q_j は $(q, q_1, \cdots, q_N)$ のどれかであり, この和は $i \neq j$ の条件の下で行う. なお, このとき, i-j の対を j-i の場合と 2 重に数えることになるので, 1/2 の因子を掛けてあることに注意する.

― 例題 3.2 ―

点 $x = 0$ に電荷 $q_1 = -e$ が, $x = a$ には $q_2 = e$ が置かれている (図 3.9).

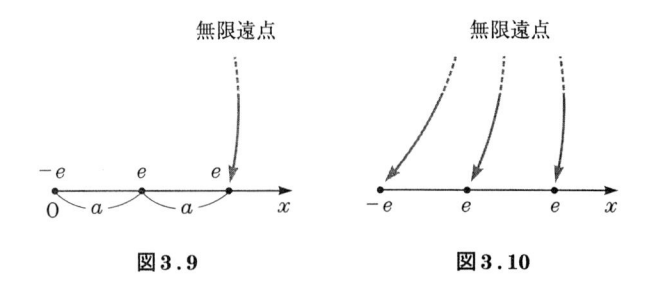

図 3.9

図 3.10

（a） $q_3 = e$ を無限遠から $x = 2a$ まで動かすとき，どれだけの仕事が必要か．

（b） q_3 を $x = 2a$ に置いたとき，全系のポテンシャルエネルギーはいくらか（図 3.10）．

（c） 上の 2 つで求めたエネルギーの差は何か．

[**解**]（a）仕事は，q_3 が $x = 2a$ にあるときと，$x = \infty$ にあるときのポテンシャルエネルギーの差である．後者はゼロだから，(3.15) から

$$W = U = \frac{q_3}{4\pi\varepsilon_0}\left(\frac{q_1}{r_{13}} + \frac{q_2}{r_{23}}\right) = \frac{e}{4\pi\varepsilon_0}\left(\frac{-e}{2a} + \frac{e}{a}\right) = \frac{e^2}{8\pi\varepsilon_0 a} \quad (1)$$

点 $x = 2a$ では，q_3 にはたらく q_1 の引力より，q_2 の斥力の方が（距離が近いので）強い．それに逆らって動かす必要があるので，仕事は正である．

（b） 図 3.10 に示す系のポテンシャルエネルギーは，(3.16) から

$$U = \frac{1}{4\pi\varepsilon_0}\left(\frac{q_1 q_2}{r_{12}} + \frac{q_1 q_3}{r_{13}} + \frac{q_2 q_3}{r_{23}}\right) = \frac{1}{4\pi\varepsilon_0}\left(\frac{-e^2}{a} + \frac{-e^2}{2a} + \frac{e^2}{a}\right)$$
$$= -\frac{e^2}{8\pi\varepsilon_0 a} \quad (2)$$

$U < 0$ ということは，3 つの電荷が無限に離れているよりも，この配置の方が電場のポテンシャルエネルギーが低いということである．このことは，3 つを近づけるのに力がする仕事は負であり，近づけたときに余ったエネルギーで余分の仕事ができることを意味する．

（c）（1）と（2）が違う理由は，（1）では，全系のエネルギーのうち q_1 と q_2 間の相互作用がカウントされていないためである．（1）に q_1 と q_2 の相互作用エネルギー $-e^2/4\pi\varepsilon_0 a$ を加えると，（2）に一致する． ¶

連続的に分布する電荷のポテンシャルエネルギー

電荷が点電荷ではなくて，電荷密度 $\rho(\boldsymbol{r})$ で連続的に分布している場合のポテンシャルエネルギーは，(2.13) の電場のときと同じように，空間を微小体積 $\varDelta V$ の領域に分割して考える．そして，点 $\boldsymbol{r}$ での体積 $\varDelta V$ にある密度 $\rho(\boldsymbol{r})$ の電荷と，点 $\boldsymbol{r}'$ で $\varDelta V'$ に含まれる $\rho(\boldsymbol{r}')$ の電荷の相互作用エネルギーを考え，全領域で加えればよい．

この和を計算するには，各微小領域内の電荷を点電荷と見なして，ΔV，$\Delta V'$ がゼロの極限をとれば，和を積分でおきかえることができる．その結果，電荷密度が $\rho(\boldsymbol{r})$ の電荷分布があるときのポテンシャルエネルギーは，

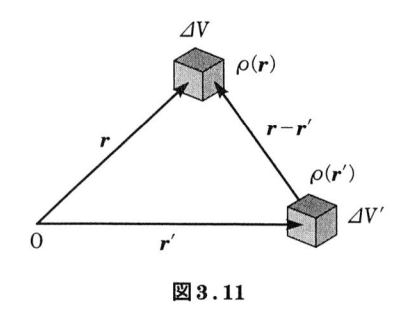

$$U = \frac{1}{2} \iint \frac{\rho(\boldsymbol{r})\rho(\boldsymbol{r}')}{4\pi\varepsilon_0 |\boldsymbol{r}-\boldsymbol{r}'|} dV \, dV' \tag{3.17}$$

となる（図 3.11）．

図 3.11

3.2 電 位

電位とは

前節では，点電荷 q が作る電場内に，点電荷 q_0 があるときのポテンシャルエネルギーを (3.11) で導入した．この節では，q_0 を 1（単位電荷）として

『単位電荷当りのポテンシャルエネルギー』

を考える．一般にこれを**電位**とよび，ϕ で表す．つまり，電位とポテンシャルエネルギー U の関係は

$$\phi = \frac{U}{q_0} \tag{3.18}$$

である．電位は，U と同様に座標の関数である．(3.11) のポテンシャルエネルギーに対する電位は，(3.11) で q_0 を 1 としたものである．

ポテンシャルエネルギーはスカラー量であるから，q_0 で割った電位もスカラー量である．**電位の単位**はイタリアの物理学者ボルタにちなんだ**ボルト** (V) である．そして (3.18) から

$$1\,\mathrm{V} = 1\,\mathrm{J/C}$$

の関係がある．

電位はポテンシャルエネルギーを q_0 で割ったものだから，ポテンシャルエネルギーと同様に空間の各点で定義され，その上，単位電荷当りの量だから，場の性質を決めている量である．その点では，電場と共通している．

電位差

一様な電場中で点 a から b まで電荷を動かしたときの単位電荷当りの仕事は，(3.7) を q_0 で割って

$$\frac{W_{\mathrm{a}\to\mathrm{b}}}{q_0} = -\left(\frac{U_\mathrm{b}}{q_0} - \frac{U_\mathrm{a}}{q_0}\right) = -(\phi_\mathrm{b} - \phi_\mathrm{a}) = \phi_\mathrm{a} - \phi_\mathrm{b} \quad (3.19)$$

となる．$\phi_\mathrm{a} = U_\mathrm{a}/q_0$ は点 a での単位電荷当りのポテンシャルエネルギー，つまり，点 a での電位である．同様に，ϕ_b は点 b での電位である．

$\phi_\mathrm{a} - \phi_\mathrm{b}$ を，a の b に対する電位，あるいは a と b の**電位差**といい，V で表す．これを回路の場合には**電圧**ということは 6.4 節で述べる．なお，(3.19) は，

『2 点 a と b の電位差は，単位電荷を a から b まで動かすときに，クーロン力によってされる仕事である』

といい表すこともできる．

やや乱暴な例えになるかもしれないが，電位とは，電子が感じる居心地のようなものといえる．電位が高い所は居心地が悪く，居心地が良い低い所に行く傾向が強い．電子を電位の高い所に上げるには，エネルギーが必要である．

上で述べた定義から $\phi_\mathrm{a} - \phi_\mathrm{b} = V$ であるから，(3.19) は，電荷 q_0 を一様な電位差 V の間を動かすときの仕事 $W_{\mathrm{a}\to\mathrm{b}}$ が

$$W_{\mathrm{a}\to\mathrm{b}} = q_0 V \quad (3.20)$$

で与えられることを示している．一様な電場 E の場合には，(3.1) を使って

$$V = Ed \quad (3.21)$$

の関係がある．つまり，一様な電場に話を限れば，**電位差**は 2 点間の距離に

比例して強くなる．したがって，ある電位差を与えると，電場の強さは2点間の距離に反比例する．電場の単位は，(3.21) から 1 V/m になる．これが 1 N/C であることは 2.1 節で述べた．

1 個の点電荷 q が作る電場中で，q から r だけ離れた点の電位 ϕ は，(3.11) を試験電荷の q_0 で割った

$$\phi = \frac{U}{q_0} = \frac{1}{4\pi\varepsilon_0}\frac{q}{r} \tag{3.22}$$

である．これをグラフにすると図 3.12 のようになる．この式でも，電位を測る基準点を電荷から無限に遠い点とするのは，3.1 節のポテンシャルエネルギーのときと同じである．

点電荷が複数個あるとき，q_0 が置かれている点の電位は，(3.14) を用いて

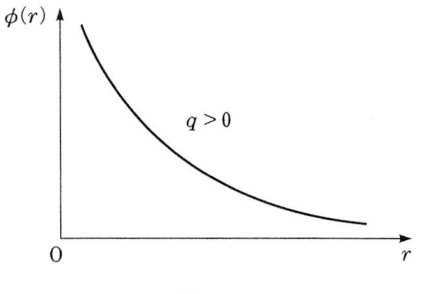

図 3.12

$$\phi = \frac{U}{q_0} = \frac{1}{4\pi\varepsilon_0}\sum_i \frac{q_i}{r_i} \tag{3.23}$$

となる．ここで，i 番目の電荷を q_i，そこから電位を測る点までの距離を r_i としている．

電荷が点電荷ではなくて，空間に広がりをもって分布している場合の電位は，(3.17) を導いたときと同様に，微小領域 dV の電荷密度 $\rho(\boldsymbol{r}')$ ごとの電位への寄与を積分することで

$$\phi(\boldsymbol{r}) = \frac{1}{4\pi\varepsilon_0}\int \frac{\rho(\boldsymbol{r}')}{|\boldsymbol{r}-\boldsymbol{r}'|}dV' \tag{3.24}$$

と得られる．これを使うと，(3.17) のポテンシャルエネルギーは

$$U = \frac{1}{2}\int \rho(\boldsymbol{r})\,\phi(\boldsymbol{r})\,dV \tag{3.25}$$

と表すことができる．

例題 3.3

半径 R の球殻上に電荷 Q が一様に分布しているとき，球殻の内と外の電位を求めよ．

[**解**] 球殻の中心を原点にとる．原点からの距離 r が $r > R$ の場合（球殻の外），電場は全電荷 Q が原点にあるときと同じ（2.5節）だから，電位は

$$\phi(r) = \frac{Q}{4\pi\varepsilon_0 r} \qquad (r > R)$$

となる．$r < R$ （球殻の内）では，電荷がない領域なので $E = 0$ であるから（演習問題 [4] 参照），電位は一定である．電位の値は球殻の内と外の境界（$r = R$）で連続でなければならないから，その一定値は

$$\phi(r) = \phi(R) = \frac{Q}{4\pi\varepsilon_0 R} \qquad (r < R)$$

となる（図 3.13）．

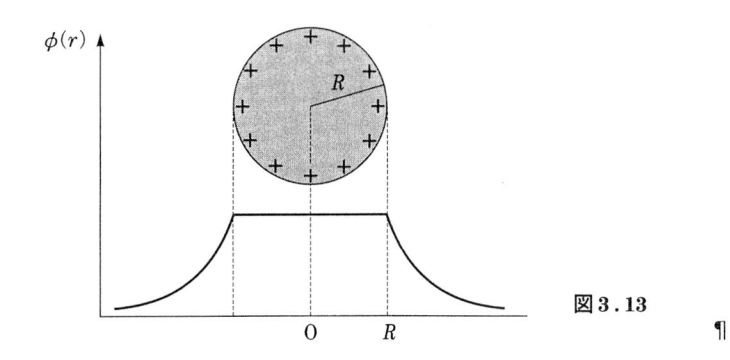

図 3.13

¶

例題 3.4

電位差が 1 V の 2 点間を電子が動いたときの電子のエネルギーの増加分を，**1 電子ボルト**（1 eV）と定義する．これより，1 eV = 1.6×10^{-19} J であることを示せ．また，現在利用されている加速器の最大エネルギー 1000 GeV は，何ジュールに相当するか．ただし，1 GeV（ジェブ）は 10^9 eV である．

[**解**] 電子の電荷は $q = 1.6 \times 10^{-19}$ C であるから，1 V の電位差に対する仕事を考えると $W = qV$ より，$1\,\mathrm{eV} = 1.6 \times 10^{-19}$ J となる．1000 GeV は，1.6×10^{-7} J である． ¶

例題 3.5

空間の各点で電場 E がわかっているときに，2 点 a と b の電位差を決めるにはどうすればよいか．

[**解**] (3.13) から $W_{\mathrm{a}\to\mathrm{b}} = \int_{\mathrm{a}}^{\mathrm{b}} q_0 \boldsymbol{E} \cdot d\boldsymbol{s}$ であるから

$$\phi_{\mathrm{a}} - \phi_{\mathrm{b}} = \int_{\mathrm{a}}^{\mathrm{b}} \boldsymbol{E} \cdot d\boldsymbol{s} = \int_{\mathrm{a}}^{\mathrm{b}} E \cos\theta \, ds \tag{3.26}$$

の関係がある．したがって，a と b の間をつなぐ仕事の道筋に沿って (3.26) 右辺の積分を計算すればよい． ¶

3.3　等電位面

2 次元面内で電位が等しい点をつないでいくと，等電位の曲線を描くことができる．同じように，3 次元空間で電位の等しい点をつないでいったときにできる面を**等電位面**という．原点に点電荷 q がある場合の等電位面は，(3.22) で

$$\phi = \frac{1}{4\pi\varepsilon_0} \frac{q}{r} = C \ (= 一定)$$

という条件から

$$r = \frac{q}{4\pi\varepsilon_0 C} = 一定$$

となるので，原点を中心とする球面となる．

半径が異なる球面は，それぞれ電位の値が異なる等電位面である．

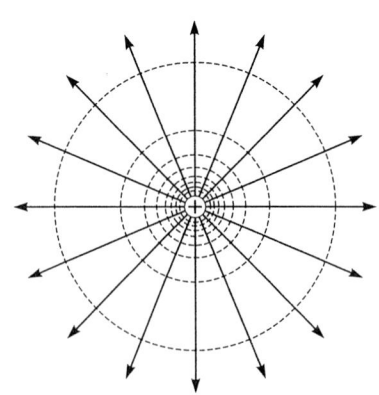

図 3.14

3.3 等電位面

$q > 0$ のときは，半径が小さい球面の方が，半径の大きい球面より電位が高い．例として，2次元空間に点電荷があるときの各点での電位を等電位線によって示す（図3.14）．

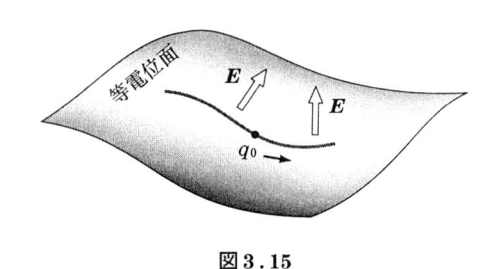

図3.15

等電位面の上を，電荷 q_0 が移動するときに電場がする仕事を考えてみよう（図3.15）．等電位面を考える空間には，電位の源である電場が存在し，電荷に力をはたらかせている．力の大きさと動いた距離の積の積分が仕事を与える．しかし，電荷が等電位面上を動いている限り，移動している道筋のすべての点で電位が等しいから，移動の前と後で $q_0\phi$ は変らない．つまり，この移動の間に電荷のエネルギーに増減はなく，電場は仕事をしていない．(3.13)でみたように，仕事に寄与する電場は経路の接線成分だから，仕事がゼロとは

『等電位面のすべての点で，電場の接線方向の成分がゼロである』

ことを意味している．したがって，電場は等電位面に垂直であるか，あるいはゼロである．

電位の勾配

(3.26) の左辺は，積分公式 $\int 1\, dx = x$ を思い出すと

$$\phi_a - \phi_b = \int_b^a d\phi$$

と書ける．右辺で積分の上限と下限を入れ替え，(3.26) の中辺に等しいとおくと

$$-\int_a^b d\phi = \int_a^b \boldsymbol{E} \cdot d\boldsymbol{s}$$

となる．両辺の被積分項は等しいはずだから

$$-d\phi = \boldsymbol{E} \cdot d\boldsymbol{s}$$

であり，右辺のスカラー積を，$\boldsymbol{E}=(E_x, E_y, E_z)$，$d\boldsymbol{s}=(dx, dy, dz)$ を用いて成分の和に書き直すと

$$-d\phi = E_x\,dx + E_y\,dy + E_z\,dz$$

となることから

$$E_x = -\frac{\partial \phi}{\partial x}, \quad E_y = -\frac{\partial \phi}{\partial y}, \quad E_z = -\frac{\partial \phi}{\partial z} \tag{3.27}$$

の関係がある．

電場ベクトル $\boldsymbol{E}$ は，上で得られた電位の勾配成分を使って

$$\boldsymbol{E} = -\left(\boldsymbol{e}_x\frac{\partial \phi}{\partial x} + \boldsymbol{e}_y\frac{\partial \phi}{\partial y} + \boldsymbol{e}_z\frac{\partial \phi}{\partial z}\right) \tag{3.28}$$

と書くことができる．(0.49) で導入した勾配ベクトル ∇ を使うと，(3.28) は

$$\boldsymbol{E} = -\nabla\phi \tag{3.29}$$

と表せるから，電場は電位の勾配の符号をマイナスにしたものであることがわかる．電場が球対称のときは，球座標 (r, θ, φ) で表すと動径成分 (r) だけとなり簡単になるので

$$E_r = -\frac{\partial \phi}{\partial r} \tag{3.30}$$

を使って

$$\boldsymbol{E} = -\frac{\partial \phi}{\partial r}\boldsymbol{e}_r \tag{3.31}$$

と表せる．

---- 例題 3.6 ----

点電荷 q から距離 r の点での電場の式 (2.4) を，電位 (3.22) から導け．

[解] この点での電位は，(3.22) から $\phi = q/4\pi\varepsilon_0 r$．球対称性から，電場は動径成分だけなので，(3.30) から

$$E_r = -\frac{\partial \phi}{\partial r} = \frac{q}{4\pi\varepsilon_0 r^2}$$

$$\therefore \quad \boldsymbol{E}(\boldsymbol{r}) = E_r \boldsymbol{e}_r = \frac{q}{4\pi\varepsilon_0} \frac{1}{r^2} \boldsymbol{e}_r \qquad \P$$

演習問題

[1] $N+1$個の電荷 $q, q_1, \cdots, q_N$ から成る系のポテンシャルエネルギーを (3.14) と (3.16) の2つの場合で比較し,違いの理由を説明せよ.

[2] 図の2点 A と B の電位差 $\phi(A) - \phi(B)$ を求めよ.

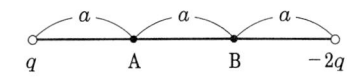

[3] 半径 R の球内に電荷 Q が一様に分布しているとき,中心から距離 r の点の電位を求めよ.

[4] 導体の内部で電場がゼロである事実を利用して,内部に空洞がある導体の空洞内に電荷がないとき,空洞内で $\boldsymbol{E} = \boldsymbol{0}$ であること,さらに空洞と導体は等電位であることを示せ.

CHAPTER. 4

電気容量 —電荷を蓄える能力—

電荷が空間に電場を作り，そこに電位が存在することから，いろいろな電気現象が起こる．この章では，電荷を物体に蓄えることを考える．それは我々が電気を利用するための第一歩といえる．ある領域にどれだけの電気量を蓄えられるかを表すのが，電気容量である．

4.1 コンデンサーの電気容量

コンデンサー

2つの導体を向かい合わせたものが，**コンデンサー**である．コンデンサーは，2つの導体の片方に正の電荷を蓄え，他方に同じ量の負の電荷を蓄える装置であり，抵抗，コイルとともに**デバイス**とよばれる．コンデンサーは，回路内で ─┤├─ という記号で表し，導体の間が真空で何もないものと，導体間に絶縁体を置いたものがある．最近，半導体材料などエレクトロニクスの現場では，コンデンサーの代りにキャパシターという言葉が使われている．

コンデンサーの充電と放電

コンデンサーの基本的な例としてよく使われるのが，2枚の金属板を平行に向かい合わせた**平行板コンデンサー**であり，正または負の電荷を蓄えるこの金属板のことを**極板**という．

4.1 コンデンサーの電気容量

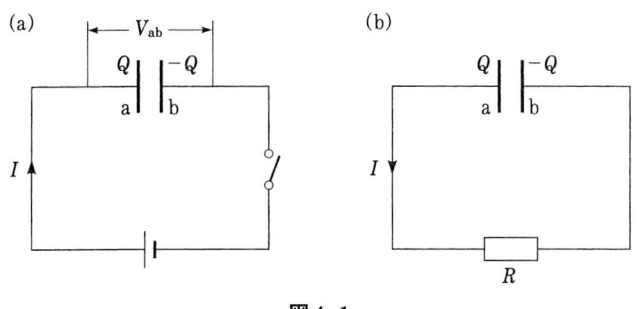

図 4.1

　コンデンサーの両端を導線で電池につなぎ，スイッチで回路を閉じると，正電荷の流れである電流は，矢印の向きに流れる（図 4.1(a)）．このとき実際には，極板 a から極板 b に導線を伝って負電荷をもつ電子が移動している．（上の現象を実現するのは，電池がもっている起電力であるが，それについては 6.4 節で説明する）．その結果，低電位側の極板 b には負の電荷 $-Q$ が，高電位側の極板 a にはそれと同じ量の正の電荷 Q が蓄えられる．このことを，「電荷 Q がコンデンサーに蓄えられた」といういい方をする．また，この操作を，コンデンサーを**充電**するという．こうして極板 a と b の間に確立する電位差を V_{ab} とする．

　極板間に存在する電場は，コンデンサーに蓄えられた電荷 Q に比例する．したがって，電荷が注入されると，Q に比例して極板間の電位差 V_{ab} も増加する．一般に，コンデンサーでは電荷と電位差の比は一定であり，この比でそのコンデンサーの**電気容量** C を定義する．

$$C = \frac{Q}{V_{ab}} \tag{4.1}$$

これが

　　『コンデンサーの電気容量 C は，蓄えられた電荷と電位差の
　比例係数である』

という，コンデンサーの基本的な性質である．コンデンサーの電位差は，通常，単に V と記すので，(4.1) は

$$Q = CV \tag{4.2}$$

と表される．

電気容量の単位はファラド (F) で，(4.1) から $1\,\text{F} = 1\,\text{C/V}$ である．ファラドは CHAPTER.12 で述べる電磁誘導現象を発見したファラデーにちなんだ単位である．

決まった電気容量 C をもつコンデンサーを，起電力 V の電池につないで十分時間が経つと，(4.2) で決まる Q だけの電荷が充電される．次に図 4.1(b) のように電池をはずして，充電されたコンデンサーに抵抗をつなぐと，コンデンサーから電荷が流れ出て，矢印の向きに電流が流れる．最終的には，極板上の電荷はゼロとなる．この現象がコンデンサーの**放電**である．

真空中のコンデンサー

まず平行板コンデンサーで，極板の間が真空の場合を考える．図 4.2 は，図 4.1 の極板の部分を拡大して真横から見た図である．極板の面積を S，極板の間隔を d とする．充電したコンデンサーの極板間には電位差があるから，極板間には電場が存在している（平行線は電気力線を表す）．間隔 d に対して極板の大きさが十分大きい場合には，極板間の電場は一様であり，かつ電場が極板の間からはみ出すことはないと考えてよい．つまり，極板の端の部分で電場が乱れている効果を無視することができる．

電場の大きさは，CHAPTER.2 の演習問題 [4] でみたように $E = \sigma/\varepsilon_0$ となる．σ は極板の電荷面密度（全電荷 Q を面積 S で割ったもの）だから

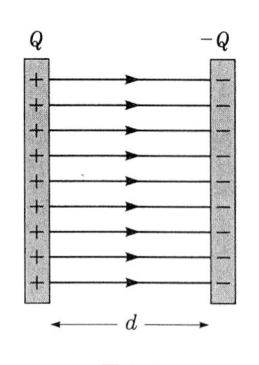

図 4.2

4.1 コンデンサーの電気容量

$$E = \frac{Q}{\varepsilon_0 S} \tag{4.3}$$

と書き直せる．極板間の電位差は

$$V = Ed = \frac{Qd}{\varepsilon_0 S}$$

である．したがって，電気容量 C は，(4.1) から

$$C = \frac{\varepsilon_0 S}{d} \tag{4.4}$$

となる．つまり電気容量は，極板の面積に比例し，間隔に反比例する．

(4.4) は，コンデンサーの電気容量が極板の大きさと間隔で決まり，蓄えられている電荷や，電位差によらないことを示している．ε_0 の単位は，1.2 節でみたように $C^2/(N \cdot m^2)$ だから，(4.4) から電気容量の単位は

$$1\,\mathrm{F} = 1\,\mathrm{C}^2/(\mathrm{N \cdot m}) = 1\,\mathrm{C}^2/\mathrm{J}$$

である．コンデンサーの大きさや電流に現実的な値を用いると，1 F というのは非常に大きい値であるから，実際の問題では $1\,\mu\mathrm{F}$ ($= 10^{-6}\,\mathrm{F}$，マイクロファラド) や $1\,\mathrm{pF}$ ($= 10^{-12}\,\mathrm{F}$，ピコファラド) が単位として使われる．

── 例題 4.1 ──

一辺 2 m の正方形の平行板コンデンサーが，極板間隔 5 mm で真空中に置かれている．

(a) 電気容量 C を計算せよ．

(b) 極板間に電圧 3000 V をかけたとき，蓄えられる電気量 Q を計算せよ．

(c) 極板間の電場 E の大きさを求めよ．

[解] (a) $C = \dfrac{\varepsilon_0 S}{d} = \dfrac{8.85 \times 10^{-12} \times 4}{5 \times 10^{-3}} = 7.1 \times 10^{-9}\,\mathrm{F} = 7.1\,\mathrm{pF}$

このように，現実的なサイズのコンデンサーの電気容量は数 pF 程度になる．

(b) $Q = CV = 7.1 \times 10^{-9} \times 3 \times 10^3 = 2.1 \times 10^{-5}\,\mathrm{C} = 21\,\mu\mathrm{C}$

(c) $E = \dfrac{V}{d} = \dfrac{3000}{5 \times 10^{-3}} = 6 \times 10^5\,\mathrm{V/m}$ ¶

4.2 コンデンサーの接続

コンデンサーの基本的なつなぎ方に，直列と並列がある．さらにこの 2 種のつなぎ方を組み合わせて，いろいろなコンデンサーをつなぐと，任意の大きさの電気容量を実現できる．

直列接続

電気容量 C_1 と C_2 のコンデンサーを**直列**に**接続**した場合を図 4.3(a) に示す．2 点 a，b の間に電圧 $V_{ab} = V$ をかけると，両方のコンデンサーが充電される．そのとき，4 つの極板上の電気量は次のようになる．

まずコンデンサー C_1 の左側の極板に Q の電荷が蓄えられ，コンデンサー C_2 の右側の極板に $-Q$ の電荷が蓄えられる．これにともなって，C_1 の右側の極板には $-Q$ の電荷が蓄えられ，C_2 の左側の極板は Q に帯電する．

いま，2 つのコンデンサー全体を 1 つのものとしてみると，左側の極板に Q の電荷，右端の極板に $-Q$ の電荷が蓄えられたとみることができる．C_1 の

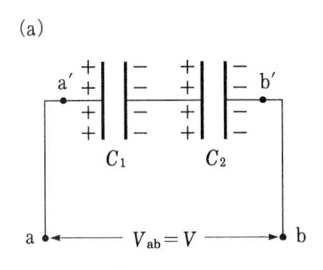

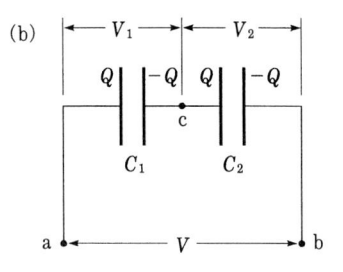

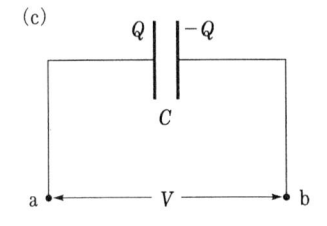

図 4.3

正の極板と点 a では電位が同じであり，C_2 の負の極板と点 b でも同様である．したがって，a, b で考えた V_{ab} と，コンデンサーの極板に近い a′, b′ で考えた $V_{a'b'}$ は等しい．

次に，2 つのコンデンサーの間に点 c を考え（図 4.3(b)），ac 間の電位差 V_{ac} を V_1, cb 間の電位差 V_{cb} を V_2 と書くと

$$V_{ac} = V_1 = \frac{Q}{C_1}, \qquad V_{cb} = V_2 = \frac{Q}{C_2} \tag{4.5}$$

の関係がある．a と b の間の電位差が系全体としての電位差であり，これを V とすれば

$$V_{ab} = V = V_1 + V_2 = Q\left(\frac{1}{C_1} + \frac{1}{C_2}\right) \tag{4.6}$$

となるから

$$\frac{V}{Q} = \frac{1}{C_1} + \frac{1}{C_2} \tag{4.7}$$

が成り立つ．左辺は直列接続したコンデンサーを 1 つのものと見たとき（図 4.3(c)）の電位差を，全体の電気量で割ったものだから，これは，直列接続したときの**合成容量** C の逆数である．したがって

$$\frac{1}{C} = \frac{1}{C_1} + \frac{1}{C_2} \tag{4.8}$$

が成り立つ．

並列接続

電気容量 C_1, C_2 のコンデンサーを並列に接続した場合を図 4.4(a) に示す．2 つのコンデンサーとも，左側の極板は点 a と等電位，右側の極板は点 b と等電位なので，2 つのコンデンサーの電位差は等しく，$V_{ab} = V$ である．2 つのコンデンサーに蓄えられる電気量をそれぞれ Q_1, Q_2 とすると，これは

$$Q_1 = C_1 V, \qquad Q_2 = C_2 V \tag{4.9}$$

で与えられる．並列接続したコンデンサーを 1 つのコンデンサーとして考え

図 4.4

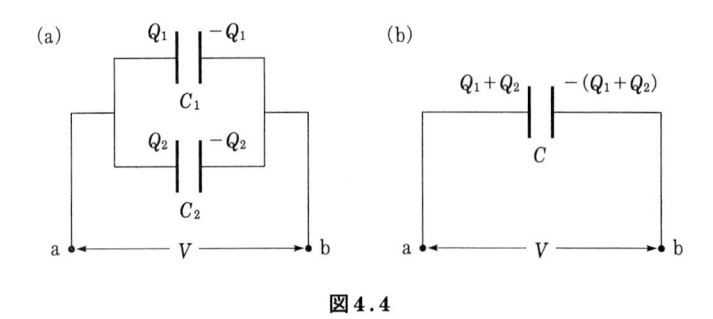

ると（図 4.4(b)），その電気量 Q は

$$Q = Q_1 + Q_2 = (C_1 + C_2)V \tag{4.10}$$

となる．最右辺の等式は，(4.9) を用いて得られた．したがって，

$$\frac{Q}{V} = C_1 + C_2 \tag{4.11}$$

となり，左辺は**並列接続**したときの合成容量 C であるから

$$C = C_1 + C_2 \tag{4.12}$$

が成り立つ．

― 例題 4.2 ―

次の各問いについて答えよ．

（a） $3\,\mu\mathrm{F}$ と $2\,\mu\mathrm{F}$ のコンデンサーを直列につなぎ，コンデンサーの両端を $20\,\mathrm{V}$ の電池につないだとき，合成容量 C，2 つのコンデンサーそれぞれに蓄えられる電荷，電位差を計算せよ．

（b） 上の 2 つのコンデンサーを並列につないだとき，(a) の場合と同じ問いについて計算せよ．

［解］ （a） (4.8) の右辺は $1/(3 \times 10^{-6}) + 1/(2 \times 10^{-6}) = 5/(6 \times 10^{-6})$ となるから，$C = 1.2 \times 10^{-6}\,\mathrm{F} = 1.2\,\mu\mathrm{F}$．直列接続では蓄えられる電荷はそれぞれ等しいので (4.2) から，$Q = CV = 1.2 \times 10^{-6} \times 20 = 2.4 \times 10^{-5}\,\mathrm{C}\ (= 24\,\mu\mathrm{C})$．よって電位差は (4.5) からそれぞれ，$V_{3\mu\mathrm{F}} = 2.4 \times 10^{-5}/(3 \times 10^{-6}) = 8\,\mathrm{V}$，

$V_{2\mu F} = 2.4 \times 10^{-5}/(2 \times 10^{-6}) = 12$ V.

(b) (4.12) から，$C = 3 \times 10^{-6} + 2 \times 10^{-6} = 5 \times 10^{-6}$ F $= 5\,\mu$F．また，並列接続では電位差はそれぞれ等しいので，(4.9) から

$$Q_{3\mu F} = C_{3\mu F} V = 3 \times 10^{-6} \times 20 = 60\,\mu C$$
$$Q_{2\mu F} = C_{2\mu F} V = 2 \times 10^{-6} \times 20 = 40\,\mu C$$

となる．なお，全電荷は $Q = CV = 5 \times 10^{-6} \times 20 = 100\,\mu$C で，これは $Q_{3\mu F} + Q_{2\mu F}$ に一致している．

(a) と (b) の結果を比べると，同じ電圧を掛けたときに極板に現れる電荷は，並列につないだ方が大きいことがわかる． ¶

4.3 コンデンサーのエネルギー

コンデンサーは電荷を蓄えるデバイスであるが，電荷を蓄えると同時に電場のポテンシャルエネルギーも蓄えることになる．なお，以下ではポテンシャルという語は適宜省略することにする．

充電に必要な仕事

コンデンサーを充電して極板に電荷を蓄えると，極板の間には電場が生じ，その空間には（ポテンシャル）エネルギーが蓄えられる．ここでは，充電に要した仕事 W を計算することにより，コンデンサーに蓄えられた**電場のポテンシャルエネルギー** U を求める．

電気容量 C のコンデンサーの極板 A と B に，それぞれ電荷 Q，$-Q$ を蓄えるためには，極板 B から極板 A に電荷を少しずつ移していかなければならない．このとき極板 A の電荷は，ゼロから増加して最終的に Q に達する．その途中の段階として，極板 A に蓄えられた電荷が q，極板 B の電荷が $-q$ になった時点を考えると，極板 A，B 間の電位差は

$$v = \frac{q}{C} \tag{4.13}$$

である．この式で電荷と電圧に小文字を用いたのは，充電していくとき，こ

の2つの量が時間とともに変化するということを表すためである．

コンデンサーの電気容量 C は，電荷を増やしても変らず一定である．蓄えられている電荷が q，電位差が v のときに，極板 B から A へ微小な電荷 Δq を移すのに必要な仕事は，(3.20) によって

$$\Delta W = v\,\Delta q = \frac{1}{C} q\,\Delta q \tag{4.14}$$

となる．したがって，極板 A，B の電荷をゼロから始めて Q と $-Q$ にするまでに必要な仕事 W を得るには，ΔW の和をとればよい．ということは，(4.14) の関係から Δq に関する和（積分）を計算すればよいから

$$W = \sum \Delta W = \frac{1}{C}\int_0^Q q\,dq = \frac{1}{2C}Q^2 = U \tag{4.15}$$

となる．これが，容量 C のコンデンサーが電荷 Q を蓄えるまでに充電によってなされた仕事であり，**電場のポテンシャルエネルギー**に等しい．

(4.2) を使って (4.15) から Q を消去すると次式の第1等式，C を消去すると第2等式が得られる．

$$U = \frac{1}{2}CV^2 = \frac{1}{2}QV \tag{4.16}$$

コンデンサーに蓄えられた電荷を放電すると，蓄えられていたエネルギーが放出され，それによって外部に対して仕事をする．

―― 例題 4.3 ――――――――――――――――――――――
例題 4.2 の2つのコンデンサーに蓄えられるエネルギーを計算せよ．

[解] (a) (4.16) の第1式を使うと

$$U = \frac{1}{2} C_{3\mu\mathrm{F}} V_{3\mu\mathrm{F}}{}^2 + \frac{1}{2} C_{2\mu\mathrm{F}} V_{2\mu\mathrm{F}}{}^2$$
$$= \frac{1}{2} \times 3 \times 10^{-6} \times 8^2 + \frac{1}{2} \times 2 \times 10^{-6} \times 12^2 = 0.24\,\mathrm{mJ}$$

第2式を使うと，

$$\frac{1}{2} \times 2.4 \times 10^{-6} \times 20 = 0.24\,\mathrm{mJ}$$

と求まる.

（b） 同様にして，それぞれ（(4.16)の第1式および第2式により）次のようになる.

$$\frac{1}{2} \times 3 \times 10^{-6} \times 20^2 + \frac{1}{2} \times 2 \times 10^{-6} \times 20^2 = 1\,\mathrm{mJ}$$

$$\frac{1}{2} \times 100 \times 10^{-6} \times 20 = 1\,\mathrm{mJ} \qquad ¶$$

4.4 電場のエネルギー

場のエネルギーとは

電場のエネルギーとは，そもそも何だろうか？ 空間が"場"という言葉で表現されるとき，その空間はある性質をもっている．電場がエネルギーをもつことは，空間のどんな電気的性質によっているのだろうか．

電場は，電荷に対してクーロン力を作用する．その力が仕事をするときに，エネルギーが消費される．つまり，何事もなければ場のエネルギーの出入りはないが，電荷を動かすとエネルギーを消費する．その意味で，場はエネルギー（ポテンシャルエネルギー）をもっている．

次に，**電場のエネルギー**がどういう表式で与えられるかを，コンデンサーの例で考える．コンデンサーの片方の極板から他方の極板へ電荷を移動させるとき，仕事をすることは4.3節でみた．充電されている極板間の空間には，この仕事をするだけのエネルギーが蓄えられていると考えられる．このようにして，極板間の電場はエネルギーをもっていることがわかる．

極板の面積が S，極板間の距離が d の平行板コンデンサーを考える．極板間の空間で，単位体積当りのエネルギー u（これを**エネルギー密度**という）を計算する．(4.16)で示したように，その空間に存在する場の全エネルギーは $CV^2/2$ であるから，これを体積 Sd で割ると，エネルギー密度は

$$u = \frac{CV^2}{2Sd} \tag{4.17}$$

である．(4.4) から，$C = \varepsilon_0 S/d$ であること，一様な電場 E のもとでは $V = Ed$ の関係があることを使うと，(4.17) は

$$u = \frac{1}{2}\varepsilon_0 E^2 \tag{4.18}$$

と表せる．これが**真空中の電場のエネルギー密度**である．この関係は，平行板コンデンサーの場合に導いたが，真空中のどんな電場についても成り立つ関係であり，その意味で，(4.18) は非常に一般的な式である．

演習問題

[1] 電気容量が $10\,\mu\mathrm{F}$ のコンデンサー A, B, C を図のようにつないだときの，合成容量を求めよ．また，a, b 間に $30\,\mathrm{V}$ の電位差を与えたとき，C の両側に現れる電位差を求めよ．

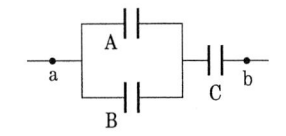

[2] 空間に孤立した半径 R の導体球がある．その表面を，平行板コンデンサーの片方の極板と考え，もう一方の導体極板が無限に遠く離れたところにあると考える．この仮想的なコンデンサーの考えを用いて導体球の電気容量を求めよ．また，半径が $10\,\mathrm{cm}$ のときの値はいくらか．

[3] $300\,\mu\mathrm{F}$ のコンデンサーを $100\,\mathrm{V}$ に充電してから，電気抵抗の大きい導線を通して放電した．このとき，導線内に発生する熱はいくらか．

[4] 乾燥した建物で，ナイロンや毛のカーペットの上を歩いてから部屋のキーを鍵穴に近づけると，火花が飛ぶことがある．その理由は何か．

CHAPTER. 5

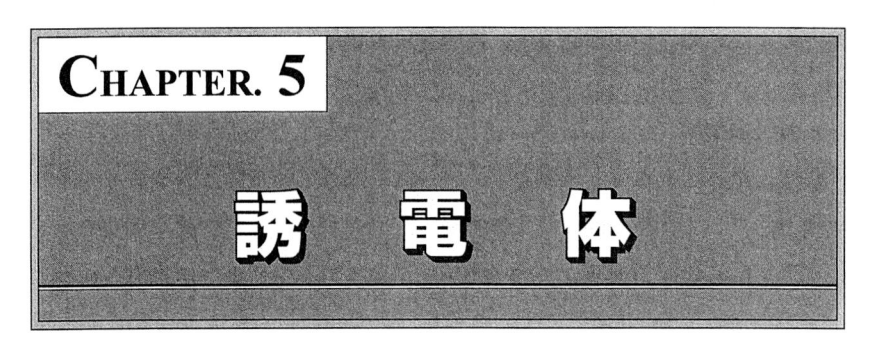

誘 電 体

　物体が電場中に置かれると表面に誘導電荷が現れ，物体の内部に逆向きの電場が生じる．また，コンデンサーの極板間に物体を置くと，極板間の電場が弱められ，コンデンサーの電気容量が増す．その程度を表す量がその物質の誘電率である．このような誘電現象を理解することにより，導体内に電場が存在しないことを説明できる．

5.1 誘電体

誘電性

　物質はその性質，すなわち**物性**によって分類される．物性には，電気をよく伝えるかどうか，磁石になるかならないか，硬いか柔らかいかなど，いろいろある．どの物性に注目するかによって，物質は異なった分類ができる．

　物体を電場の中に置いたとき，その表面に電荷が現れる（誘導される）という現象が起こる．1.3節で述べたように，この現象を誘電現象，そのとき現れる電荷を誘導電荷という．

　　『物質が電場によって誘電されるときの性質を，**誘電性**という．』

　物質を誘電性の面から分類するとき，電気的に**導体**である物質は，そのまま導体とよばれる．その理由は，導体は誘電性に関して目立ったものはないからである．一方，**絶縁体**は後で述べるように誘電分極を起こすので，**誘電**

体ともよばれる．いいかえると，誘電体は導電性による分類では絶縁体に分類される．

物質の誘電率

実際に用いられる多くのコンデンサーは，導体の極板間に誘電体を挟んだ構造をしている．極板間に誘電体を挟んだコンデンサーは，間が真空のときよりも電気容量が増える．これは誘電性によって以下のように説明される．

電気容量が C_0 のコンデンサーを考え，極板間に何も挟まないときには電荷 Q を蓄えているとする（図 5.1(a)）．このとき極板間には (4.1) によって，$V_0 = Q/C_0$ の電位差がある．極板間に誘電体を挟んだとき，このコンデンサーの電気容量の値が C に変化したとする．このとき真空のときと同じ電気量 Q を蓄えると，極板間の電位差 V は $V = Q/C$ である（図 5.1(b)）．誘電体を挟んだときと，真空のときの電気容量の比

$$\varepsilon_\mathrm{r} = \frac{C}{C_0} \tag{5.1}$$

で，その誘電体物質の**比誘電率**を定義する．これは真空の誘電率に対する，物質の誘電率の比だから，物質の誘電率は $\varepsilon_\mathrm{r}\varepsilon_0$ である（ε_0 は真空の誘電率）．

極板間に誘電体がないときとあるときで，Q が一定という条件から

$$Q = C_0 V_0 = CV$$

が成り立つ．これを $V = V_0(C_0/C)$ と書き直して (5.1) を使うと

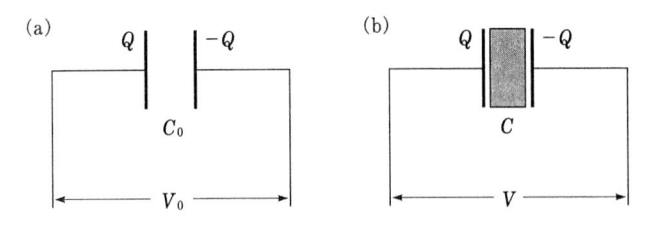

図 5.1

5.1 誘電体

$$V = \frac{V_0}{\varepsilon_r} \tag{5.2}$$

となる．この式は

『一定量の電荷を蓄えているコンデンサーの極板間に誘電体を挟むと，真空のときに比べてコンデンサーの電位差は $1/\varepsilon_r$ 倍に小さくなる』

ことを示している．ここで小さくなるといえるのは，どんな物質でも ε_r が1より大きいからで，そのことを表5.1で示す．

表5.1 物質の比誘電率（気体は20℃，1気圧，液体・固体は常温での値）

	物質	比誘電率
気体	酸素	1.000495
	水素	1.000254
	二酸化炭素	1.000922
液体	エチルアルコール	25.07
	水	80.36
固体	パラフィン	1.9〜2.4
	石英ガラス	3.5〜4.0
	シリコン	11.7

電気分極

(5.2)でみたように，誘電体を挟んだ極板間の電位差は，真空のときの $1/\varepsilon_r$ に減少する．したがって，電場も $1/\varepsilon_r$ だけ小さくなっており，真空の場合の電場を E_0 とすると，誘電体があるときの電場 E は

$$E = \frac{E_0}{\varepsilon_r} \tag{5.3}$$

となる．この現象は電気分極によって説明される．

マクロな見方をすれば，電気分極は誘導電荷によって次のように解釈することができる．まず，コンデンサー内に誘電体がないときに，正の極板に現れた**電荷密度**（単位面積当りの電荷）を σ_0，負の極板の電荷密度を $-\sigma_0$ と

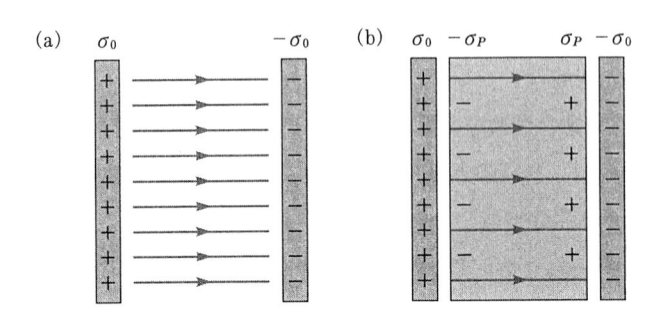

図 5.2

すると

$$E_0 = \frac{\sigma_0}{\varepsilon_0} \tag{5.4}$$

である（図 5.2(a)）．図に示されている $+$, $-$ の数が σ_0 の大きさを表し，それぞれから右向きに出ている電気力線の本数が，極板間の電場の強さ (5.4) を表している．

次に極板間に誘電体を挟むと，極板間の電場によって，正の極板に面している誘電体表面に負の電荷密度 $-\sigma_P$ が誘導され，逆に負の極板に面している表面には正の電荷密度 σ_P が誘導される（図 5.2(b)）．この現象を**電気分極**，または単に**分極**という．誘電体の内部では電荷分布が中性のままである．いいかえると，正電荷の分布と負電荷の分布が相対的にずれて，表面に分極が現れていると考えることができる（図 5.3）．図に $\pm$ と描いたのは，正と負の電荷が打ち消し合っていることを示す．

誘電体表面に現れる**誘導電荷密度** σ_P で，分極 P の大きさを表す．

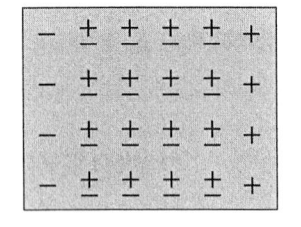

図 5.3

5.1 誘電体

$$P = \sigma_P \tag{5.5}$$

ここで，**分極の単位は** C/m^2 である．

分極 P の大きさは，その原因である電場の強さに比例すると仮定する．誘電体を挟む前の，コンデンサー表面の電荷密度を σ_0 としているから，誘電体を挟んだときにコンデンサーがもつ正味の電荷密度は $\sigma_0 - \sigma_P$ となる（このとき電気力線の数は，$\sigma_0 - \sigma_P$ に比例した数に減る）．したがって，誘電体があるときの電場は，CHAPTER. 2 の演習問題［4］の解答から

$$E = \frac{\sigma_0 - \sigma_P}{\varepsilon_0} \tag{5.6}$$

である．なお，(5.6) の左辺に (5.3) と (5.4) を使うと

$$\sigma_P = \sigma_0 \left(1 - \frac{1}{\varepsilon_\text{r}}\right) \tag{5.7}$$

の関係を得る．

電気感受率

(5.5) で導入した電気分極は，電場の中に誘電体を置いたとき，その表面に電荷が現れることで生じた．このように電場があって初めて生じる物理量は，原因である電場の大きさに比例すると考えるのは自然である．

(5.3)，(5.4)，(5.7) の 3 式から，分極をベクトルで表せば

$$\boldsymbol{P} = (\varepsilon_\text{r} - 1)\varepsilon_0 \boldsymbol{E} \equiv \chi_\text{e} \varepsilon_0 \boldsymbol{E} \tag{5.8}$$

と表され，最後の等式で誘電体の**電気感受率** χ_e を定義した．電気感受率とは，電場にどれだけ感応して分極が生じるかを与えるものである．このように結果が原因に比例する現象を，**線形現象**または**線形効果**という．線形現象は，さまざまな物理現象において見られる．

真空中にある小さい球形の帯電体が生じる電気力線は，2.2 節で見たように，図 5.4(a) のようになる．この帯電球を誘電体中に入れると，誘電分極により帯電球の周りにある誘電体の表面に，帯電球とは逆符号の電荷が現れる（図 5.4(b)）．そのため，比誘電率が ε_r の誘電体中で，電荷 q の帯電球

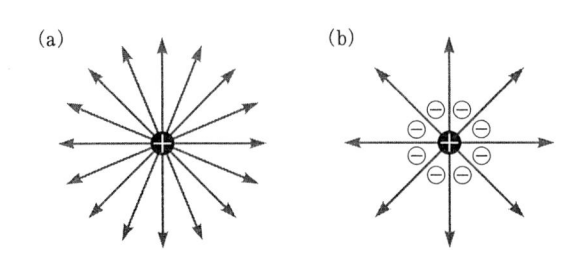

が周りに作る電場は,真空のときの (2.4) の $1/\varepsilon_r$ で

$$E(r) = \frac{q}{4\pi\varepsilon_r\varepsilon_0 r^2} e_r \qquad (5.9)$$

となる.ここでも帯電球の中心を座標の原点に選んでいる.したがって,誘電体内部でのクーロン力は,(1.4) を誘電体の比誘電率で割って $q_2 \to q$ とした

$$F(r) = \frac{q_1 q}{4\pi\varepsilon_r\varepsilon_0 r^2} e_r \qquad (5.10)$$

となる.

真空中の電束密度は (2.24) で定義した.比誘電率が ε_r の**誘電体中の電束密度 D** は,真空中の電束密度 $\varepsilon_0 E$ に誘電体の比誘電率 ε_r を掛けた

$$D = \varepsilon_r\varepsilon_0 E \qquad (5.11)$$

で与えられる.また,(5.8), (5.11) から,

$$D = \varepsilon_0 E + P \qquad (5.12)$$

と書けることがわかる.例えば,誘電体の内部に電荷 Q_0 が一様に分布している球がある場合には,その周囲の電束密度は (5.9) を用いて

$$D(r) = \varepsilon_r\varepsilon_0 E(r) = \frac{Q_0}{4\pi r^2} e_r \qquad (5.13)$$

となる.このように,最右辺には誘電率が現れないから,電束密度はその源となっている電荷の量だけで決まり,物質の誘電率にはよらない量である.

つまり，電束密度は真空か誘電体中かの環境に関係なく，存在する電荷の量で決まる．

例題 5.1

例題 4.1 のコンデンサーの極板間にプラスチックを入れたら，極板間の電位差は 1000 V になった．プラスチックの比誘電率を求めよ．また，プラスチックの表面に誘導される電荷，電場の大きさを求めよ．

[解] プラスチックを入れたときと入れないときでコンデンサーの電荷は変っていないから，電気容量 C は

$$C = \frac{Q}{V} = \frac{21 \times 10^{-6}}{1000} = 21 \times 10^{-9} = 21 \text{ pF}$$

よって，プラスチックの誘電率は

$$\varepsilon_r = \frac{C}{C_0} = \frac{21 \times 10^{-9}}{7.1 \times 10^{-9}} = 3.0$$

これらにより，プラスチック表面に誘導される電荷 Q_i，電場 E の大きさはそれぞれ

$$Q_i = Q\left(1 - \frac{1}{\varepsilon_r}\right) = 21\,\mu\text{C} \times (1 - 0.333) = 14\,\mu\text{C}$$

$$E = \frac{V}{d} = \frac{1000}{5 \times 10^{-3}} = 2 \times 10^5 \text{ V/m}$$

電場はプラスチックを入れる前の 1/3 に弱くなっている． ¶

例題 5.2

例題 5.1 のコンデンサーに蓄えられるエネルギーを，極板間にプラスチックを入れない場合（U_0）と，入れた場合（U）について計算せよ．また，各々の場合のエネルギー密度 u_0, u を計算せよ．

[解] それぞれのコンデンサーに蓄えられるエネルギーは

$$U_0 = \frac{1}{2} C_0 V_0^2 = \frac{1}{2} \times 7.1 \times 10^{-9} \times (3000)^2 = 3.2 \times 10^{-2} \text{ J}$$

$$U = \frac{1}{2} C V^2 = \frac{1}{2} \times 21 \times 10^{-9} \times (1000)^2 = 1.1 \times 10^{-2} \text{ J}$$

また，それぞれのエネルギー密度は

$$u_0 = \frac{U_0}{2^2 \times 5 \times 10^{-3}} = 1.6 \text{ J/m}^3, \quad u = \frac{U}{2^2 \times 5 \times 10^{-3}} = 0.55 \text{ J/m}^3$$

となる． ¶

5.2 誘導電荷の分子モデル

5.1 節で,電場の中の誘電体は高電位側の表面に $-\sigma_P$ の誘導電荷密度を生じること,その結果,真空中の極板がもっていた電荷密度 σ_0 が $\sigma_0 - \sigma_P$ に減ることを述べた.この節では,この誘導電荷がどのようなメカニズムによって生じるのかを説明するが,そのためには,ミクロな分子の視点から考える必要がある.

絶縁体には導体と違って,物体内を自由に動き回れる電子がない.ここで,誘電体の分極は何が原因で生じているのかという疑問が生じる.それに対する答えは,絶縁体を構成している分子内で電荷分布が変化し,分子が分極を起こすからということである.物質の分極の仕方は,非極性分子と極性分子の 2 つの種類で異なっている.

非極性分子物質の分極

分子を,外から電場をかけない状態で見たとき,分子内部に電気的な分極がないもの,つまり分子内のいたるところで原子核による正の電荷と,周りの電子による負の電荷分布が打ち消し合っているものを,**非極性分子**という

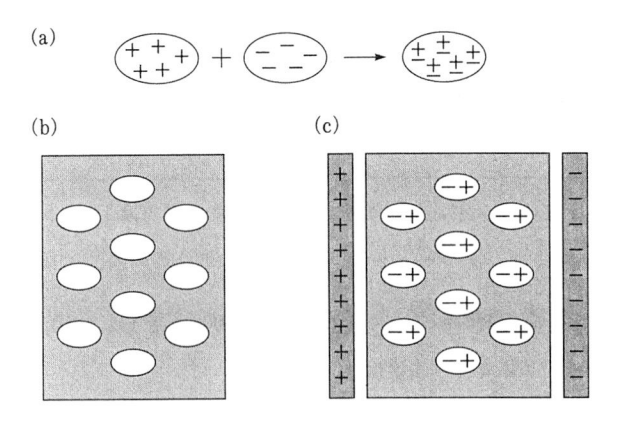

図 5.5

5.2 誘導電荷の分子モデル

(図 5.5(a))．非極性分子が規則的に並んでできている結晶に外から電場をかけていないときの分子配列を図 5.5(b) に示す．

　非極性分子でできている物質を，帯電した平行板コンデンサーに挟むと，各分子内部の正の電荷が負の極板側に引き寄せられ，負の電荷は正の極板側に引き寄せられる．その結果，非極性分子が分極し，2.2 節で述べた電気双極子をもって整列する（図 5.5(c)）．この状況は，誘電体の左端に負の電荷，右端に正の電荷が現れ，丸で囲んだ内部では正負の電荷が打ち消し合っていると考えることができる．これが非極性分子からできている物質での**誘電分極のミクロな理解**である．

極性分子物質の分極

　一方，例えば水分子 H_2O のような**極性分子**では，分子全体では同じ量の正と負の電荷をもっていて電気的に中性であるが，分子の内部を見ると，片側に正の電荷が集り，反対側に負の電荷が集り，電荷が多少偏って分布している．つまり分子の電荷分布は，電場を掛けなくても図 5.6(a) のように分極している．この分子では，正電荷の中心と負電荷の中心が一致していないため，電気双極子をもつ．極性分子からできている物質では，外からの電場がないとき，極性分子が互いにランダムな向きに並んでいるので，全体としてマクロに見たとき物質の分極は打ち消されている（図 5.6(b)）．

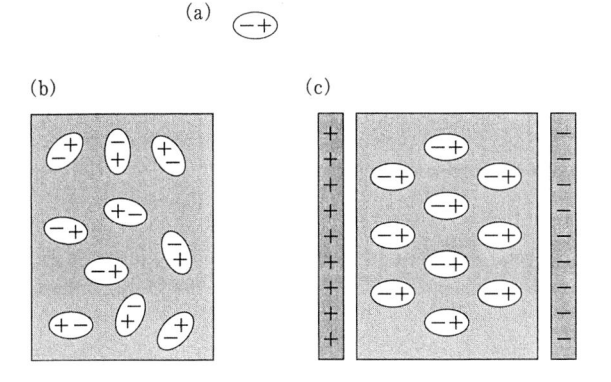

図 5.6

ランダムな配向をするのは,整然としているよりもエントロピーが大きくて,熱力学によれば,その方が系のエネルギーが低いからである.これを電場中に置くと,電気双極子となっている各分子に,2.2節で述べた偶力がはたらき,各分子の分極が電場の向きに整列する(図5.6(c)).

非極性分子物質と極性分子物質の両方とも,電場の中での分子の分極は図5.5(c)と図5.6(c)のように結果としては同じであるが,それに至るまでのメカニズムが違っている.

誘電体の分極

ここでもう一度分子の見方からマクロな見方にもどり,帯電したコンデンサー内に誘電体を置いたときの分極を考える.図5.7(a)に,誘電体を入れる前(すなわち真空)の電気力線を灰色の線で示す.これは図5.2(a)と同

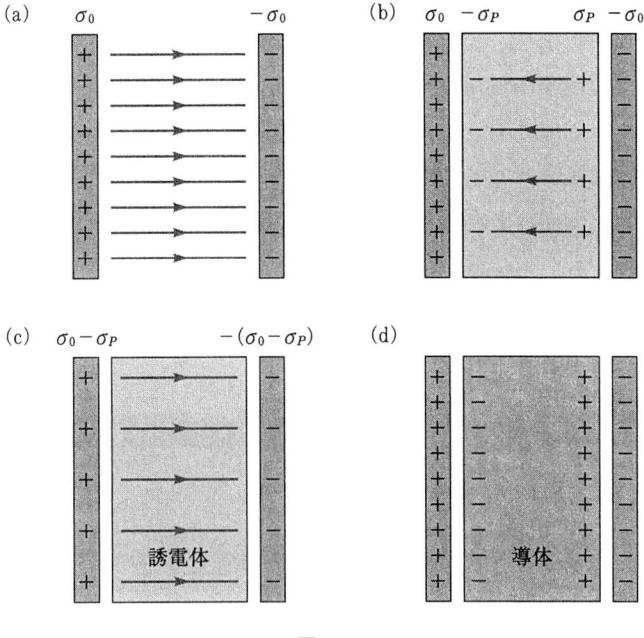

図5.7

5.2 誘導電荷の分子モデル

じものである．

　誘電体を極板の間に置くと，それが極性分子，非極性分子のいずれでできている場合も，分子が分極して誘電体の両側の表面に誘導電荷の層ができる．誘電体の表面以外，つまり内部では，正味の電荷はゼロである．

　極板に挟んだ誘電体（図 5.7(b)）には，表面の誘導電荷 σ_P によって，図 5.7(a) に灰色の線で示した σ_0 によるものとは逆向きの電場が生じている．これを**誘導電場**という．その結果，コンデンサーの電荷の一部が誘導電荷により打ち消され，コンデンサー全体では電荷 $\sigma_0 - \sigma_P$ による右向きの電場が存在すると考えられる．図 5.7(c) には $\sigma_0 - \sigma_P$ による電気力線を示した．

　次に，導体をコンデンサーに入れた場合を図 5.7(d) に示す．この場合には，次に述べるようにコンデンサーの電荷と同じ量の電荷が導体表面に現れるため（$\sigma_P = \sigma_0$），導体内の電場は完全に打ち消され，コンデンサーの電場 E はゼロとなる．

導体内に電場がない理由

　表面電荷により生じた誘導電場によって，導体内にはどこにも電場が存在しない理由を説明する．電源につながれずに孤立している導体を，電場 E_1 内に置いたときに何が起こるかをまず考える．導体の特徴は，その中を自由に動き回る伝導電子があることである．導体を電場中に置いた直後に，外からの電場はいったんは導体内に入り込み，内部に電場 E_1 を作る（図 5.8(a)）．この電場が導体内の伝導電子を動かして，電流が流れ始める．このとき**電流密度** J と電場 E_1 には $J = E_1/\rho$ の関係がある（これについては 6.3 節で学ぶ）．ρ は物質の電気抵抗率である．こうして，正の電荷が導体の右側表面に，負の電荷が左側表面に溜まっていく（図 5.8(b)）．この 2 枚の表面電荷層が，新たに導体の内部に電場 E_2 を作る．その向きは図 5.8(b) に示すように，溜まった正電荷から負電荷の向きで，初めに外から加えた電場 E_1 とは逆向きである．このように導体の内部には，静電誘導で生じた**誘導電場** E_2 と，**外部電場** E_1 を重ね合わせた電場 $E_1 + E_2$ が存在することに

図 5.8

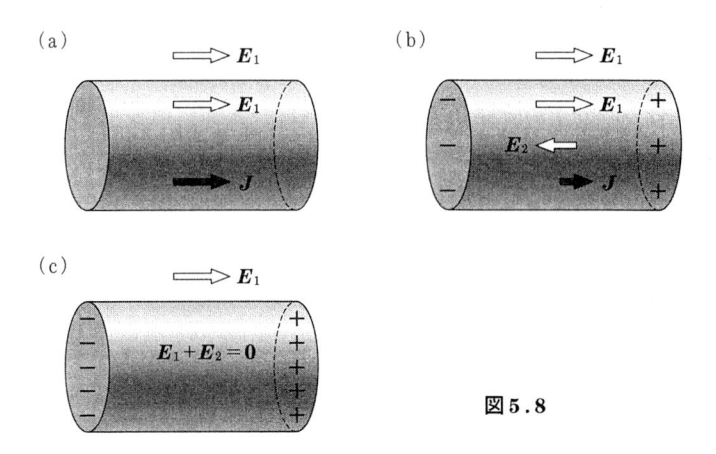

なる.

　外部電場によって電荷が移動している間は，導体表面に存在する電荷の量は次第に増えていく．それにともなって，誘導電場 E_2 の大きさも増す．最終的に，誘導電場は外部電場と大きさが同じ（向きは逆）になるまで増え，その結果，導体内のいたるところで，$E_1 + E_2 = 0$ となる（図 5.8(c)）．こうして，

　　　『誘導電場が外部電場を打ち消して，内部で電流が流れなく

　　　なった状態で平衡に達する.』

以上が，孤立導体内に電流が流れない理由である．

　導体を電場中に置いてから，誘導電場が外部電場を打ち消すまでに要する時間は約 10^{-8} 秒という非常に短い時間であることがわかっている．したがって，日常の感覚では，これは瞬間的に起こっていると考えてよい．つまり，電場中の導体内では常に電場がゼロであるといえる．

5.3 誘電体内でのガウスの法則

図 5.9 で，コンデンサーの左側の極板と誘電体の左面を含むように配置した，直方体の箱を考える（断面図を図 5.9(a) に，直方体の立体図を図 5.9(b) に示す）．直方体の左半分は導体極板内にあり，そこでは電場がゼロだから，箱の左面では $E = 0$, 右半分は誘電体内にあるので，直方体の右面では E, 後の 4 つの側面では $E_\perp = 0$ である．側面の面積を S とすると，直方体の箱の中にある電荷は $(\sigma_0 - \sigma_P)S$ である．

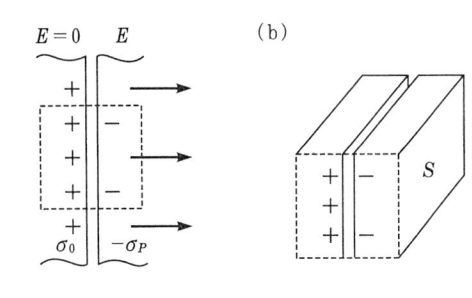

ガウスの法則 (2.20) を用いると

$$ES = \frac{\sigma_0 - \sigma_P}{\varepsilon_0} S \tag{5.14}$$

が成り立つ．(5.7) から $\sigma_0 - \sigma_P = \sigma_0/\varepsilon_r$ だから，(5.14) は

$$\varepsilon_r ES = \frac{\sigma_0}{\varepsilon_0} S \tag{5.15}$$

と書ける．つまり，電場の強さ $\varepsilon_r E$ が面積 S を貫くときの電束は，直方体に囲まれている電荷の量 $\sigma_0 S$ を真空の誘電率で割ったものになっている．このことから，**誘電体内のガウスの法則**は

$$\int \varepsilon_r \boldsymbol{E} \cdot d\boldsymbol{S} = \frac{q}{\varepsilon_0} \tag{5.16}$$

となる．これは真空でのガウスの法則 (2.20) において，電場を誘電体中のものとした ($\boldsymbol{E} \to \varepsilon_r \boldsymbol{E}$) ことになっている．

一定の電気量 Q を蓄えた 2 枚の極板の間に比誘電率 ε_r の誘電体を入れる

と，電場の強さは $1/\varepsilon_r$ 倍になり，したがって2枚の極板の電位差も $1/\varepsilon_r$ 倍であることを (5.2)，(5.3) で示した．また，その結果，コンデンサーの電気容量 $C = Q/V$ は，極板の間が真空のときの電気容量 C_0 の ε_r 倍になることも (5.1) でみた．つまり，

$$C = \varepsilon_r C_0 \tag{5.17}$$

である．

平行板コンデンサーの極板の面積を S，間隔を d とすると，このコンデンサーの電気容量は (4.4) から

$$C = \frac{\varepsilon_r \varepsilon_0 S}{d} \tag{5.18}$$

となる．(5.17) は，誘電体の比誘電率を知る方法を示している．すなわち，コンデンサーの極板の間に誘電体を入れた場合の電気容量 C と，極板の間が真空の場合の電気容量 C_0 を測定して，両者の比を求めれば ε_r が決まるのである．

演習問題

[1] (5.3)，(5.4)，(5.6) から，(5.7) を導け．

[2] 表面積 $1\,\mathrm{m^2}$，厚さ $0.2\,\mathrm{mm}$ の紙を挟んだ2枚の金属箔で作ったコンデンサーの電気容量を求めよ．ただし，紙の比誘電率を 3.5 とする．

[3] 100 V に充電してある電気容量 $200\,\mu\mathrm{F}$ のコンデンサー A を，同じ電気容量の充電していないコンデンサー B と並列につないだ．

(a) A，B の電圧を求めよ．

(b) A，B がもつ電場のエネルギーを求めよ．

(c) A が初めにもっていた電場のエネルギーと，(b) のエネルギーを比較し，その差のエネルギーがどうなったかを説明せよ．

CHAPTER. 6

電流 −電気抵抗と起電力で決まる流れ−

　我々は日常多くのことに電流を利用している．電流とは荷電粒子の流れである．物体内には運動を邪魔するものがあり，これが電気抵抗の原因となる．電流が生じるには荷電粒子を動かす力が必要で，これが起電力である．本章では，抵抗と起電力をメカニズムにまで立ち入って説明する．

6.1　電流を担うもの

　電気スタンドのライトを点けて，机の上を明るくする．パソコンを使うときに，電源のスイッチを入れる．このようなとき，コンセントから電気器具までのコードを電流が流れ，機器を動作させる．これは電流が仕事をしている身近な例である．このとき電流を発生させているもとは，発電所の発電機である（その原理は14.1節で説明する）．あるいはもっと手軽にバッテリーを使う場合は，その起電力が電流を流す．起電力については6.4節で説明する．発電機とバッテリー，どちらの場合も，**電流**は1.3節で述べた荷電粒子の流れである．

電子とイオン

　我々が日常使っている導線は，例えば直径が約1 mm程度であり，それはもちろんマクロなサイズのもので，目で見たり手で持ったりできる．とこ

ろが導線の中で電気を運んでいる粒子は，**電子**や**イオン**など物質を構成しているミクロな粒子である．原子の大きさは 1 nm（ナノメートル，10^{-9} m）程度であることを考えると，導線を莫大な数のミクロな粒子が流れていることになる．

では，この莫大な数とは実際には何個ぐらいなのかを，ざっと見積もっておこう．例えば導線の直径を 1 mm とする．1 mm は，1 nm の 10^6 倍である．3 次元の量である体積でいえば，1 mm^3 は 1 nm^3 の $(10^6)^3 = 10^{18}$ 倍である．つまり，体積が 1 mm^3 の導線中の原子の数は約 10^{18} 個と見積もれる．各原子が，自由に動き回れる電子を 1 個もっているとすると，この導線を 1 mm^3 当り約 10^{18} 個の電子が流れることになる．

電流計で電流の大きさを測定するときは，それだけ多数の電子をまとめたマクロな量を測っているのである．**電流の単位はアンペア** (A) で，1 A は毎秒 1 C の電気量が流れる電流として定義され，

$$1\,\mathrm{A} = 1\,\mathrm{C/s}$$

である．1 個の電子がもつ電荷が -1.6×10^{-19} C だから，1 A は毎秒約 6×10^{18} 個の電子の流れということになる．

伝導電子

金属中で電流を運んでいるのは電子である．金属などの固体結晶は，原子や分子が規則的に並び，互いに結合してできている．このことは，5.2 節でも述べた．それぞれの原子は複数の電子をもっているが，それらは 2 種類に分類される．原子内で，原子核のごく近くに束縛されていて身動きできない電子（これを**内殻電子**という）と，原子に緩く束縛されている**価電子**である．

価電子の中でも，金属中を自由に動き回って伝導に寄与する電子を，**伝導電子**とよんでいる．伝導電子は，金属中で次々に場所を変えて動くことができる．1 つ 1 つの飛び移りの莫大な数の重ね合わせが，金属というマクロな物質での電流となって現れる．

電流を担っているのは，負の電荷をもつ電子だけではない．イオンが溶出

している溶液や，プラズマなどイオン化した気体中では，中性原子から分離した電子と，電子を失った正イオンの両方が電流を運ぶ．またICなどに使われている半導体では，電子が抜けた穴も電流を運ぶ．この穴を正電荷をもつ粒子と見なして，**正孔**とよぶ．以上に挙げた電流を運ぶものをまとめて，**担体**または**キャリヤー**と総称している．

伝導体と絶縁体

物体内を電子が容易に移動できて電気を良く伝える物体を，**伝導体**という．多くの場合，これを単に**導体**という．あるいは熱を良く伝えるものと区別する必要があるときは，電気伝導体ということもある．伝導体の代表物質は銅や鉄といった金属である．

これに対して，例えばガラスのように電気を伝えにくい物質を**絶縁体**という．絶縁体は固体に限るわけではなく，気体にもある．例えば，空気は絶縁体である．絶縁体といっても，電気を全く伝えないのではない．伝わり方が極めて小さいということである．それを表す量が (6.8) で定義する電気伝導率である．物質を導体と絶縁体に分けている性質である**電気伝導性**は，物質の基本的な性質の一つである．

6.2 電流

導線に電池をつないだときに，電池がもっている起電力が導線内に電場を生じ，それによる力を受けた荷電粒子が動いて導線に一定の**電流**を生じる．これが**電気伝導**である．どのようにして一定の電流が流れるのかを，以下で説明する（起電力の説明は 6.4 節を参照）．

電流の向き

円柱形の導体に右向きに電場 E が掛かっているときの正電荷の流れを，図 6.1(a) で説明する．電場 E と，正電荷 q が受ける力 $F = qE$ は常に同

(a)　　　　　　　　　(b)

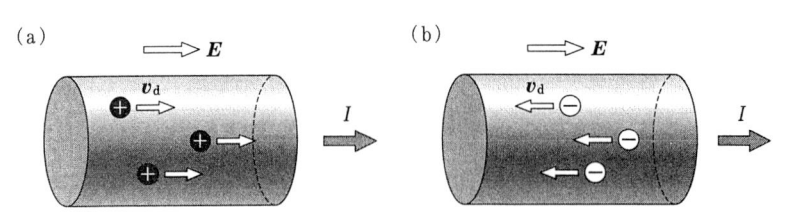

図 6.1

じ向きだから，荷電粒子が移動する速度 v_d も右向きのベクトルである．（v_d は**ドリフト速度**とよばれ，104 頁で述べる）．図 6.1(b) に同じ電場の向きでの，負電荷の流れを示す．この場合は，力 $\bm{F} = q\bm{E}$ の右辺の符号をあらわに示すために $-|q|\bm{E}$ と書けば，$\bm{F}$ は電場と逆向きになるので，ドリフト速度 v_d も左向きになる．負電荷が左向きに流れるということは，正電荷が右向きに流れていると解釈することができるから，正電荷の流れで定義される電流でいえば，電荷の符号が正と負の 2 つの場合とも，電場と同じ右向きである．

つまり，正電荷の流れの向きを**電流の向き**と定義すると，キャリヤーの電荷の符号によらず，電流は電場と同じ向きになる．

電流の定義

面積 S を単位時間（1 秒間）に通過する電荷の量で，その面を流れる**電流 I** を定義する．これを，その場所での電荷量の時間変化が，電荷の移動による電流を与えると考えてもよい．よって，面積 S を dt の時間に通過する電荷が dQ のとき，電流 I の大きさは

$$I = \frac{dQ}{dt} \tag{6.1}$$

で与えられる．

電流の大きさ I は，ドリフト速度の大きさ v_d，**荷電粒子の数密度 n**（単位は m^{-3}），電荷 q を用いても表せる．キャリヤーは時間 dt の間に $v_d\,dt$ だけの距離を進むから，面積 S を通り過ぎる粒子の数は，移動する空間の体

積 $Sv_d\,dt$ と粒子密度の積で，$nSv_d\,dt$ となる（図 6.2）．したがって，S から流れ出る電荷の量は

$$dQ = nqv_d S\,dt \qquad (6.2)$$

となるから，電流は（6.1）により

$$I = \frac{dQ}{dt} = nqv_d S \qquad (6.3)$$

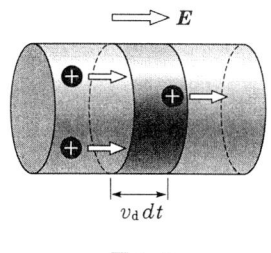

図 6.2

となる．

電流密度

単位面積当りの電流で**電流密度 J** を定義すると，(6.3) から

$$J = \frac{I}{S} = nqv_d \qquad (6.4)$$

となる．これを電荷の符号が正と負の場合に共通な表し方にすると

$$J = n|q|v_d \qquad (6.5)$$

である．(6.5) は，電流の向きは問わず，大きさだけを表す式である．

電流密度を向きも含めて表すには，ベクトルを使えばよい．(6.5) の右辺でベクトル量はドリフト速度だから，ベクトル量としての電流密度が

$$\boldsymbol{J} = nq\boldsymbol{v}_d \qquad (6.6)$$

で定義される．(6.6) は，q の符号が正と負の場合に共通な式である．q の符号が正ならば $\boldsymbol{J}$ の向きは $\boldsymbol{v}_d$ の向きと同じになり，負ならば逆向きになる．ベクトル量としての電流をベクトル $\boldsymbol{I}$ で表すと，(6.4) から

$$\boldsymbol{J} = \frac{\boldsymbol{I}}{S}$$

である．

電子のランダムな運動

導体が導線で電源につながれておらず孤立しているとき，導体内のキャリヤーは流れない．このとき導体は，静電的な状況にあるという．5.2 節で述べたように，導体が電場の中に置かれていても，導体内では，いたるところ

で電場がゼロである．そのためキャリヤーは力を受けず，電流が流れない．しかしそれは，導体内の各電子が静止しているということではない．

導体である金属には結晶内を自由に動き回れる伝導電子があって，温度によって決まる速度で運動しているが，その向きはランダムである．この場合ランダムとは，各電子の速度の方向がまちまちなことである（図6.3）．その速度（**ランダム速度**とよばれる）の大きさは，常温でおよそ $10^6\,\mathrm{m/s}$ という高速である．このとき，全体としての動きはランダムな速度の総和であるから，逆向きの速度をもった電子の速度が互いに打ち消し合った結果，

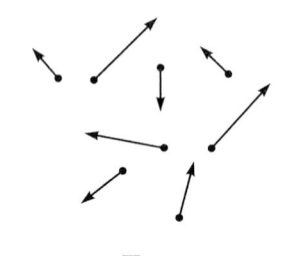

『すべての電子の速度のベクトル和はゼロとなっている．』

したがって，実質的には電流はゼロと考えてよい．これが孤立した導体に電流が流れないときの，各電子の実態である．

ドリフト速度

これまで電流を決める荷電粒子の速度として，ドリフト速度 v_d という量を使ってきたが，それをまだ定義していなかった．ここでドリフト速度を定義し，物理的な意味を説明する．

まず，導体内に一定の電場 E が定常的にでき上がっていると仮定する．（それが実現するには，6.4節で述べるように，閉じた回路において導体に起電力が供給されている必要がある）．荷電粒子 q はその電場から qE の力を受けて，加速される．各荷電粒子はもともとランダムな運動をしているが，電場で加速されることにより，電場方向に運動する電子の数が，逆向きの電子よりも多くなる．このことが，全体的に荷電粒子を電場の向きに動かすことになる．

荷電粒子は，加速されながら結晶内にある何らかの**散乱体**にぶつかる．こ

の**衝突**によって，荷電粒子の運動は，方向も速度も変化する（衝突の内容については6.3節で述べる）．とはいうものの，電場がはたらいているので，荷電粒子は全体として電場の向きに動いていく．図6.4に，1個の荷電粒子が衝突によっていろいろな方向へ運動しながらも，少しずつ電場の方向に動く様子を示した．そのとき，**電場による加速**と**衝突による減速**がつり合った結果として，速度がある値に決まる．このような

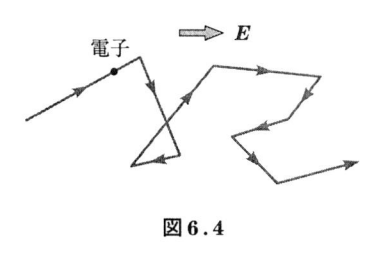

図6.4

　　　『単なる電場の加速による流れではなくて，衝突の効果も取
　　　　り入れた結果としての荷電粒子の流れを，**ドリフト**とよぶ．』

そのとき加速と衝突のバランスによって決まる荷電粒子の速度が，**ドリフト速度**である．

　実際には，物質中に莫大な数の荷電粒子があり，粒子ごとに運動（速度や衝突する頻度など）が異なる．しかし，ドリフト速度を考えるときにはそれを平均的に捉えて，すべての荷電粒子が同じ v_d で動いていると見なす．ドリフト速度の典型的な値は 10^{-4} m/s と，常温でのランダム速度に比べて10桁程度も小さいことが実際の測定からわかっている．

6.3 電気抵抗

電気抵抗率とオームの法則

　導体において，電流密度の大きさ J は電場の大きさ E に比例する．これを**オームの法則**という．この法則は，1826年にドイツの物理学者オームが見つけたもので，

$$\rho = \frac{E}{J} \tag{6.7}$$

と表され，この式で物質の**電気抵抗率** ρ を定義する（この関係は，すでに 5.2 節で導体内で電場がゼロになる理由を説明するときに使っている）．

電気抵抗率は，物質での電気の伝わりにくさを表す量である．逆のいい方をすれば，この値が小さい物質ほど電気が伝わりやすい．**抵抗率の単位**は，(6.7) の右辺で E と J の単位を用いると

$$(V/m)/(A/m^2) = V \cdot m/A = \Omega \cdot m$$

となるが，この V/A を新しい単位として**オーム**（Ω）という．

電気抵抗率は，電気的性質の最も基本的なものである．それと同時に，物質の性質の中でも代表的なものといってよいだろう．また，電気抵抗率の値は，導体では $10^{-6} \sim 10^{-8}$ 程度，絶縁体では $10^8 \sim 10^{17}$ と非常に広い範囲にわたっており，金属ではガラスよりも 20 桁も小さい．

また，電気抵抗率の逆数で，**電気伝導率** σ を定義する．

$$\sigma = \frac{1}{\rho} \tag{6.8}$$

これは電気の伝わりやすさを示す量であり，抵抗率という物質固有な量の逆数だから，伝導率も物質固有の量である．また，**電気伝導率の単位**は mho (**ムオー**) であるが，これは抵抗の単位 ohm のスペルを逆にした造語であり，ほかの単位のように人名に由来するものではない．

オームの法則 (6.7) をベクトル量で表した式が

$$\boldsymbol{E} = \rho \boldsymbol{J} \tag{6.9}$$

である．この式から，ρ が方向に依存しないスカラー量のとき，$\boldsymbol{E}$ と $\boldsymbol{J}$ は同じ向きのベクトルであることがわかる．

均一的と等方的

これまでは，注目する性質が物体のいたるところで同じであることを"一様"といういい方をしてきたが，"均一である"ともいう（均質ということ

もある).結晶は原子が規則正しく並んでできているから,その結晶の一部分をいろいろな場所でとり出したとき,どれもが同じである.したがって,結晶がもっているさまざまな性質は,マクロな見方をしたときは均一である.そして,各場所での性質がすべての方向で同じであることを,**等方的**という.

結晶では,原子の配列が規則的でその配列が結晶全体でくり返されていて,方向によって原子配列が異なっている.結晶のもついろいろな物性は,原子の並び方を反映して,方向によって異なる.このように,結晶の性質は,均一であっても等方的ではない.

電気抵抗

これまで考えた電気抵抗率は物質の固有な物理量である.ここで,率の字を除いて電気抵抗という用語にすると,具体的な形や大きさをもった物体に関する電気抵抗の意味になる.例えば,断面積 S,長さ L の均一な円柱導体の両端に電位差 V を与えたとすると

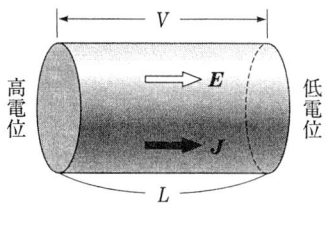

図 6.5

$$V = EL \tag{6.10}$$

の関係がある(図 6.5).そして,電流 I は高電位側から低電位側に(つまり電場の向きに)

$$I = JS \tag{6.11}$$

が流れる.ここで,E と J は円柱導体中の電場と電流密度の大きさである.(6.10) の E,(6.11) の J を (6.7) に代入すると,電圧 V と電流 I の関係が

$$V = \frac{\rho L}{S} I \tag{6.12}$$

と表せる.ここで**電気抵抗** R を,新たに V と I の比で定義する.

6. 電流

$$R = \frac{V}{I} \tag{6.13}$$

右辺はある形状をもつ物体で実際に測定される電位差と電流の比だから，左辺の抵抗もその物体での抵抗値である．ここで補足すると，**物質**という言葉は，そのものの共通な性質に注目したときの物であり，**物体**という言葉は，具体的なある形状をもった物に対して使う．

電気抵抗 R と電気抵抗率 ρ には，(6.12) と (6.13) から

$$R = \rho \frac{L}{S} \tag{6.14}$$

の関係がある．つまり，電気抵抗は物体の長さに比例し，断面積に反比例することがわかる．

(6.14) の意味は次のように理解できる．いま，長さ L の導線に V の電位差を与えたとき，その導線に流れる電流を I とする (図 6.6(a))．このとき，(6.13) から $I = V/R$ の関係がある．次に，図 6.6(b) のように同じ導線を 2 本つないで両端に V の電位差を与えたとする．このとき，それぞれの導線に $V/2$ ずつの電位差が生じる．ここで図 6.6(b) の左半分を考え

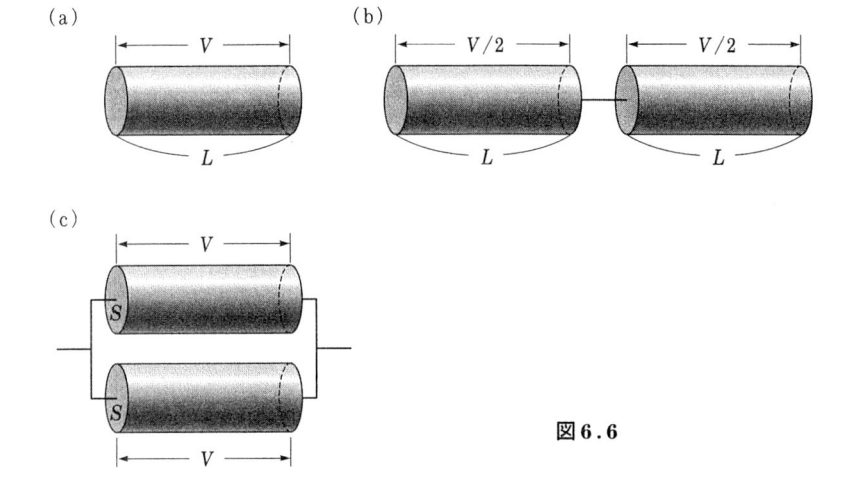

図 6.6

ると，流れる電流は $V/2R$ となり，これがそのまま右半分にも流れる．ということは，導線が1本のときに比べて抵抗が2倍になったと考えてよい．さらに，図6.6(c)のように導線を平行に並べて両端の電位差を V とすると，各導線に V の電位差が存在して，どちらにも $I = V/R$ の電流が流れるから，全体では $2I$ の電流が流れる．これは抵抗が半分になったのと同じことである．したがって，抵抗 R は L に比例し，S に反比例する．

このように，電気抵抗は実際の物体の形や大きさによる量だから，物質による抵抗の違いをみるのに便利なのは，物質固有の量を示す電気抵抗率の方である．

(6.13)を書き直した

$$V = RI \tag{6.15}$$

の関係も，(6.7)と同じく**オームの法則**という（一般的にはこの式の方がよく知られているだろう）．(6.7)は電流密度 J に関するオームの法則で，(6.15)は電流 I に関するオームの法則である．オームの法則は，抵抗 R の物体に電流 I が流れると，終点での電圧が始点よりも $V = RI$ だけ低くなることを意味している．これを抵抗による**電圧降下**という．

―― 例題 6.1 ――

直径 1 mm の銅線に 2 A の電流が流れている．また，伝導電子の密度を $8.5 \times 10^{28}/m^3$ とする．

（a） 電流密度とドリフト速度を求めよ．

（b） 銅線中の電場の強さと，40 m 離れた点での電位差および電気抵抗を求めよ．ただし，銅の電気抵抗率を 1.72×10^{-8} Ω·m とする．

[解]（a） 銅線の断面積は
$$S = 3.14 \times (0.5 \times 10^{-3})^2 = 7.85 \times 10^{-7} \, m^2$$
電流密度は(6.4)から
$$J = \frac{2}{7.85 \times 10^{-7}} = 2.54 \times 10^6 \, A/m^2$$

6. 電流

ドリフト速度は (6.5) から
$$v_\mathrm{d} = \frac{2.54 \times 10^6}{8.5 \times 10^{28} \times 1.6 \times 10^{-19}} = 1.87 \times 10^{-4} = 0.187 \,\mathrm{mm/s}$$
となる．

毎秒約 $0.2\,\mathrm{mm}$ の速度というのは遅いようであるが，毎秒，結晶の原子間隔（$\sim 2 \times 10^{-10}$）の 100 万倍程度の距離を進んでいるのである．

（b） 電場の強さは (6.7) から
$$E = \rho J = 1.72 \times 10^{-8} \times 2.54 \times 10^6 = 0.044 \,\mathrm{V/m}$$
電位差は
$$V = EL = 0.044 \times 40 = 1.76 \,\mathrm{V}$$
電気抵抗は (6.13) から
$$R = \frac{1.76}{2} = 0.88 \,\Omega$$
となる． ¶

電気抵抗の原因になる衝突

固体中を伝導電子が電流を運ぶとき，図 6.7 のように原子が並んでいる空間を運動するから，電子は

『結晶を作っている各原子に衝突して，運動が妨げられる』

と思うかもしれないが，それは正しくない．実際には，規則的に並んで結晶を構成している原子は，伝導電子の運動を邪魔しない．つまり原子は，それ

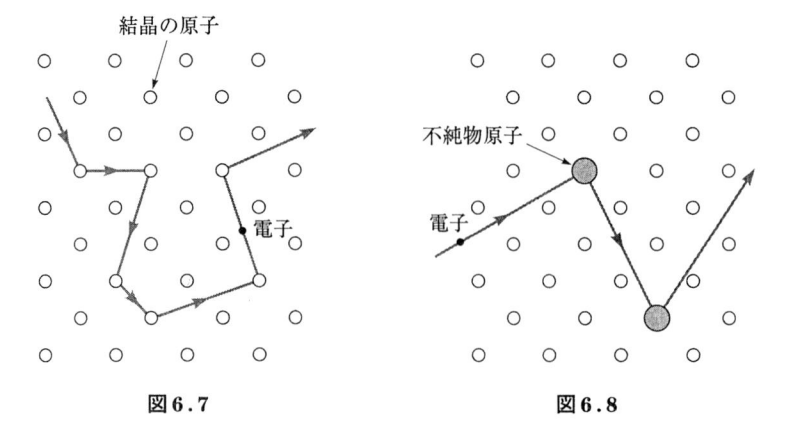

図 6.7　　　　　　　　　　図 6.8

6.3 電気抵抗

が規則的に並んでいる限りは電気抵抗を生じない.

『**衝突の原因**になるのは，原子の規則的な配置からの**乱れ**である.』
実際に，結晶中の原子は**不純物原子**の存在によって，規則的な配置から乱れている（図6.8）．また**熱振動**によって，原子は各瞬間に微小な変位をしているため，規則的な配置にない．

このレベルの話は固体物理学の，基本的ではあるが専門的な話になるので，これ以上は述べないが，くわしいことはその分野の教科書，例えば拙著：「固体物理学 —工学のために—」（裳華房）の10章1.3節を参照されたい．

電気抵抗の温度変化

100°C以下で金属の電気抵抗率を測定すると，温度 T が増加するとともにゆっくり増加する．この**抵抗率の温度依存性**を式で表すと

$$\rho(T) = \rho_0[1 + \alpha(T - T_0)] \tag{6.16}$$

となる．ここで ρ_0 は，基準にとる温度 T_0 での電気抵抗率である．T_0 は，0°C か 20°C に選ぶことが多い．α は抵抗の温度変化の大きさを与える物質定数で，**抵抗の温度係数**とよばれる．抵抗の増加量が温度に比例するのは，抵抗の原因となっている原子の熱振動が温度に比例して盛んになるからである．

コンダクタンス

電気の流れにくさを表す量に，物質に固有の電気抵抗率と物体の形に依存する電気抵抗があるように，流れやすさを表す電気伝導率に対しても，物体の形に依存する量がある．それがコンダクタンスである．

コンダクタンス G を，電気抵抗の逆数で

$$G = \frac{1}{R} \tag{6.17}$$

と定義する．コンダクタンスと電気伝導率 σ とは，(6.8) と (6.14) を用いると

$$G = \sigma \frac{S}{L} \tag{6.18}$$

の関係がある．この式は，伝導体の棒のコンダクタンスを，その物質の電気伝導率で表している．電気伝導率は，円柱の伝導体のコンダクタンスと，円柱のサイズを測定して決めることができる．**コンダクタンスの単位は**ジーメンス（$1\,\mathrm{S} = 1\,\mathrm{A/V}$）である．

6.4　起電力

回路の起電力

電流は，電荷が移動することで生じる．電流の通る路を，**電気回路**（略して，**回路**）という．回路の簡単な例として，抵抗 R と電池（記号 ⊢⊣）を含む場合を図 6.9(a) に示す．細長い縦棒は電池の正極で，太く短い棒が負極である．正極は負極よりも電位が高く，両者の間には一定の電位差が保たれる．これが**電池の電圧**である．S は回路をつないだり切ったりする**スイッチ**である．

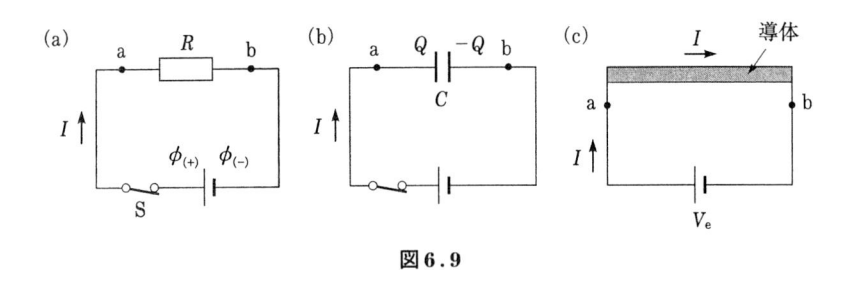

図 6.9

本章のこれまでの節では，何らかの力によって流れている電流があるとして，それが流れやすいかどうかという問題を考えてきた．この 6.4 節では，回路に電流を流す力である起電力を説明する．

起電力のはたらき

水が高い所（水源）から低い所へと，流れる量を一定に保って流れ続ける

には，2つの場所の水位の差が常に一定でなければならない．同じように，回路に一定の電流 I が定常的に流れ続けるには，図 6.9(a) の回路を，電荷 q が例えば点 a から出発して時計回りに1周して a に戻ったときに，a の電位が初めと同じである必要がある．

図 6.9(a) の回路に電流 I が矢印の向きに流れている場合を考える．導線の抵抗はゼロとすると，抵抗 R の両側で，点 a は電池の正極と同じ電位になり（$\phi_a = \phi_{(+)}$），点 b は負極と同じ電位になっている（$\phi_b = \phi_{(-)}$）．このとき，b では a より $\phi_a - \phi_b = IR$ だけ電位が下がり，それを電池がもとの電位にまで上げることで，a の電位が一定に保たれる．電池のこのはたらきが，**起電力**である．起電力は，水位の高い所から落ちた水を，もとの位置に汲み上げるポンプのはたらきをする．

電気容量 C のコンデンサーを電池につないで，電荷 Q が蓄えられているときは，回路の両端に $\phi_a - \phi_b = Q/C$ という一定の電位差を保つことができる（図 6.9(b)）．同様に，電池につないだ導体（図 6.9(c) の灰色部分）の両端 a と b の間にも，抵抗による電圧降下だけの電位差が保たれている．このように，起電力は回路内のデバイスや導体に電位差を供給する．

起電力を，そのはたらきの面から定義すれば

『電荷を低い電位の所から高い電位のところに上げるはたらきをするのが起電力である』

ということになる．したがって，

『回路に定常電流が流れるためには，起電力を供給する**デバイス**（機器）が必要である．』

そのデバイスが，直流電流では電池であり，交流の場合は交流発電機である．

導体内での電場による加速は，常に一定の電位だけ高い部分が存在することで実現している．

起電力が電位差を保つ

回路の中の電池は，電圧を供給するブラックボックスとして扱われること

が普通である．しかし起電力を定義するためには，電池の内部で起こっていることを考える必要がある．

電池の内部を負極から正極まで電荷 $q(>0)$ が移動するとき，電池が電荷に対してする仕事を qV_e と表して，V_e を **起電力** と定義する．このとき電荷 q のポテンシャルエネルギーは，$q(\phi_a - \phi_b)$ だけ増える．これは a, b 間の電位差 V_{ab} を用いると qV_{ab} に等しい．これが起電力のする仕事 qV_e だから

$$V_{ab} = V_e \tag{6.19}$$

の関係がある（図 6.9(c) に V_e を示した）．この式は，回路に現れる電位差が，回路内の電池が供給する起電力に等しいことを表している．V_e は電位と同じ次元の量である．起電力というが，実際には力ではなくて単位電荷当りのエネルギーとして定義される．

電池の中で起こっていること

起電力を生じるのに，電池の内部で何が起こっているかを考える．図 6.9 の電池部分を拡大して，内部を示したのが図 6.10 の円柱である．電池の正極の端子 ⊕ は，負極の端子 ⊖ より高電位である．図 6.9 の点 a と図 6.10 の電池の端子 ⊕ は電位が同じになっている．図 6.10 で端子 ⊕, ⊖ を電池の内部に示しているのは，電池の中で起こっていることを示すためである．

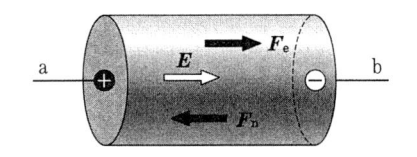

図 6.10

電池の内部には，高電位の ⊕ から低電位の ⊖ に向けて電場 E が存在して，電荷に静電気力 F_e がはたらく．電荷は F_e によって端子 ⊖ へ流れてそこに溜まり，5.2 節で述べたように，最終的に電池内部の電位差はゼロとなってしまう．しかし，内部にはその他に端子 ⊕ と ⊖ の間の電位を一定に保つ非静電的な力 F_n が存在して，これが電池の起電力をもたらしている．

例として，ボルタが最初に発明した電池で，力 F_n が生じる原因を考えよ

6.4 起電力

う．それは，硫酸の水溶液に亜鉛と銅の板を浸したものである（図6.11）．このとき，一般に金属原子は正イオンとなって酸に流れ出す傾向があって，金属板は負に帯電し，金属と酸の間に電位差が生じる．この電位差は金属の種類によって異なるので，亜鉛と銅の間に電位差が生じる．起電力の記号の長短の縦棒の間で，いま説明したようなことが起こっているのである．

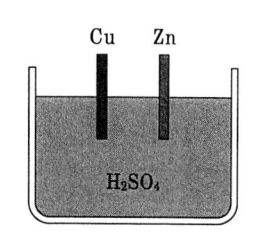

図 6.11

これまでくわしく説明してきたことをもう一度まとめると，電池の正と負の極の両端の電位差が V_{ab} のとき，電池内部では負極から正極方向に，電荷を $V_e = V_{ab}$ だけ高電位に上げる力がはたらいている．これが起電力であり，

『起電力の符号は，負極から正極に向かって考えるときに正の値とする．』

このとき，電池内での V_e は，回路の両端の電位差と同じ大きさとなっている．

電池の内部抵抗

起電力 V_e を供給する電池自身も，内部に抵抗をもっている．これを**内部抵抗**といって，回路図では電池とくっつけて示す（図6.12）．内部抵抗 r があると，電池の中を電流 I が流れるときに，内部抵抗によって Ir だけ電圧が降下する．したがって，電流が電池

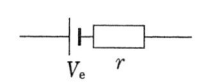

図 6.12

内をbからaまで流れるとき（図6.10），端子aとbの電位差は

$$V_{ab} = V_e - Ir \tag{6.20}$$

である．$V_{ab} = IR$ だから

$$V_e - Ir = IR$$

となり，内部抵抗があるときの電流は

$$I = \frac{V_e}{R + r} \tag{6.21}$$

である．この式は，電池の内部抵抗は，外部抵抗に直列に入っているとして

扱えばよいことを示している．

― 例題 6.2 ―

起電力が 12 V，内部抵抗が 1 Ω の電池に，3 Ω の抵抗がつながれた閉回路がある（図 6.13）．

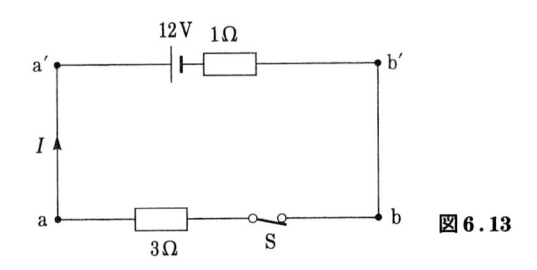

図 6.13

(a) 回路に流れる電流を求めよ．
(b) ab 間の電位差を求めよ．
(c) a′b′ 間の電位差を求めよ．

[解] (a) (6.21) から，$I = 12/(1+3) = 3$ A．

(b) b から a までに，$IR = 3 \times 3 = 9$ V の電圧降下があるから，$V_{ab} = 9$ V．

(c) a′ と a の間には抵抗がないから，この 2 点の電位は同じである．b′ と b の間にも抵抗がないから，この 2 点も同じ電位である．したがって，$V_{a'b'} = V_{ab} = 9$ V．これは (6.20) により，起電力 12 V から内部抵抗による電圧降下 3 V を差し引いた値でもある． ¶

6.5 電気回路のエネルギー

これまで考えてきた回路内の異なる素子である抵抗，コンデンサー（さらに，CHAPTER.14 で述べるコイル）を，1 つの共通のモデルで考えることができる．それは，a, b 端子間の電位差が $V_a - V_b$ で，そこを電流 I が流れるというモデルである．電荷がこの回路素子を通過するとき，電場が電荷に

6.5 電気回路のエネルギー

対して仕事をする．

電位の高い端子 a から電位の低い端子 b に達するまでに，電気的な力は電荷 q に対して qV_{ab} の仕事をする．したがって，電荷 dQ がそこを動くときの仕事は

$$dW = V_{ab}\,dQ \tag{6.22}$$

である．このとき流れる電流を I とすると，時間 dt の間に電荷に対してする**仕事**は

$$dW = V_{ab}I\,dt \tag{6.23}$$

となる．これだけの**エネルギー**が電流からこの素子に移され，そのエネルギーはジュール熱の形で放出される．電流が単位時間当りにする仕事で**電力** P を定義すると，(6.23) から

$$\frac{dW}{dt} = P = V_{ab}I \tag{6.24}$$

となる．

端子 b が端子 a より電位が高くて，$V_{ab} < 0$ のときは，逆に回路素子から電流にエネルギーが移る．素子が電池のときがこの場合で，電池内で起こる化学変化によって生じる化学エネルギーが，イオンが動くときの電気エネルギーに変る．これが外の回路に電流として伝わる．P の単位は (6.24) の右辺で，V_{ab} と I の単位を使うと

$$(\text{J/C})(\text{C/s}) = \text{J/s} = \text{W}(\text{ワット})$$

である．電力に時間を掛けた量で，**電力量**を定義する．**電力量の単位**は 1 kW の電力が 1 時間にする仕事の 1 **キロワット時** (kW·h) を使う．われわれが電力会社に料金を支払うのは，これに対してである．

上のモデルで素子が抵抗の場合の電力は $V_{ab} = IR$ だから

$$P = V_{ab}I = I^2R = \frac{V_{ab}^2}{R} \tag{6.25}$$

となる．

── 例題 6.3 ──

例題 6.2 の回路で，電池のエネルギー変換の速度（単位時間に発生するエネルギー），電池がエネルギーを失う単位時間当りの割合（これを散逸速度という），および正味の電力を計算せよ．

[解] 電池のエネルギー変換の速度は電池がもっている起電力 V_e と，そこを流れる電流 I との積だから，$V_e I = 12 \times 3 = 36$ W．電池の内部抵抗があるためにエネルギーを失う散逸速度は，$I^2 r = 3^2 \times 1 = 9$ W．したがって，電池の正味の電力は $EI - I^2 r = 36 - 9 = 27$ W．この結果は，内部抵抗による電圧降下をとり入れて実効的な電位差 V_{ab} を用いた $V_{ab} I = 9 \times 3 = 27$ W と，また電池が発生するエネルギーを消費している抵抗を用いて計算した $I^2 R = 9 \times 3 = 27$ W に一致する． ¶

演習問題

[1] 長さ 20 m，断面積 1 mm^2 の銅線の 20°C での電気抵抗を求めよ．ただし，銅の 20°C での電気抵抗率を 1.72×10^{-8} Ω·m とする．

[2] 0°C で 0.08 Ω·m の電気抵抗率をもち，その温度係数が $\alpha = 4.5 \times 10^{-3}$/°C の導線がある．この導線の 100°C での電気抵抗率を求めよ．

[3] 円柱形導体が均質でない場合に，その物体の電気伝導率をどのような手段で決めたらよいか．

[4] 太さ 1 mm のニクロム線に 100 V の電圧を加えて 2 kW の電力を発生させるのに必要なニクロム線の長さを求めよ．また，このときニクロム線にどれだけの電流が流れるか．ただし，ニクロム線の電気抵抗率を 1.1×10^{-6} Ω·m とする．

CHAPTER. 7

直 流 回 路

抵抗やコンデンサーなどのデバイスを複数個含む回路で電流がどういう流れ方をするのかを考える．まずこの章では，電池から供給される電流の向きが一定の直流電流を扱う．電流の向きが時間とともに周期的に変化する交流の場合は，発電機の原理を学んだ後に CHAPTER.14 で扱う．

7.1 抵抗の接続

直列接続

2 つの抵抗のつなぎ方にも，4.2 節のコンデンサーのときと同様，直列と並列の 2 通りがある．図 7.1(a) に示す抵抗 R_1 と R_2 のつなぎ方が，**直列接続**である．図 7.1(a) で電流 I が端子 a から端子 b の向きに流れるとする

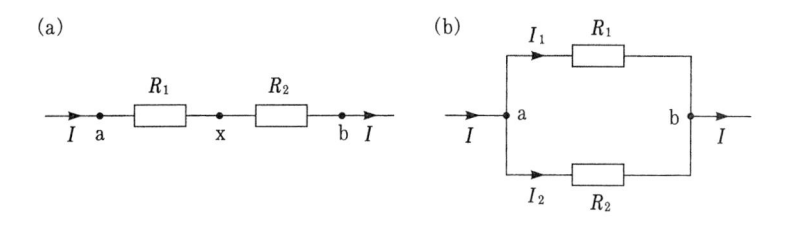

図 7.1

と，抵抗 R_1 と R_2 を流れる電流の大きさは，当然等しい．

図 7.1(a) で，2 つの抵抗の間に点 x を考えると，区間 $[a, x]$ と $[x, b]$ での電圧降下はそれぞれ

$$V_{ax} = IR_1, \quad V_{xb} = IR_2 \tag{7.1}$$

であり，a, b 間の電位差は

$$V_{ab} = V_{ax} + V_{xb} = I(R_1 + R_2) \tag{7.2}$$

と表せる．a, b 間全体の抵抗は V_{ab}/I だから，これを R と表すと，(7.2) から

$$R = R_1 + R_2 \tag{7.3}$$

である．これを 2 つの抵抗の**合成抵抗**という．なお，この結果を 3 個以上の抵抗の場合も含めて一般化すると，複数の抵抗を直列につないだときの合成抵抗は，それぞれの抵抗値の和に等しい．これを式で表すと

$$R = \sum_i R_i \tag{7.4}$$

となる．

並列接続

図 7.1(b) に示す抵抗 R_1 と R_2 のつなぎ方を，**並列接続**という．a, b 間を流れる電流は端子 a で，R_1 を通る I_1 と，R_2 を通る I_2 に分れる．このとき，$I = I_1 + I_2$ であり，端子 b で 2 つの電流は合流する．

並列接続の場合には，両方の抵抗で，端子 a, b 間の電位差が等しくなければならない（これを V_{ab} とする）．2 つの抵抗を流れる電流 I_1 と I_2 の大きさは，上の条件を満たすように

$$I_1 = \frac{V_{ab}}{R_1}, \quad I_2 = \frac{V_{ab}}{R_2} \tag{7.5}$$

と決まる．全電流 I は 2 つの道を流れる電流の和だから

$$I = I_1 + I_2 = V_{ab}\left(\frac{1}{R_1} + \frac{1}{R_2}\right)$$

となる．また，**合成抵抗** R は $1/R = I/V_{ab}$ で定義されるから

7.1 抵抗の接続

$$\frac{1}{R} = \frac{1}{R_1} + \frac{1}{R_2} \tag{7.6}$$

を得る．つまり，2つの抵抗を並列に接続したときの合成抵抗の逆数は，それぞれの抵抗値の逆数の和に等しい．これを3個以上の場合を含めて一般化して表すと

$$\frac{1}{R} = \sum_i \frac{1}{R_i} \tag{7.7}$$

となる．なお，(7.3)と(7.6)をみると，抵抗とコンデンサーで直列接続と並列接続の式の形が入れ替わっているのがわかる．

── 例題 7.1 ──

図7.2のように，15 Vの起電力をもつ電池に6Ωと3Ωの抵抗を並列につなぎ，それに3Ωの抵抗を直列につないだ回路がある．回路の合成抵抗を計算せよ．また，それぞれの並列抵抗に流れる電流を求めよ．さらに，a, c間の電位差を求めよ．

図7.2

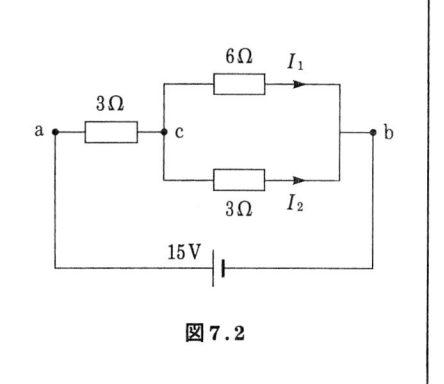

[解] まず，並列部分の合成抵抗 R_p を(7.6)から求める．

$$\frac{1}{R_p} = \frac{1}{6} + \frac{1}{3} = \frac{1}{2}$$

だから，$R_p = 2\,\Omega$．これと直列に3Ωをつないだ回路全体の抵抗は

$$R = 2 + 3 = 5\,\Omega$$

したがって，aを流れる電流 I は $15\,\text{V}/5\,\Omega = 3\,\text{A}$．

2つの並列抵抗の両端での電位差は同じだから，$6I_1 = 3I_2$．これから，$I_2/I_1 = 6/3 = 2$．$I = 3\,\text{A}$ を I_2 と I_1 に 2:1 に分けると，それぞれに流れる電流は $I_2 = 2\,\text{A}$，$I_1 = 1\,\text{A}$ である．

ac間の電位差は，$V_{ac} = 3I = 9\,\text{V}$．これに $6I_1 = 6\,\text{V}$ を加えると，電池の起電力 15 V に一致する． ¶

7.2 キルヒホッフの法則

実際に使われる回路は，抵抗を単に直列接続したものや並列接続したものではなく，両方の種類の接続が複雑に組み合わさっている．その場合，電流，電圧など回路の物理量を計算するときに役立つのが，キルヒホッフの第1法則と第2法則である．

キルヒホッフの第1法則

図 7.3 に示した回路を考える．抵抗 R_1 と R_2 を矢印の向きに流れる電流を，I_1, I_2 とする．端子 a, b のように，3つ以上の導線が合流する点のことを，**接合**という（**分岐点**ともいう）．

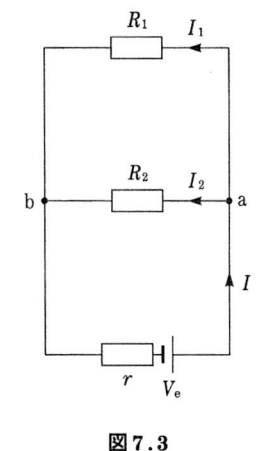

回路に2つ以上の分枝があって電流が分れるとき，キルヒホッフの第1法則が使われる．図 7.3 では，接合 a から b に至るのに，次の3つの分枝がある．

抵抗 R_1 を含む分枝，抵抗 R_2 を含む分枝，
電池とその内部抵抗 r を含む分枝

それぞれの分枝を流れる電流を I_1, I_2, I とし，電流の向きは矢印の向きにとる．接合 a では

$$I = I_1 + I_2 \tag{7.8}$$

が成り立つ．これが**キルヒホッフの第1法則**である．接合 b では $I_1 + I_2 = I$ が成り立っているが，これは (7.8) と同じ内容で新しい情報ではない．(7.8) は

$$I - I_1 - I_2 = 0 \tag{7.9}$$

と表せるから，接合に入る電流に ＋ 符号，出る電流に − 符号を付けることにすると，キルヒホッフの第1法則は

『接合に流れ込む電流の和はゼロである』

図 7.3

7.2 キルヒホッフの法則

といいかえることができる．つまり，電流を符号を含めて考えると，第 1 法則は

$$\sum_i I_i = 0 \tag{7.10}$$

と表される．

キルヒホッフの第 2 法則

電流が流れる閉じた道筋のことを**ループ**という．図 7.3 と同じ回路で図 7.4 に示すように

(1) 抵抗 R_1 と R_2 を含むループ： aR_1bR_2a
(2) 内部抵抗 r の電池と，抵抗 R_2 を含むループ： aR_2bra
(3) 内部抵抗 r の電池と，抵抗 R_1 を含むループ： aR_1bra

の 3 つのループを考えることができる．

キルヒホッフの第 2 法則は

$$\sum_i V_{ei} - \sum_i R_i I_i = 0 \tag{7.11}$$

で与えられる．これは

『起電力や抵抗を含む任意のループを 1 周したとき，すべてのデバイスの電位差の和がゼロである』

ことを意味している．つまり，電池がもつ起電力が抵抗での電圧降下をとりもどすことで，回路を 1 周したときに電位がもとにもどっていることを意味する．

(7.11) を使うときには，電流と起電力の向きが重要である．まず，(1) のループに関して

$$-R_1 I_1 + R_2 I_2 = 0 \tag{7.12}$$

となることを説明する．ループの向きは上のよう

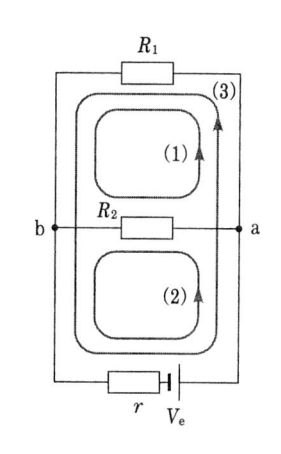

図 7.4

に決まっていて，電流の向きは図7.4のようにとっている．電流がループの向きと逆のときは $-R_2I_2$ となるので，(7.11) に代入すると R_2I_2 となる．
(2) のループでは

$$-R_2I_2 - rI + V_e = 0 \qquad (7.13)$$

となる．このとき電池の負極から正極への向きがループの向きに一致するので，起電力を $+V_e$ としている．(3) のループでは，

$$-R_1I_1 - rI + V_e = 0 \qquad (7.14)$$

となる．

例題 7.2

図7.5に示すように，内部抵抗がある電池が2つと抵抗が2つ，すべて直列につながれている．この回路を流れる電流の向きを決め，大きさを計算せよ．また，a, b間の電位差を求めよ．

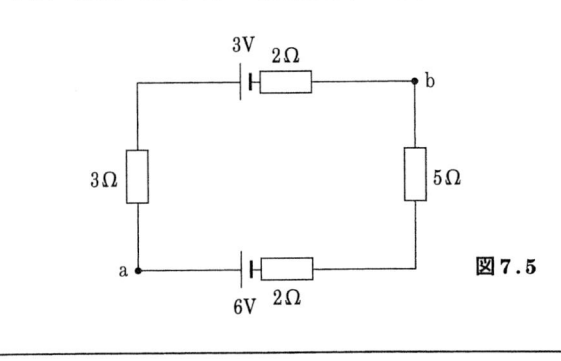

図7.5

[解] 起電力が3Vの電池は正極と負極の配置から反時計回りに電流を流し，6Vの電池は逆に時計回りに電流を流す．2つが競合した結果，6Vの方が勝って回路には時計回りに電流が流れると予想できる．そこで電流を I とし，aから時計回りに1周してキルヒホッフの第2法則 (7.11) を使う．電池の起電力は負極から正極に測ったときに正の値だから，

$$-3 + 6 = 3I + 2I + 5I + 2I$$

より，$I = 0.25\,\text{A}$．

bに対するaの電位を求めるには，aからスタートしてbに至るときの電位の変化を計算する．aからbまでの道筋は四辺形の上辺を通るか下辺を通るかの2通

りがある．上辺を通ると
$$V_{ab} = 3 \times 0.25 + 2 \times 0.25 + 3 = 4.25 \text{ V}$$
下辺を通ると
$$V_{ab} = -2 \times 0.25 + 6 - 5 \times 0.25 = 4.25 \text{ V}$$
となり，当然のことながら結果は同じである． ¶

7.3 RC回路

電流が時間変化する

抵抗とコンデンサーがある回路を，**RC回路**という．これまでは，回路の起電力や抵抗が時間的に変化しないと仮定してきた．その場合には，回路の各部分の電圧や電流も時間的に一定だった．しかし，回路にコンデンサーがあると，コンデンサーの充電や放電に時間がかかるので，回路の電圧，電流，電荷が時間とともに変化することになる．これまでは時間的に一定なこれらの量を表すのに V, I, Q のように大文字を使ってきたが，以下では時間変化する量を表すときには v, i, q のように小文字を用いる（なお，時間変化する量の表し方には，変数 t を示して $V(t)$, $I(t)$, $Q(t)$ とすることもある）．

RC回路の電流の時間変化

図 7.6(a) に示すような，抵抗とコンデンサーを直列につないだ回路（RC回路）を考える．電池は一定の起電力 V_e をもち，その内部抵抗は簡単のためにゼロと仮定する．

$t = 0$ に回路のスイッチ S をつなぐと，電池の起電力によって電流が流れ，コンデンサーの充電が始まる．$t = 0$ ではコンデンサーの電荷 q がまだゼロだから，$v_{bc} = 0$ である．このときキルヒホッフの第2法則から，R の両端の電圧は $v_{ab} = V_e$，よって，$t = 0$ での電流はオームの法則から $I_0 = v_{ab}/R = V_e/R$ である．

7. 直流回路

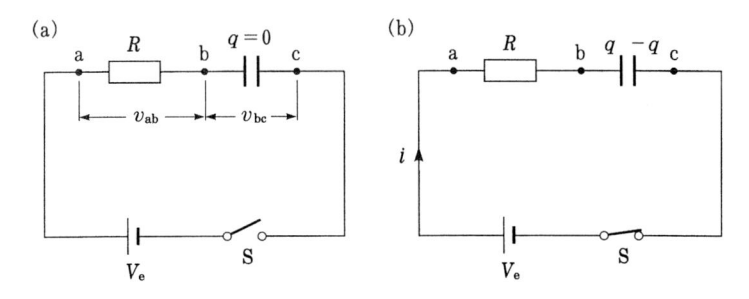

図 7.6

$t>0$ でコンデンサーの充電が始まると, q が増えて v_{bc} も増加する. 電圧の和 $v_{ab}+v_{bc}$ は常に一定で V_e に等しいから, v_{ab} は $t=0$ での値 V_e から減少し, それに比例して電流 i も減る. 十分時間が経つと, コンデンサーは充電が完了し, それ以後は電流が流れなくなるので, v_{ab} はゼロとなる. 電池の起電力 V_e は, すべてコンデンサーの両端に現れ, $v_{bc}=V_e$ である. 以上が, RC 回路を電池につないだときに起こる電流 i とコンデンサーの電荷 q の定性的な時間変化である.

次に, いま述べた q と i の時間変化を式で表す. スイッチをつないでから t 秒後のコンデンサーの電荷を q, 回路の電流を i とする (図 7.6(b)). このとき

$$v_{ab}=iR, \qquad v_{bc}=\frac{q}{C}$$

の関係がある. ここで q も i も時間 t の関数である. キルヒホッフの第 2 法則は

$$V_e - iR - \frac{q}{C} = 0 \tag{7.15}$$

と表され, これを変形した

$$i = \frac{V_e}{R} - \frac{q}{RC} \tag{7.16}$$

を用いて, 時刻 t での i と q の関係を導く.

(7.16) は電流の定義 (6.1) より,

$$\frac{dq}{dt} = -\frac{1}{RC}(q - CV_\mathrm{e}) \tag{7.17}$$

と変形できる．これを変数 q を左辺に，t を右辺に含むように書き直すと

$$\frac{dq}{q - CV_\mathrm{e}} = -\frac{dt}{RC} \tag{7.18}$$

となる．左辺を q，右辺を t についてそれぞれ積分すると

$$\int_0^q \frac{dq'}{q' - CV_\mathrm{e}} = -\frac{1}{RC} \int_0^t dt' \tag{7.19}$$

と書ける．左辺に 0.2 節で述べた合成関数の積分を使うと

$$\log\left(\frac{q - CV_\mathrm{e}}{-CV_\mathrm{e}}\right) = -\frac{t}{RC} \tag{7.20}$$

$\log x = t$ のとき $x = e^t$ であるというのが対数と指数の関係だから，(7.20) は $(q - CV_\mathrm{e})/(-CV_\mathrm{e}) = e^{-t/RC}$ となる．これを書き直すと

$$q = CV_\mathrm{e}(1 - e^{-t/RC}) = Q_\mathrm{f}(1 - e^{-t/RC}) \tag{7.21}$$

を得る．$Q_\mathrm{f} = CV_\mathrm{e}$ は，十分時間が経ったときのコンデンサーの電荷であり，(7.21) の両辺を t で微分すると，電流の時間変化

$$i = \frac{dq}{dt} = I_0 e^{-t/RC} \quad \left(I_0 = \frac{V_\mathrm{e}}{R}\right) \tag{7.22}$$

を得る．このように，電荷と電流はともに時間の指数関数である．

電流の時間変化を図 7.7 に示す．RC だけの時間が経つと，回路に流れる電流は $1/e\,(\sim 0.37)$ に減る．RC を **時定数** といい，τ で表す．$t = 0$ での初期条件を，(7.21) では $q = 0$ となって満たしているし，(7.22) では $i = I_0$ となって満たしている．十分時間が経った後 ($t \to \infty$ での終状態) は，(7.21) から $q = Q_\mathrm{f} = CV_\mathrm{e}$，(7.22) から $i = 0$ となる．

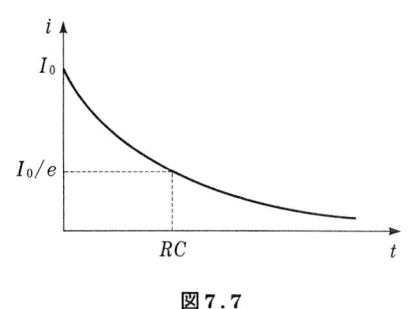

図 7.7

―― 例題 7.3 ――――――――――――――――――――
8 MΩ の抵抗と 1.0 μF のコンデンサーが直列につながれている回路の時定数 τ を計算せよ．また，$t = 36.8\,\mathrm{s}$ 後にコンデンサーに放電されずに残っている電気量はどれだけか．

[解] $\tau = RC = 8 \times 10^6 \times 10^{-6} = 8\,\mathrm{s}$

また，求める電気量を q とすると

$$\frac{q}{Q} = 1 - e^{-t/RC} = 1 - e^{-36.8/8} = 0.99$$

つまり，コンデンサーに初めに蓄えられていた電気量の 99% が残っている．¶

放 電

コンデンサーを充電して Q_0 の電荷を蓄えたところで，RC 回路から電池を除き，端子 a, b を開いたスイッチにつなぐ（図 7.8(a)）．次にスイッチを閉じ，そのときの時刻を $t = 0$ とする．このときコンデンサーから放電が起こり，電荷が減少し始める（図 7.8(b) は電荷が q の時点）．q がゼロになった時点で放電は止む．$V_e = 0$ で (7.16) を使うと

$$i = \frac{dq}{dt} = -\frac{q}{RC} \tag{7.23}$$

である．$t = 0$ で $q = Q_0$ とすると，$I_0 = -Q_0/RC$．(7.23) を積分すると

$$\int_{Q_0}^{q} \frac{dq'}{q'} = -\frac{1}{RC} \int_0^t dt'$$

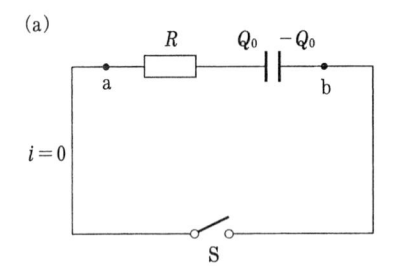

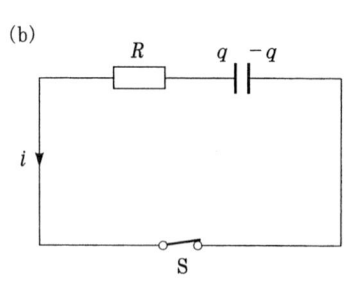

図 7.8

より
$$\log \frac{q}{Q_0} = -\frac{t}{RC}$$
となり,
$$q = Q_0 e^{-t/RC} \quad (7.24)$$
$$i = -\frac{Q_0}{RC} e^{-t/RC} = I_0 e^{-t/RC}$$
$$(7.25)$$

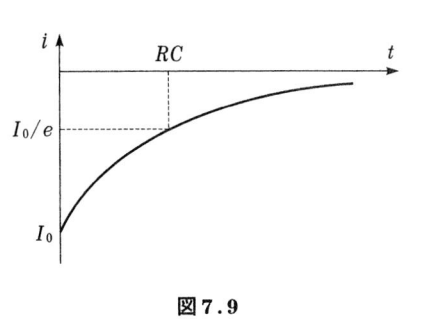

図7.9

が得られる. (7.22) と (7.25) を比べると, 充電と放電のときで電流の表式は同じで, I_0 の符号だけが違うことがわかる (図7.9). つまり, 放電の場合は $I_0 < 0$ だから, 図7.8(b) で電流 i が矢印とは逆向きに流れ, コンデンサーの電荷 q が減少することを示している.

演習問題

[1] 2つの同じ電球 ($R = 2\,\Omega$) を, 8Vの電源に直列につないだときと, 並列につないだときの電力を比較せよ.

[2] 図に示す回路で, 電流計を流れる電流がゼロになるように R_1 と R_2 の分点を決めると, 電池の未知の起電力 V を知ることができる. このとき, V を R_1, R_2, V_1 で表せ.

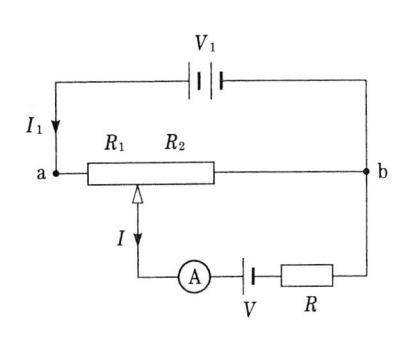

CHAPTER. 8
磁石と磁気的な場

　この章では，初めに身の周りの磁気を述べて，CHAPTER. 12 までで扱う磁気現象の導入部とする．磁気的な場として磁束密度を導入する．磁束密度は，電気の場合の電場に対応するものとして磁気現象を通じて主役であり，動いている電荷に力を作用する場として定義される．

8.1 　磁石と磁極

磁気の始まり

　歴史上，人類が初めて磁気現象に出会ったのは，摩擦電気が発見されたのと同じように，古代ギリシャの時代とされている．**磁石**となった鉄の切片が初めて見つかった所は，トルコ西部の地中海に近い Izmir（イズミル）から 40 キロほど北東にある，いまの Manisa（マニサ）である．この町は，古代に Magnesia（マグネシア）とよばれ，それが磁気の英語，magnetism の語源となっている．

　子供の頃，棒磁石に鉄釘をくっつけて遊んだ経験は誰にでもあるだろう．磁石が，離れた場所にある釘を引き寄せ，くっつけるのを著者が初めて体験したときは，魔法のように思ったものだ．また，遠足に持っていく水筒のふたには，南北の方向を示す磁石の針（**磁針**）が付いていた．これに**棒磁石**を

8.1 磁石と磁極

近づけると，磁針が振れた後に棒磁石の方を指して止まる．棒磁石の場所を変えると，それに引きずられて磁針の指す向きも変る．これは，棒磁石の場所が変ると，磁針に作用する磁気力も変化するからである．

磁針も磁石である．いま述べた棒磁石や磁針の振舞は

『磁石の両端には，2種類の**磁極**，N極とS極がある』

と考えると説明できる．つまり，磁針が棒磁石のそばで振れ，ある方向を指すことは，磁針と棒磁石の磁極の間で何らかの力が作用していると考えることができる．北を指す磁石の端を **N極**，反対側の南を指す磁石の端を **S極** とよんでいる（N極を正極，S極を負極ともいう）．

磁石間にはたらく力

磁石が引き合ったり反発したりするときの力を，磁極の考えで説明しよう．2つの棒磁石を近づけた場合を考える．片方の磁石のN極に，他方の磁石のS極を近づけると，互いに引き合いくっつく（図8.1(a)）．一方，N極同士またはS極同士を近づけたときは，互いに反発する（図8.1(b)）．つまり異符号の磁極は引き合い，同符号の磁極は反発する．

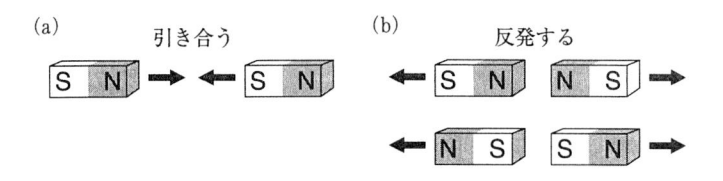

図8.1

この性質は，異符号の電荷が引き合い同符号の電荷は反発するという，電荷の間のクーロン力と同じである．2.1節でクーロン力を電場の考えで説明したのと同じように，磁極間に力がはたらく現象を，磁気的な場によって理解することができる．

磁気的な場

電荷がその周りに電場を生じたように，磁石は

『その周りの空間の磁気的な性質を，磁石がないときとは違うものにしている』

と考えるのは自然だろう．磁石は空間に磁気的なはたらきをもたせるが，このような空間を，**磁気的な場**あるいは単に**磁場**という．

棒磁石の磁極がその周りの空間を変化させて生じた磁気的な場に，もう一つの磁石の磁極が応答する現象は，磁極間に力がはたらいているためと考えることで理解できる．このとき，電荷に対応する物理量として**磁荷**を考え，磁石の両端にある磁極に，正または負の磁荷が集っていると考えると理解しやすい．

磁荷は存在しない

ここで注意しなければならないのは，磁荷というものが実際には存在しないことである．それは次の事実からも推測される．いま磁石を2つに割ると，N極の反対側の切り口には新しくS極が現れ，S極の反対側の切り口には新しくN極が生じる（図8.2(a)）．磁石から例えばN極だけを取り出そうとして，N極側を小さく切り離すと（図8.2(b)），小片の切り口にS極が，大きい方の切り口にN極が現れる．このように，分割された2つの磁石が常にN極とS極をもち，磁石をいくら小さく分割しても同じことが起こる．棒磁石にはN極とS極が常に共存して，N極とS極を切り離すことができない．正または負の磁荷は単独には存在しないことは，正や負の電荷が単独に存在できる電気の場合との基本的な違いである．

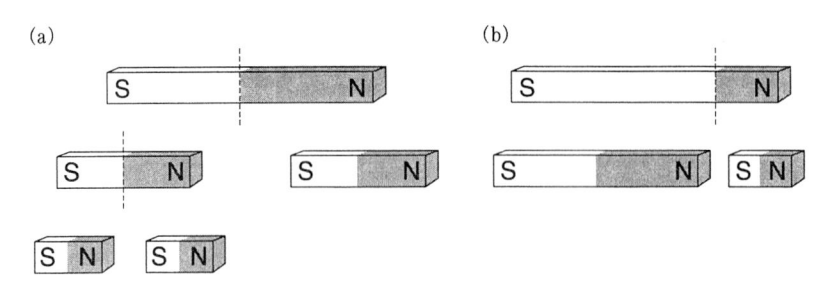

(a)   (b)

図8.2

8.1 磁石と磁極

電荷は電場を生じたことでわかるように，電気現象の源であった．これに対して，磁荷が実在のものでないならば，磁気現象の源を何に求めたらよいのだろうか．その問いに対する答えが，運動する電荷であることを 1819 年に見つけたのが，オランダのエルステッドである（これについては 9.1 節で述べる）．

地球の磁気

地球上で，磁針が決まった方向を指すということは，地球上に磁気的な場があることを意味している．磁針の N 極が地球の北を指し，磁針の S 極が南を指す．この事実から，地球を 1 つの磁石と見ることができて，その N 極が地球の南極の近くにあり，S 極が北極の近くにある（図 8.3）ことがいえる．

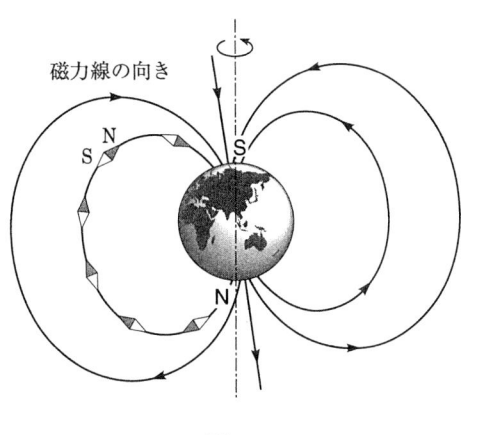

図 8.3

地球がもっている磁気のことを**地磁気**という．地球の磁石としての南北と，地理的な南北は逆になっている．また，磁石の N 極と地理上の南極が一致した場所にあるのではなく，N 極は地球の南極から（S 極は地球の北極から）少しずれた点にある（図 8.3）．8.2 節で説明する磁力線を地球の周りで考えると，南極の近くから地表に出て，北極の近くで内部に入る．

磁気モーメント

磁荷は実際には存在しないが，電荷に対応する磁気的な量として磁荷を考えると，磁石の N 極，S 極を論じたり，磁力線を考えるときに理解しやすい．そこで磁荷を**磁気量** q_m （$q_m > 0$）で表し，磁気量 q_m と $-q_m$ の一対で

磁気双極子を定義する（図 8.4）．これは 2.2 節の電気双極子に対応する磁気的な量であり，磁石をたとえどんなに小さく分割しても，磁荷を取り出すことはできず，磁気双極子ができることになる．

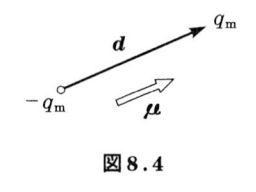

図 8.4

2 つの磁荷 q_m と $-q_m$ の距離が d のとき，大きさが $q_m d$ で，向きが $-q_m$ から q_m への方向のベクトルを，この磁気双極子の**磁気モーメント**とよび，$\boldsymbol{\mu}$ で表す．

$$\boldsymbol{\mu} = q_m \boldsymbol{d} \tag{8.1}$$

8.2 磁束密度

動いている電荷が磁場を作る

電気的な現象と磁気的な現象には，相互に対応する量が考えられる．電場は電荷によって生じることを CHAPTER.2 でみたが，磁気的な場は何によって生じるのだろうか？　ここで磁束密度を導入する前に，CHAPTER.2 で電場とクーロン力を導入したときのことを思い出してみよう．

(A)　静止している電荷が，周りに電場を生じる（2.1 節）．

(B)　その電場 E が，電場中に置かれたほかの電荷 q に $F = qE$ のクーロン力をおよぼす．

この電場に関する 2 つの命題に対応して，以下で磁気的な場の強さを与える量として導入する磁束密度には，次の性質があることが確かめられる．

(a)　動いている電荷（電流）が，周りに磁束密度を生じる．

(b)　その磁束密度が，その中を動いているほかの電荷や電流に力をおよぼす．

(A) と (a)，(B) と (b) の類似性から，静止した電荷が作る電場に対応する

量として，動いている電荷が作る磁束密度を考えることができる．

この章では，まず命題(b)によって磁束密度を導入し，次に磁気的な力を議論する（命題(a)については9.1節で述べる）．

磁束密度の定義

磁気的な場の中を動いている電荷には力がはたらく．これを**磁気力**という．荷電粒子が速度 v で磁気的な場に垂直に動いているとき，磁気力 F の大きさは

$$F = |q|vB \tag{8.2}$$

で与えられる．(8.2) は，**磁束密度** B を定義する式である．同時に，磁束密度で磁気的な場の量を定義する．

(8.2) を改めて言葉で表現すると

『速度 v で動いている電荷 q の粒子に，力 $F = |q|vB$ を作用するような場が，磁束密度 B である』

となる．

磁束密度の単位は (8.2) の定義から，N·s/(C·m) = N/A·m = T（**テスラ**）である．(8.2) に現れる4つの物理量をすべて単位量で考えると，1クーロンの電荷が1m/sの速度で動くときに，1Nの力を生じさせる磁束密度が1Tであるといえる．現在，実験室で実現可能な最大の磁束密度は，80Tである．

磁束密度はベクトル量である．その上，空間の各点で定義されるから，場の量でもある．つまり，電場と同じく磁束密度もベクトル場を作る．

図 8.5 に示すように，v と B が垂直のときには，力 F の向きは v と B の両方に垂直で，矢印の向きになることが実験からわかっている．

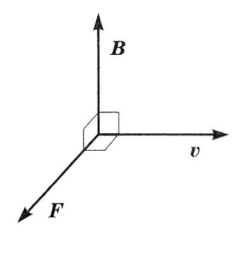

図 8.5

ローレンツ力

(8.2) の右辺に v があることは,磁気的な力がはたらくには電荷が動いている必要があることを意味する.この事情は,静止している電荷にクーロン力がはたらく電場の場合と本質的に異なる.

もう一つ電場との重要な違いは,磁気力 F の向きが B と同じ方向ではないことである.電気力であるクーロン力は電場と同じ方向にはたらいたが,F の向きは B と v の両方に垂直である.すなわち,F の向きは v と B が作る面に垂直である.

次に,v と B が垂直でない場合に生じる力を考える(図8.6(a)).このとき (8.2) の v を,v の B に垂直方向の成分(図8.6(a)の点線)でおきかえると,F の大きさが得られる.v が B に平行なときは,垂直成分がないから $F=0$ である.以上のことを,v と B が直角と限定せずに一般の場合として1つの式で表すと

$$F = |q|vB\sin\theta \tag{8.3}$$

となる.θ は v から B までの角度である.この関係はベクトル積を使って

$$\boxed{F = qv \times B} \tag{8.4}$$

と表せる.これまで磁気力とよんでいたこの力を**ローレンツ力**という.

ベクトル積 $v \times B$ の向きは,(0.40) で示したように,v から B へ右ねじ

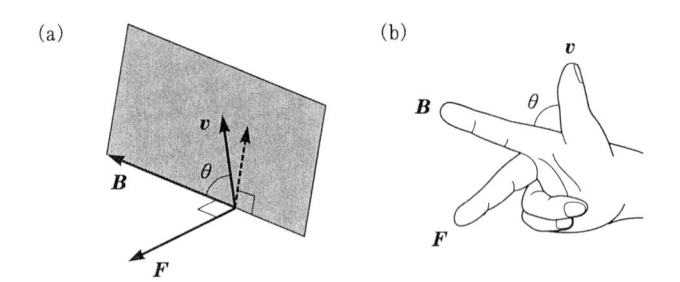

図 8.6

を回したときにねじの進む向きである．これは次のように考えても得られる．

F の向きは v と B が作る面に垂直である．右手を図 8.6(b) のように開いたとき，v が親指，B が人差し指の方向を向くとし，親指と人差し指の間の角度を θ とすると，中指の方向が力の向きを与える．このときの v，B，F 3 者の向きの関係を**右手の法則**という．(8.4) は，以上のことを表しており，いま述べたのは，正電荷（$q > 0$）の場合である．

負電荷（$q < 0$）の場合には，q をマイナス符号と大きさを表す絶対値 $|q|$ に分けて，$q = -|q|$ と考える．これより (8.4) の右辺にマイナス符号がつくので，F は $v \times B$ と逆向きになる．この場合には，左手を使って正電荷の場合と同様に考えると，人差し指が正電荷のときは逆を向くことで説明できる．これを**左手の法則**という．

---- 例題 8.1 ----

z 軸方向の一様な磁束密度がある空間を，陽子のビームが速度 1.4×10^5 m/s で進んでいる．進行方向は，xz 面内にあって，$+z$ 軸から $\pi/4$ だけ $+x$ 軸方向に傾いていて，磁束密度の大きさは 2 T とする．このとき，1 個の陽子にはたらく力を求めよ．

[**解**] (8.3) から，
$$F = |q|vB\sin\theta = 1.6 \times 10^{-19} \times 1.4 \times 10^5 \times 2 \times \frac{1}{\sqrt{2}} = 3.2 \times 10^{-14} \mathrm{N}$$
向きは，右手の法則により $-y$ 軸方向である．

この問題をベクトル記号を使っても解いておく．
$$v = 1.4 \times 10^5 \sin(\pi/4) e_x + 1.4 \times 10^5 \cos(\pi/4) e_z, \quad B = 2e_z$$
より，
$$F = qv \times B = 1.6 \times 10^{-19} \times 1.4 \times 10^5 \times \frac{2}{\sqrt{2}}(e_x + e_z) \times e_z$$
(0.45) の第 3 式と (0.46) から $e_x \times e_z = -e_y$，$e_z \times e_z = 0$ だから
$$F = -3.2 \times 10^{-14} e_y \ \mathrm{N}$$

このように，ベクトルを使って計算すると，計算結果に向きも含まれ，ことさらに右手の法則を使わなくてもよいという利点がある． ¶

磁力線

2.2節で，電場を表すのに電気力線を用いたのと同様に，磁束密度の様子を磁力線で表すことができる．すなわち，磁束密度が存在する空間で1つの曲線を考えたとき，

『曲線上におけるすべての点での接線が，その点での磁束密度 B の向きに一致しているような線』

が，**磁力線**である（図8.7）．1つの磁力線を描くには，各点での磁束密度 B の向きの無限小の長さの線分をつなぐことで得られる．磁力線というのは適切な名前ではない．なぜなら，磁気力の方向はこの線に垂直であって，磁力線の方向ではない．そこが電気力線の場合と違うので注意が必要である．

磁力線は，磁石のN極から出てS極に入る（図8.8）．磁束密度の方向は，ある点に磁針を置いたときに，その磁針のN極が指す方向と一致している．8.1節で図8.3に示した曲線は磁力線の例である．電気力線のときと同様に，磁力線もすべての点で描くのは実際的ではない．何本かの代表的な

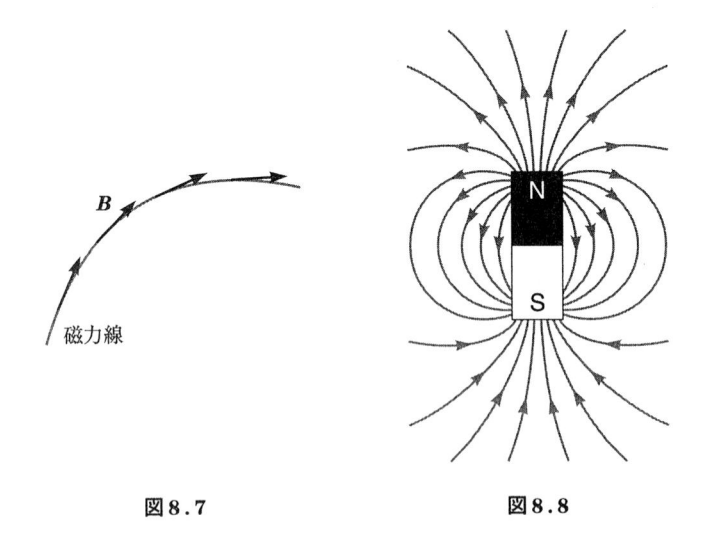

図8.7　　　　　　　　図8.8

磁力線だけを図示することになる．隣接する磁力線との間隔が狭いときは磁束密度が大きく，磁力線が互いに離れているときは磁束密度が小さい．

8.3 磁　束

電束を 2.4 節で定義したのにならって，ここで**磁束**を定義する．まず一様な磁束密度 $\boldsymbol{B}$ があるときは，ある面を考えてそれを貫く磁束を，面の面積と磁束密度の面に垂直な成分の積で定義する．したがって，$\boldsymbol{B}$ と角度 θ をなす平面を貫く磁束 Φ_B は，平面の面積を S として

$$\Phi_B = BS\cos\theta \tag{8.5}$$

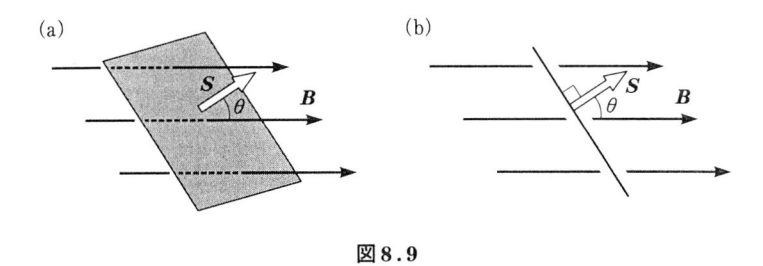

図 8.9

となる（図 8.9(a)）．これを真横から見た様子を図 8.9(b) に示す．これは 0.3 節で述べた面積ベクトル $\boldsymbol{S}$ と $\boldsymbol{B}$ のスカラー積

$$\Phi_B = \boldsymbol{B}\cdot\boldsymbol{S} \tag{8.6}$$

で与えられる．

一般に，磁束密度が一様でないとき，または面が平面でないときは，任意の面積ベクトルを要素 $d\boldsymbol{S}$ に分け，そこでの磁束密度の法線成分 $B_\perp$ を考える（図 8.10）．$d\boldsymbol{S}$ を通る磁束を

$$d\Phi_B = B_\perp dS = B\cos\theta\, dS = \boldsymbol{B}\cdot d\boldsymbol{S} \tag{8.7}$$

で定義すると，閉曲面を通る全磁束 Φ_B は，電束を (2.18) で求めたのと同

様に，面積要素に関する磁束 (8.7) を
すべての面上で積分した

$$\Phi_B = \int B_\perp \, dS = \int B \cos\theta \, dS$$

$$= \int \boldsymbol{B} \cdot d\boldsymbol{S} \qquad (8.8)$$

で与えられる．**磁束の単位を**ウェーバー
(Wb) というが，これは

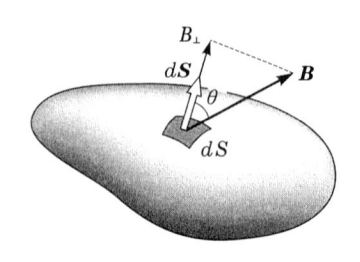

図 8.10

$$1\,\mathrm{Wb} = 1\,\mathrm{T\cdot m^2}$$

である．

磁束密度に関するガウスの法則は

$$\int \boldsymbol{B} \cdot d\boldsymbol{S} = 0 \qquad (8.9)$$

で与えられる．この式は閉曲面を通過する磁束をすべて加えると，必ずゼロ になることを意味している．つまり，閉曲面を内部から外に貫く磁束を正の 量とし，外から内に貫く磁束を負の量とすると，両者の和がゼロということ である．いいかえると，入ってくる磁束と出て行く磁束の量は等しい．

電場に関するガウスの法則 (2.22) の場合は，右辺が電荷 Q/ε_0 であっ た．これに対して，磁束密度に関するガウスの法則 (8.9) の右辺がゼロで あることは，磁荷が存在しないことを反映している．貫く磁力線が dS に垂 直だと，面積要素 dS で $B_\perp = B$ であるから，(8.7) は

$$B = \frac{d\Phi_B}{dS} \qquad (8.10)$$

となる．

通常，質量に対して密度，人口に対して人口密度を考えるように，ある量 が定義されてその単位体積（あるいは面積）当りの量を密度として考えるの が順序だが，ここでは (8.2) で磁束密度を定義し，それをある面で加えた 磁束という量が，後から (8.5) で登場した形になっている．

---- 例題 8.2 ----

4 cm² の平面が一様な磁場中に置かれている．磁束密度 B と平面の垂直方向がなす角度は $\pi/3$，この面を貫く磁束が 6 mWb のとき，磁束密度はいくらか．

[解] (8.5) から
$$B = \frac{\Phi_B}{S\cos\theta} = \frac{6\times 10^{-3}}{4\times 10^{-4}\times 0.5} = 30 \text{ T}$$
となる． ¶

演習問題

[1] ある棒磁石の両端の N 極と S 極で，磁気力の強さは同じか，それとも違うか？

[2] 磁束の単位 1 Wb が 1 N·m/A であることを示せ．

CHAPTER. 9
電流が作る磁束密度

　静止した電荷にクーロン力をおよぼす場として電場を導入したのに対して，磁束密度が電荷に力をおよぼすには電荷が動いている必要があることを CHAPTER. 8 で述べた．この対応から，電場は静止した電荷によって作られたが，磁束密度は動いている電荷によって作られると類推される．この章では，いろいろな形の電流が作る磁束密度の表式を与える．

9.1　動いている電荷が作る磁束密度

エルステッドの実験

　1819 年にオランダのエルステッドは，導線に電流を流したときに，そばにある磁針が振れることを発見した．この発見は

『電流が磁気的な場を生じる』

ことを観測したことになる．それが，磁気の源が電流であることを明らかにし，さらに電磁気学を，電気と磁気を結びつけて統一的に理解するきっかけとなった．同様な実験は，フランスのアンペールも行っている．これと逆の現象，導線の近くを動く磁石が導線の回路に電流を作ることを，後にイギリスのファラデーとアメリカのヘンリーが見つけた．それが CHAPTER. 12 で述べる電磁誘導の現象である．

動く点電荷が作る磁束密度

一定速度 v で動いている点電荷 q が作る磁束密度がどのように表されるかを求める．点電荷 q がある瞬間に点 O にあるとして，O から r のところにある点 P に生じる磁束密度 $\boldsymbol{B}$ を求める（図 9.1(a)）．図 9.1(a) を描くには，最初に 2 つのベクトル v と r が作る面を考える（点 P はこの面内にある）．このとき，生じる $\boldsymbol{B}$ の大きさは $|q|$ と $1/r^2$ に比例する．そのことは，点電荷が作る電場（2.4）と同じである．

しかし磁束密度 $\boldsymbol{B}$ の場合は，前章で述べたように電場のときと方向が違う．電場の場合には，源の点 O と点 P を結ぶ線の方向であったが，$\boldsymbol{B}$ は，r と v を含む面に垂直な方向である．垂直方向は左右 2 つあるが，$\boldsymbol{B}$ の向きは 8.2 節で述べた右手の法則に従う．つまり $\boldsymbol{B}$ は，$v \to r$ と右ねじを回したときにねじが進む向きである（図 9.1(a) で P から実線の矢印で示す）．

また磁束密度 $\boldsymbol{B}$ の大きさは，v から r までの角度を θ として

$$B = \frac{\mu_0}{4\pi} \frac{|q| v \sin\theta}{r^2} \tag{9.1}$$

である．μ_0 は**真空の透磁率**とよばれるもので

$$\mu_0 = 4\pi \times 10^{-7}\,\text{T·m/A} \tag{9.2}$$

図 9.1

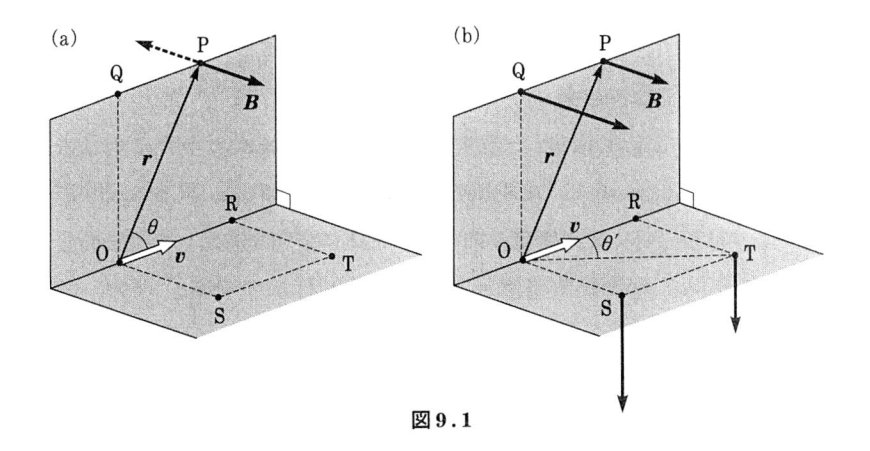

である．以上の結果は，ベクトル積を使うと大きさと向きをまとめて

$$\boldsymbol{B}(\boldsymbol{r}) = \frac{\mu_0}{4\pi} \frac{q\boldsymbol{v} \times \boldsymbol{e}_r}{r^2} \tag{9.3}$$

と表せる（$\boldsymbol{e}_r$ は $\boldsymbol{r}$ 方向の単位ベクトル）．(9.3) の左辺では，$\boldsymbol{B}$ が位置ベクトル $\boldsymbol{r}$ の関数であることを明示した．$q < 0$ のとき，$\boldsymbol{B}$ の向きは $q > 0$ のときと逆になる（図9.1(a)の点線の矢印）．(9.3) は，動いている点電荷が，そこから位置ベクトル $\boldsymbol{r}$ の点に作る磁束密度であり，これが以下に述べる直線電流，電流素片，円電流が作る磁束密度を計算するもとになる．

── 例題 9.1 ──

図9.1(a)に示した点 Q, R, S, T における磁束密度の大きさと向きを，点 P での磁束密度と比べて定性的に図示せよ．ただし，$\boldsymbol{v}$ はすべての場合で同じとする．

[解] 答えを図9.1(b)に示す．点 Q では $\theta = \pi/2$, $\sin\theta = 1$ だから，点 P での $\boldsymbol{B}$ より因子 $1/\sin\theta$ だけ大きい．また r が小さいことも，点 Q での $\boldsymbol{B}$ を増やす．点 R では $\boldsymbol{v}$ と $\boldsymbol{r}$ が平行なので $\boldsymbol{B} = 0$ である．点 S では $\boldsymbol{v}$ と OS が作る面である底面に関して $\boldsymbol{B}$ は下向きになる．大きさは $1/r^2$ に比例するから，点 Q での値に $(\mathrm{OQ/OS})^2$ が掛かる（B が $1/r^2$ に比例するから）．その結果，Q での値より大きくなる．点 T での $\boldsymbol{B}$ も下向きで，大きさは S での値に，$\sin\theta'$ と $(\mathrm{OS/OT})^2$ が掛かる． ¶

直線電流が作る磁束密度

直線状の導体に定常電流 I を流すと，電流から距離 r の点 P に生じる磁束密度は，図9.2(a)のように電流の向きに垂直な面内に，電流の周りを回転するように生じる．磁束密度の向きは，電流の方向を右ねじの進む向きとしたときに，ねじが回転する向きである（図9.2(a)の矢印）．また，電流を横向きに選んで見たときの様子を図9.2(b)に示す．磁束密度の大きさは電流 I に比例し，電流からの距離 r に反比例する．このときの係数は $\mu_0/2\pi$ となることが実験からわかっているので，直線電流が距離 r の点に

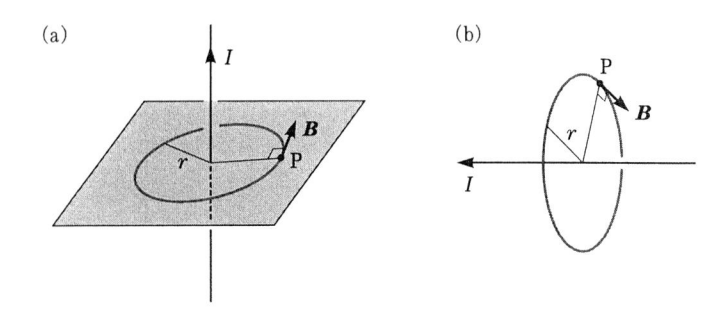

図 9.2

作る磁束密度の大きさは

$$B(r) = \frac{\mu_0 I}{2\pi r} \quad (9.4)$$

である．この結果の証明は，例題 9.3 でビオ - サバールの法則を用いて行う．

9.2　ビオ - サバールの法則

電流素片が作る磁束密度

前節では，直線電流が作る磁束密度を考えた．その結果を一般化して，直線に限らず，任意の形の導体を流れる電流が作る磁束密度を計算できる．そのためには，導体を直線状と見なせる微小部分 ds に分割して，そこを移動する電荷が作る磁束密度 $d\boldsymbol{B}$ を求め，それを導体全体について加えればよい．その作図法を次の例題 9.2 で示す．

―― 例題 9.2 ――

図 9.3 に示した電流が流れる導体要素 ds が，点 P に作る磁束密度 $d\boldsymbol{B}$ を作図せよ．

9. 電流が作る磁束密度

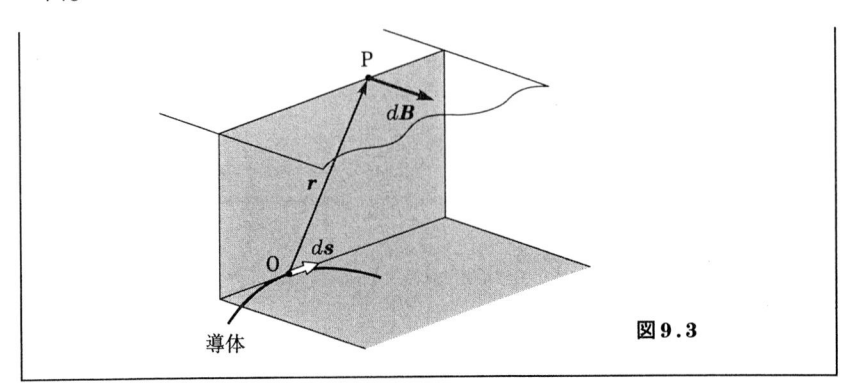

図9.3

[解] 点OとPを結ぶベクトル r と，導体要素 ds で決まる面を考える．また，点Pを通りこの面に垂直な面を考える．dB の方向は，図9.3に示すように，この面内にあってOPに垂直な向きになる．これは図9.1(a) の v を ds としたものである．

次に前節の結果 (9.1) を用いて，導体の断面積が S である微小部分 ds の電流（これを**電流素片**とよぶ）が点Pに作る磁束密度を計算する．微小部分の体積は $S\,ds$ であり，電荷 q の荷電粒子が単位体積当り n 個のとき，導体要素を動いている全電荷は

$$dQ = nqS\,ds$$

である．dQ がドリフト速度 v_d で点Oから動くとき，点Pに作る磁束密度 dB は，(9.1) を用いて

$$dB = \frac{\mu_0}{4\pi} \frac{|dQ|v_d \sin\theta}{r^2} = \frac{\mu_0}{4\pi} \frac{n|q|v_d S\,ds \sin\theta}{r^2}$$

である．r はOからPまでの距離である．$I = n|q|v_d S$ を使うと，上式は

$$dB = \frac{\mu_0}{4\pi} \frac{I\,ds \sin\theta}{r^2} \tag{9.5}$$

となる．(9.5) のベクトル表示は（r の関数であることを表して）

$$d\boldsymbol{B}(\boldsymbol{r}) = \frac{\mu_0}{4\pi} \frac{I\,d\boldsymbol{s} \times \boldsymbol{e}_r}{r^2} \tag{9.6}$$

である．

(9.6) を言葉で表すと

『導線の微小部分 ds を流れる電流 I が，そこからの位置ベクトルが r の点Pに作る磁束密度 dB は，(9.6) である』

ということになる．これはフランスの学者，ビオとサバールにちなんで，**ビオ－サバールの法則**とよばれている．　¶

9.2 ビオ−サバールの法則

ビオ−サバールの法則は，微小部分の電流が作る磁束密度を与えるものである．これを導体に沿って積分すれば，任意の形状の導体を流れる電流が点Pに作る磁束密度を知ることができる．すなわち，点Pでの磁束密度は

$$\boldsymbol{B} = \int d\boldsymbol{B} = \int \frac{\mu_0}{4\pi} \frac{I\,d\boldsymbol{s} \times \boldsymbol{e}_r}{r^2} \qquad (9.7)$$

で与えられる．これを**ビオ−サバールの公式**という．(9.7) の最右辺で $d\boldsymbol{s}$ に関する積分をするので，その結果は点 O から P への位置ベクトル $\boldsymbol{r}$ の関数ではない．ただし，$\boldsymbol{B}$ を求める点 P の座標には依存している．

(9.7) の積分記号の中を見ると，積分変数 $d\boldsymbol{s}$ が，$\boldsymbol{e}_r$ とのベクトル積の形で現れている．この意味は少し理解しにくいかもしれない．そこで，$d\boldsymbol{s} \times \boldsymbol{e}_r/r^2$ の意味を図 9.4 によって説明する．まずこの量は，曲線上の点 O で決まる $d\boldsymbol{s}$ と，点 P を決めている $\boldsymbol{r}$ によって定義されるベクトルで，$d\boldsymbol{B}$ に比例している．$d\boldsymbol{B}$ の始点は点 P である．ベクトル積の公式から，この項の大きさは $ds \sin\theta / r^2$ で，向きは $d\boldsymbol{s}$ と $\boldsymbol{r}$ が作る面に垂直な方向である．$d\boldsymbol{s}$ が積分路上を移動するとき，新しい点 O′ での $d\boldsymbol{s}'$ と $\boldsymbol{r}'$ について同様のことを考えると，やはり P を始点とする $d\boldsymbol{B}'$ が決まる．このとき，一般には $d\boldsymbol{B}'$ と $d\boldsymbol{B}$ の向きは異なる．O′P の距離 r' も，角度 θ' も，点 O で考えたものとは違う．このような量の導体に沿っての積分が，点 P での磁束密度 $\boldsymbol{B}$ を与える．

ここで説明したのは，電流の道筋が一般的な形状の場合であり，そのため積分の内容が複雑になっている．後で述べる例題 9.3 のような直線の場合や 9.3 節の円電流の場合には，道筋がある対称性をもっているので，積分が容

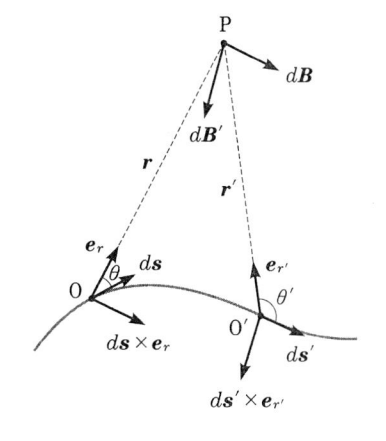

図 9.4

例題 9.3

ビオ‐サバールの公式を使って，直線電流が作る磁束密度を与える式 (9.4) を導け．

[解] 長さ $2a$ の導体を y 軸に沿って置き，その中心を原点 O にとる．そして，電流 I の向きを y 軸の正の向きに選び，導体要素 $d\boldsymbol{s} = dy$ が x 軸上の点 P $(x, 0, 0)$ に作る磁束密度 $d\boldsymbol{B}$ を考える (図 9.5(a)).

図において，$r = \sqrt{x^2 + y^2}$, $\sin\theta = x/\sqrt{x^2 + y^2}$ の関係がある．$d\boldsymbol{B}$ の向きは $d\boldsymbol{s} \times \boldsymbol{e}_r$ の向き (z 軸の負の向き) である．この向きは，$d\boldsymbol{s}$ が y 軸上を動いている間中，変らない．以上の性質を (9.5) に用いて，dB を線の長さの範囲 $(-a, a)$ で積分すると，積分公式

$$\int_{-a}^{a} \frac{x\,dy}{(x^2 + y^2)^{3/2}} = \frac{2a}{x\sqrt{x^2 + a^2}}$$

を使って

$$B = \frac{\mu_0 I}{4\pi} \int_{-a}^{a} \frac{x\,dy}{(x^2 + y^2)^{3/2}} = \frac{\mu_0 I}{4\pi} \frac{2a}{x\sqrt{x^2 + a^2}}$$

を得る．これは導体が十分長い ($a \to \infty$) とき，

$$B = \frac{\mu_0 I}{2\pi x}$$

となる．

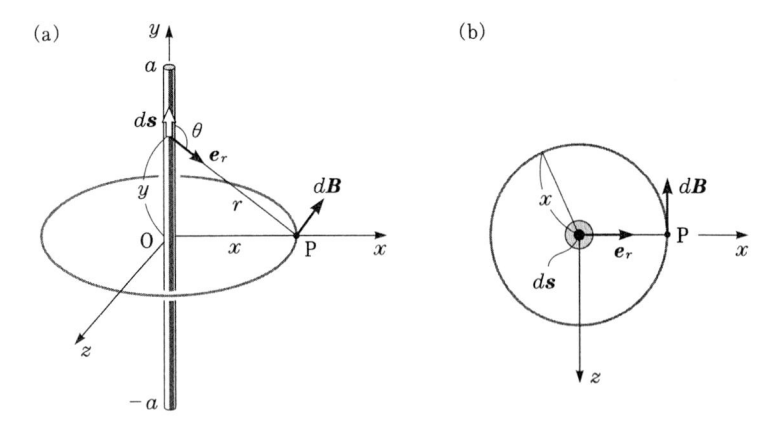

図 9.5

いまの状況では，点 P を y 軸に垂直な面内の円周上を y 軸の周りに動かしても磁束密度の大きさは変らないから，半径 r の円周上ではどこでも (9.4) と同じで
$$B(r) = \frac{\mu_0 I}{2\pi r}$$
になる（上式で変数 x を r に変えた）．

この状況を真上から見たのが図 9.5(b) である．このように紙面の裏面から手前に向かう場合を⊙で，手前から裏へ向かう場合を⊗の記号で表す．図 (b) において円周上の各点で，$d\boldsymbol{B}$ の向きは反時計回りの接線方向である．したがって，上向きの直線電流の場合の磁力線は，直線を中心とする反時計回りの円となる．

上で見たように，磁力線は磁束密度の源となっている電流を囲んでいる．これは，電気力線が電場の源の電荷から出ていたのとは事情が違っている．電気力線は，正の電荷から出て負の電荷に入って終わる．磁力線には始点も終点もない．これは磁束に関するガウスの法則 (8.9) の結果であり，そこでも述べたように，これは磁荷が存在しないことの現れである． ¶

9.3 円電流が作る磁束密度

直観的な理解

図 9.6 に示すように半径 a の円に電流 I が矢印の向きに流れているとき，円の中心に作られる磁束密度を計算する．まずその前に，磁束密度の向きが，円の中心を通り垂直上向き（矢印で示す）になるという結果を直観的に理解しておこう．

円電流上の点 P の付近で，微小な直線部分の電流を考えると，9.2 節でみたように，導線のごく近くでは，これを右ねじが回転する向きに囲む小円形の磁力線 C_1 が存在する．円軌道の中心軸に対して点 P と反対側の点 Q での磁力線は，図の C_1' となる．小円

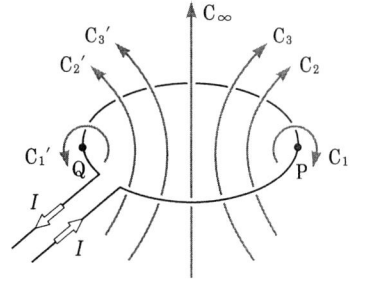

図 9.6

C_1 を $C_2, C_3, \cdots$ と大きくしていくと，磁力線は円の内部で次第に上方を向く．反対側の点で円 $C_2', C_3', \cdots$ を考えて，C_i と C_i' ($i = 1, 2\cdots$) の対を考えると，磁束密度の円軌道を含む面に垂直な成分は C_i と C_i' で足し合わされ，円軌道を含む面内の成分は C_i と C_i' で打ち消し合う．C_i と C_i' がともに円の中心を通る磁力線 C_∞ を考えると，磁束密度は上向き成分だけになる．この結果，円電流が作る磁束密度は，軌道の全部分から生じる寄与を足し合わせたとき，垂直上向きのものだけになると予想される．

次に，円の中心での磁束密度の大きさが $\mu_0 I/2a$ となることを，ビオ-サバールの公式を使って導く．

ビオ-サバールの公式の応用

図 9.7 で導線の微小部分 $d\boldsymbol{s}$ の電流が円の中心に作る磁束密度 $d\boldsymbol{B}$ は，$\boldsymbol{r}$ と $d\boldsymbol{s}$ が円周上で常に垂直だから，(9.5) から大きさは，

$$dB = \frac{\mu_0 I \, ds}{4\pi a^2}$$

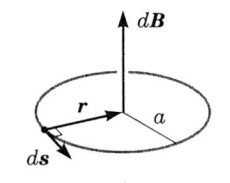

となり，その向きは，図に示すように右手の法則から，円に垂直で上向きである．これを円に沿って 1 周積分すると，円電流がその中心点に作る磁束密度は

図 9.7

$$B = \oint dB = \frac{\mu_0 I}{4\pi a^2} \oint ds = \frac{\mu_0 I}{4\pi a^2} 2\pi a = \frac{\mu_0 I}{2a} \tag{9.8}$$

となる．

中心軸上の磁束密度

次に，円電流が円の中心でない中心軸上の任意の点 P に作る磁束密度を求める．yz 面内に置かれている半径 a のリング形導体に電流 I が流れるとする．円の中心軸上にある点 P の，中心からの距離を x とする（図 9.8(a)）．

導体の一部分 $d\boldsymbol{s}$ を，まず y 軸上の点 Q で考えてみる．点 Q から P へのベクトルを $\boldsymbol{r}$ とすると，yz 面内にある $d\boldsymbol{s}$ と $\boldsymbol{r}$ は垂直である．$d\boldsymbol{s}$ 部分の電

9.3 円電流が作る磁束密度

流が点 P に作る磁束密度の大きさは,ビオ - サバールの公式 (9.5) において $r^2 = x^2 + a^2$ を使って

$$dB = \frac{\mu_0 I}{4\pi} \frac{ds}{(x^2 + a^2)} \tag{9.9}$$

となるので,$d\boldsymbol{B}$ の x, y 成分は

$$dB_x = dB \cos\theta = \frac{\mu_0 I}{4\pi} \frac{a\, ds}{(x^2 + a^2)^{3/2}} \tag{9.10}$$

$$dB_y = dB \sin\theta = \frac{\mu_0 I}{4\pi} \frac{x\, ds}{(x^2 + a^2)^{3/2}} \tag{9.11}$$

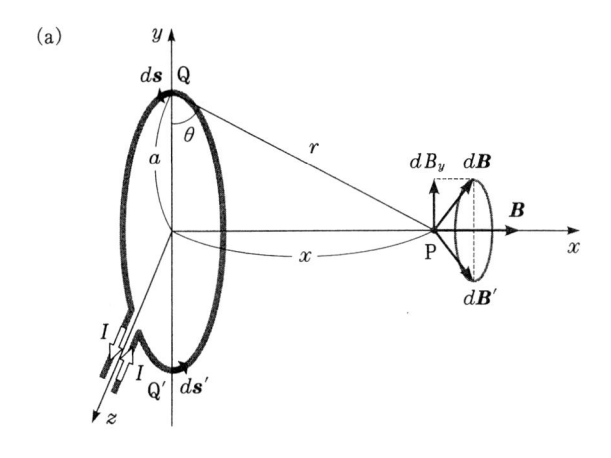

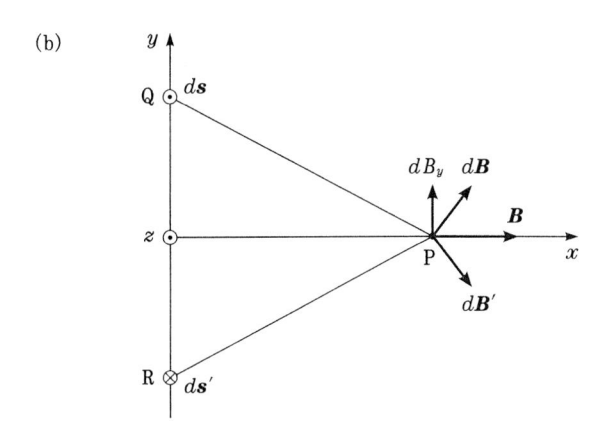

図 9.8

である．

$d\boldsymbol{s}$ と軌道の反対側の点 Q' の微小部分 $d\boldsymbol{s}'$ が点 P に作る磁束密度 $d\boldsymbol{B}'$ の y 成分は $-dB_y$ である．図9.8(b) に示す $d\boldsymbol{s}$ と $d\boldsymbol{s}'$ が作る磁束密度の y 成分の和は $dB_y = 0$ で，x 成分 dB_x の値はともに等しい．dB_x と dB_y に関するこの事情は，円柱状の導体の各部分で成り立っている．それは考えている系が，x 軸の周りに任意の角度だけ回転しても，状態が不変だからである．このような対称性を，**軸対称**という．また y 成分のときと同じ理由によって，$dB_z = 0$ である．

(9.10) を円に沿って1周積分すると，軸対称性から被積分関数は一定だから

$$B_x = \oint \frac{\mu_0 I}{4\pi} \frac{a\,ds}{(x^2+a^2)^{3/2}} = \frac{\mu_0 I}{4\pi} \frac{a}{(x^2+a^2)^{3/2}} \oint ds$$
$$= \frac{\mu_0 I a^2}{2(x^2+a^2)^{3/2}} \tag{9.12}$$

を得る．これは円軌道の軸上の点での磁束密度であり，$+x$ 方向を向いている．特に $x = 0$ とおけば，円の中心での結果 (9.8)

$$B = \frac{\mu_0 I}{2a}$$

となる．

ソレノイド

導線をらせん状に巻いたものを**コイル**といい，〰〰の記号で表す（図9.9）．特に，導線を円筒状に巻いたコイルを**ソレノイド**という．また，単位長さ当りに巻いた回数を**巻き数**といい，n で表す．

無限に長いソレノイドに電流 I が流れるとき，考えているソレノイドの中心軸上の磁束密度の大きさは

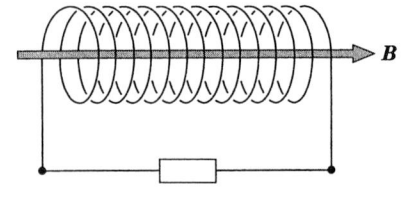

図 9.9

9.3 円電流が作る磁束密度

$$B = \mu_0 n I \tag{9.13}$$

で,その向きは,電流の流れる向きに右ねじを回したときにねじが進む方向である(図 9.9).これを次の例題 9.4 で証明する.

例題 9.4

巻き数 n で巻かれている無限に長いソレノイドに電流 I を流したとき,中心軸上の点 P に生じる磁束密度を計算し,(9.13) を導け.

[解] ソレノイドは,多くの円電流の集まりと考えることができる.図 9.10 でソレノイドを流れる電流が点 P に作る磁束密度を考える.図 9.10 では,ソレノイドの中心軸を x 軸にとっている.このとき,n 個のループの厚さが十分小さいと仮定する.すなわち,磁束密度を求める点 P から

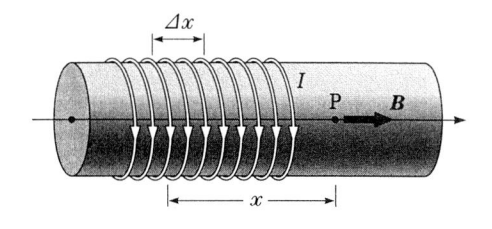

図 9.10

の距離 x に比べて十分微小な Δx の中に N 個のループが巻いてあるとして($N = n \Delta x$ の関係がある),そこにあるループから点 P までの距離は,N 個のループについてどれも同じであると近似する.Δx にある円電流の一つが点 P に作る磁束密度は,(9.12) である.

ソレノイドの巻き数を n とすると,長さ Δx には $N = n \Delta x$ 個の円電流があるので,コイルの軸上での磁束密度は単に (9.12) を N 倍すればよく,

$$B_x = \frac{\mu_0 N I a^2}{2(x^2 + a^2)^{3/2}} \tag{9.14}$$

である.これをコイルの無限の長さについて積分すると

$$B = \frac{\mu_0 n I a^2}{2} \int_{-\infty}^{\infty} \frac{dx}{(x^2 + a^2)^{3/2}} = \mu_0 n I$$

となり,(9.13) が示せた.なお,最後の結果を得るのに,積分公式

$$\int_{-\infty}^{\infty} \frac{dx}{(x^2 + a^2)^{3/2}} = \frac{2}{a^2} \tag{9.15}$$

を使った. ¶

9.4 磁束密度と磁場の強さ

電場の場合に，2.5 節で電束密度

$$D = \varepsilon_0 E$$

を導入した．これを使うと，ガウスの法則

$$\oint E \cdot dS = \frac{q}{\varepsilon_0}$$

は，

$$\oint D \cdot dS = q$$

となって，ε_0 が現れない形になった．

この事情に対応して，磁気的な場を表すもう一つの量

$$H = \frac{1}{\mu_0} B \tag{9.16}$$

を定義し，H を**磁場の強さ**という．これを用いると，ビオ-サバールの法則 (9.6) は，μ_0 が現れない形

$$dH(r) = \frac{1}{4\pi} \frac{I\, ds \times e_r}{r^2} \tag{9.17}$$

になる．

磁場と電場の名前の対比

電場 E は，その中に置いた荷電粒子に作用する力によって定義され，磁束密度 B はその中を動く荷電粒子にはたらく力によって定義された．このように，E と B にはその導入の仕方に対応関係がある．さらに，電束密度 D は (2.23)，(2.24) によって電荷と，磁場の強さ H は (9.17) によって電流と関係している．こう考えると，

　『電場 E と磁束密度 B は似た性質のベクトル量であり，電束密度 D と磁場の強さ H は類似の量だと考えられる．』

ところが，この対応を名前の面からみると，電場と磁束密度を対応させ，

電束密度と磁場の強さを対応させているという，ねじれ関係がある．そのため，理解しにくい点があるが，CHAPTER. 15 で述べる電磁気学の基本方程式（マクスウェル方程式）では，名前通りに電場 E と磁場の強さ H が，また電束密度 D と磁束密度 B が対応することになるのである．

以上述べたことからわかるように，本書では**磁束密度**と**磁場の強さ**という用語を用い，単なる「磁場」という用語は使わない．磁石によって空間の性質が変っている場のことを定性的に表現するときには，**磁気的な場**という用語を使う．

演習問題

[1] 直線電流が作る磁束密度 (9.4) を，ビオ–サバールの法則に円柱座標を用いて示せ．

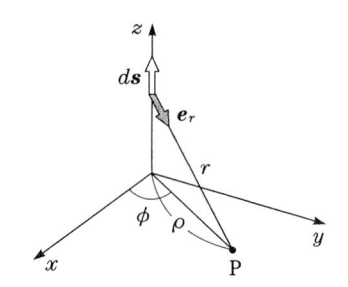

[2] 無限に長い導線に 10 A の電流が流れている．この導線から 4 cm の距離の点の磁束密度を求めよ．

[3] 50 Ω の抵抗をもつ導線が半径 10 cm の円形となって 6 V の電池につないである．円の中心での磁束密度を求めよ．

[4] 長さ 40 cm の円筒に導線を 1200 回巻いたソレノイドに 2 A の電流を流すとき，内部にできる磁束密度を求めよ．

[5] 巻き数 100，半径 0.3 m の無限の長さのソレノイドに電流 5 A を流したとき，ソレノイドの軸上の中心から 0.4 m の点に作られる磁束密度を計算せよ．

CHAPTER. 10

電流にはたらく磁気力

　磁束密度中を動いている荷電粒子には，ローレンツ力とよばれる磁気力がはたらく．そのため，磁束密度中の電流にはその道筋に応じてさまざまな力がはたらく．そして，電流が流れているループが長方形の場合，その力がループを回転させ，これを利用して交流起電力を生じることになる．

10.1 磁束密度中での荷電粒子の運動

等速円運動

　磁束密度 B の中を運動する荷電粒子にはたらくローレンツ力は，(8.4) で与えられた．ローレンツ力は，荷電粒子の運動の各点で，速度と磁束密度に垂直な向きにはたらく．図 10.1 は図 8.5 と同じであり，v, B, F の配置は右手系である（図 8.6(b) 参照）．

　『粒子の運動方向に垂直にはたらく力
　　は，その粒子に対して仕事をしない』
というのは力学の教えるところである．それは，仕事が力 F と変位 ds の内積で与えられ ((3.12) 参照)，直交するベクトルの内積はゼロだからである．それゆえ，ローレンツ力で運動す

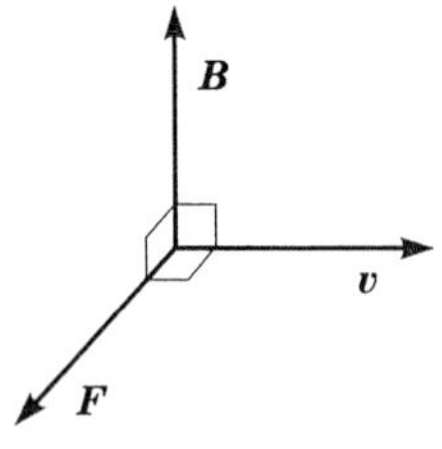

図 10.1

10.1 磁束密度中での荷電粒子の運動

る荷電粒子と磁気的な場との間にエネルギーのやりとりは起こらない．したがって，荷電粒子の運動エネルギーは変化せず，速度は一定である．

それでは，ローレンツ力は荷電粒子の運動にどんな影響を与えているのだろうか？ 実は，荷電粒子の運動方向を変えるはたらきをし，軌道を曲げているのである．

磁束密度中の荷電粒子の運動を B に平行な方向から見たときの様子を図10.2に示す（一様な磁束密度が，紙面に垂直で，かつ紙面から手前に向っている場合）．

正の電荷 q をもち，速度 v で時計回りの円運動をする粒子が点Oにあるとき，粒子にはたらくローレンツ力 F は，図10.2に示すように，円の中心への向きである．この力によって粒子の進む方向は，直進方向から右にずれて v' となる．その後も粒子は常に運動方向に垂直な力 F を受けながら進み，点Pへと進む．軌道OPは1つの円周の一部分である．

図10.2に示す運動では，荷電粒子の v と F の大きさはどちらも時間的に一定であり，**等速円運動**をする．例えば軌道上の点Oと点Pで，速度も力も方向は変るが，力の大きさは常に一定で向きは運動方向に垂直である．この運動を立体的に示したのが図10.3である．

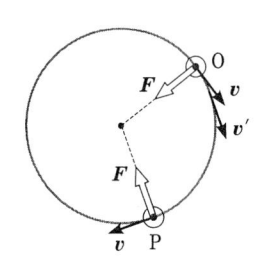

図10.2

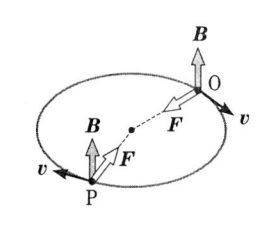

図10.3

等速円運動の周波数

質量 m，電荷 q の粒子が一定速度 v で円運動をするときの半径を r とすると，この粒子にはたらく遠心力の大きさは mv^2/r である．これが (8.2) のローレンツ力 $|q|vB$ とつり合っているという条件から，等速円運動の半径は

$$r = \frac{mv}{|q|B} \tag{10.1}$$

となる．電荷に絶対値記号をつけたのは，負電荷の場合も半径が正になるようにするためである．

等速円運動の角速度 ω は $v = r\omega$ の関係があるから，(10.1) を用いると

$$\omega = \frac{v}{r} = \frac{|q|B}{m} \tag{10.2}$$

という，角速度と磁束密度の関係を得る．円軌道を1周すると角度は 2π だから，これを角速度で割ったものが1周に要する時間，つまり**等速円運動の周期** T である．

$$T = \frac{2\pi}{\omega} \tag{10.3}$$

(10.2) を使うと

$$T = \frac{2\pi r}{v} = \frac{2\pi m}{|q|B} \tag{10.4}$$

となるから，磁場中で荷電粒子の円運動の周期は磁束密度に反比例する．

周期 T は，単位時間当りの回転数 f の逆数でもある（$T = 1/f$）．回転数 f を**周波数**ともいう．(10.3) から周波数は

$$f = \frac{\omega}{2\pi} \tag{10.5}$$

となる．なお，**周波数の単位はヘルツ**（Hz）である．

角速度 ω と周期 T は磁束密度と粒子の質量によって決まるが，速度 v や円軌道の半径 r には無関係である．この事実を利用して，加速器の一つであるサイクロトロンでは，周期 $T = 2\pi m/|q|B$ の交流電場によって原子核を加速する．

磁場と同時に電場も存在するときには，速度 v で運動する荷電粒子にはたらく全体の力は，(2.2) と (8.4) の和

$$\boldsymbol{F} = q(\boldsymbol{E} + \boldsymbol{v} \times \boldsymbol{B}) \tag{10.6}$$

である．

　ローレンツ力は，B の方向の成分がゼロである．したがって，電場と磁束密度がともに一様な場の中での荷電粒子の運動は，電場方向の等速直線運動と，磁束密度に垂直な面内での等速円運動を重ね合わせた，**らせん運動**になる（図10.4に，$q > 0$ の場合を示した．$q < 0$ のときは，らせんが逆回りになる）．

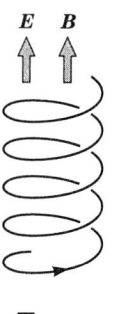

図10.4

― 例題 10.1 ―

　電子レンジでは $f = 2450\,\mathrm{MHz}$ の電磁波を利用している．電子がこの周波数で円運動をするためには，どれだけの強さの磁束密度が必要か．

［解］ (10.2) から
$$B = \frac{m\omega}{|q|} = \frac{9.1 \times 10^{-31} \times 2\pi \times 2450 \times 10^{6}}{1.6 \times 10^{-19}} = 8.8 \times 10^{-2}\,\mathrm{T} \qquad ¶$$

10.2　電流にはたらく磁気力

　導体内を運動する荷電粒子には，磁束密度 B の下で (8.2) の磁気力がはたらく．したがって，磁場中に置かれた電流が流れている導体には，電流を担っている各荷電粒子が磁束密度から受ける力の総和がはたらくことになる．このような，「電流が流れている導体にはたらく磁気力」のことを，以下では単に「**電流にはたらく磁気力**」とよぶことにする．この力を計算するには，1個の荷電粒子にはたらく力 (8.2) から出発する．

直線状の導体にはたらく力

　まず直線状の導体を考え，その長さを L，断面積を S とする（図10.5）．電流 I は，矢印の向きに左から右へ流れるとする．導線が一様な磁束密度 B 内にあり，磁束密度は紙面を手前から垂直に裏側へ抜ける向き（図の $\otimes$）

とする．電荷の符号が正のとき，電荷のドリフト速度 v_d は電流と同じ向きで，磁束密度に垂直である．したがって，1個の荷電粒子にはたらく力 F は，図に示すように上向きで，大きさは $qv_d B$ である．

長さ L，断面積 S の導体内を動く全電荷にはたらく力は，電荷密度を n とすると，1個にはたらく力に，この領域に含まれる荷電粒子の数を掛けて

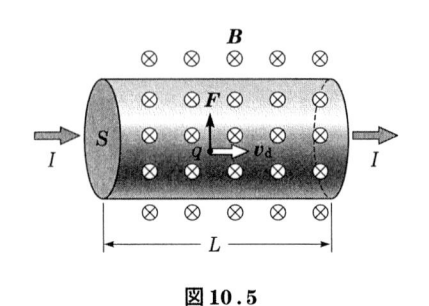

$$F = (nSL)(qv_d B) \tag{10.7}$$

となる．(6.4) でみたように，電流密度 J が nqv_d で，電流密度に面積を掛けた JS が電流 I だから，この導体が受ける力は

$$F = ILB \tag{10.8}$$

と表せる．

図 10.5

磁束密度 B が導体に垂直ではなく，その角度が θ のときは，8.2節の単一の電荷の場合と同じように，ローレンツ力にベクトル積 (8.4) を使う．長さ L の導体をその向きも含めて表すために，一種のベクトルと考える．すなわち，大きさが L で，I と同じ向きのベクトル L を用いる（図 10.6）．このとき導体が受ける力は

$$\boxed{F = I L \times B} \tag{10.9}$$

図 10.6

と表すことができる．v と B のなす角度 θ は，v から B への向きを正符号に選んで測る．図 10.5 と図 10.6 は，ともに右手系（$q > 0$ の場合）である．

例題 10.2

一様な磁束密度の中に置かれた導線に，x 軸の負の方向から正の方向に 40 A の電流が流れている．B は xy 平面上にあり，x 軸から $\pi/6$ の向きで，1.5 T の大きさである．導線の 1 m の部分にはたらく力の大きさと向きを求めよ．

[解] (10.9) から
$$F = ILB\sin\theta = 40 \times 1 \times 1.5 \times \frac{1}{2} = 30\,\text{N}$$

向きは右手系により，L から B に右ねじを回したときに，ねじが進む向きだから，z 軸の正方向である．

同じことをベクトル表示で計算すると
$$L = Le_x, \quad B = 1.5\left(\cos\frac{\pi}{6}e_x + \sin\frac{\pi}{6}e_y\right)$$

だから，(10.9) を使って
$$\begin{aligned}
F &= IL \times B \\
&= 40 \times 1 \times e_x \times 1.5\left(\frac{\sqrt{3}}{2}e_x + \frac{1}{2}e_y\right) \\
&= 30(\sqrt{3}\,e_x \times e_x + e_x \times e_y)
\end{aligned}$$

ここで基本ベクトルのベクトル積の関係 (0.45)，(0.46) を使うと $F = 30e_z$，つまり $+z$ 方向に 30 N の力である． ¶

直線でない導体にはたらく力

導体が直線でない場合には，それを微小な部分 ds に分けて，それぞれは直線であると見なす．各微小部分にはたらく力 dF は (10.9) から
$$dF = I\,ds \times B \tag{10.10}$$

となる．これの導体全体に沿っての線積分が，電流が流れている曲線状の導体にはたらく磁気力を与える．

10.3 平行電流間にはたらく力

電流が流れる2つの導体の間には，磁気的な力がはたらく．間隔が d で平行な位置にある導体1, 2を考え，それぞれに電流 I_1 と I_2 が流れているとする（図10.7）．9.1節で述べたように，導体1に流れる電流が周りに磁束密度を作る．この磁束密度は導体2を流れる電流にローレンツ力をはたらかせる．逆に，導体2の電流もそれが作る磁束密度中にある導体1の電流に対して，ローレンツ力をおよぼす．このようにして，2つの導体が相互に力をおよぼし合う．2つの導体の間にはたらく力は，電流の向きが同じ場合には引力で（図10.7(a)），電流の向きが逆の場合には斥力となる（図10.7(b)）．このときの力の大きさと向きを以下で導く．

最初に，I_1 と I_2 が同じ向きの場合を考える（図10.8）．電流 I_2 が流れて

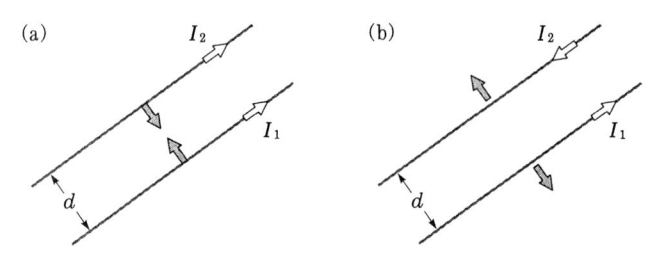

図 10.7

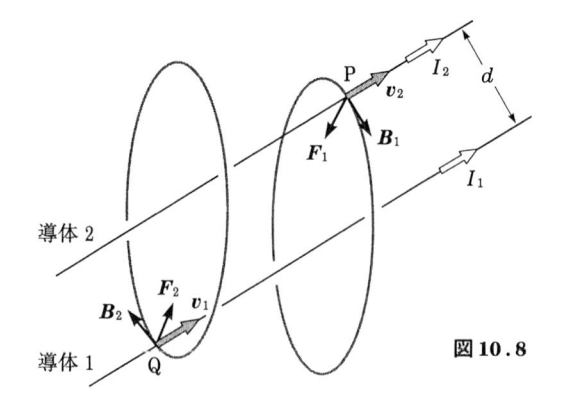

図 10.8

いる点 P に I_1 が作る磁束密度 $\boldsymbol{B}_1$ の大きさは，(9.4) でみたように

$$B_1 = \frac{\mu_0 I_1}{2\pi d} \tag{10.11}$$

で，その向きは I_1 を右ねじとしたときに，右ねじが回る向きである．$\boldsymbol{B}_1$ の大きさは，I_2 が流れている導体内のどの点でも同じである．その理由は，I_1 が無限に長いと考えているために，導体 1 全体の電流が作る磁束密度はどの点でも同じになるからである．

導体 2 の長さ L の部分に磁束密度 (10.11) が作る力 $\boldsymbol{F}_1$ の大きさは，(10.8) を使って

$$F_1 = I_2 L B_1 = \frac{\mu_0 I_1 I_2 L}{2\pi d} \tag{10.12}$$

となる．この力の向きは I_2 から $\boldsymbol{B}_1$ の方へ右ねじを回したときに右ねじが進む向きだから，導体 2 は導体 1 の方へ $\boldsymbol{F}_1$ の力を受ける（図 10.8）．

次に，電流 I_2 が I_1 の点 Q に作る磁束密度 $\boldsymbol{B}_2$ の大きさを考えると

$$B_2 = \frac{\mu_0 I_2}{2\pi d}$$

で，その向きは図 10.8 に示した通りである．この磁束密度によって，導体 1 の長さ L の部分には

$$F_2 = I_1 L B_2 = \frac{\mu_0 I_1 I_2 L}{2\pi d}$$

という，$\boldsymbol{F}_1$ と同じ大きさの力が生じる．力の向きは，導体 1 から導体 2 に向かう．このように，平行で同じ向きの電流が流れる導体間には引力がはたらく（図 10.7(a)）．

同様にして，平行で逆向きに電流が流れる導体間には，互いに斥力がはたらくことがいえる．これを確かめることを演習問題 [3] とする．

―― 例題 10.3 ――

100 A の直線電流を流しているとき，そこからどれだけの距離のところで，電流が作る磁気的な場と地磁気が等しくなるか．ただし，地磁気

の大きさを 5.0×10^{-5} T とする．また，電流が作る磁場を用いて実験をするとき，この値はどういう意味をもつか．

[解] (9.4) から
$$r = \frac{\mu_0 I}{2\pi B} = \frac{4\pi \times 10^{-7} \times 100}{2\pi \times 0.5 \times 10^{-4}} = 40 \text{ cm}$$
のところで，100 A の電流が作る磁束密度と，地磁気によるものが等しい．$r = 40$ cm 以上離れた所では，地磁気が電流の作る磁気的な場より大きいので，単純に電流で作った磁気的な場のもとで実験をしていることにはならない．導線からの距離が 4 cm 程度の範囲での実験ならば，地磁気の効果は 1/10 だから，ある程度は無視してよい． ¶

電流が流れている平行な導体間の引力（または斥力）は，A（アンペア）という電流の単位を決めるのにも使われる．つまり，(10.12) により 1 A とは，同じ電流が流れる無限に長い平行導体が 1 m 離れているとき，導体 1 m 当りに互いに 2×10^{-7} N の力を生じる電流である，と定義するのである．

10.4 ループ電流にはたらく力

磁束密度の中において，長方形のループに流れる電流にはたらく力は，平行電流間にはたらく力を組合せて考えることができる．この力はループを回転させる．このモーターの原理を理解するために，次の例題を考える．

── 例題 10.4 ──

図 10.9(a) に示す 2 辺の長さが a と b の長方形 PQRS の回路に，電流 I が矢印の向きに流れている．この回路を一様な磁束密度の中に置いたとき，回路にはたらく力を計算せよ．ただし，磁束密度と長方形が作る面の法線方向の角度を θ とする．

10.4 ループ電流にはたらく力

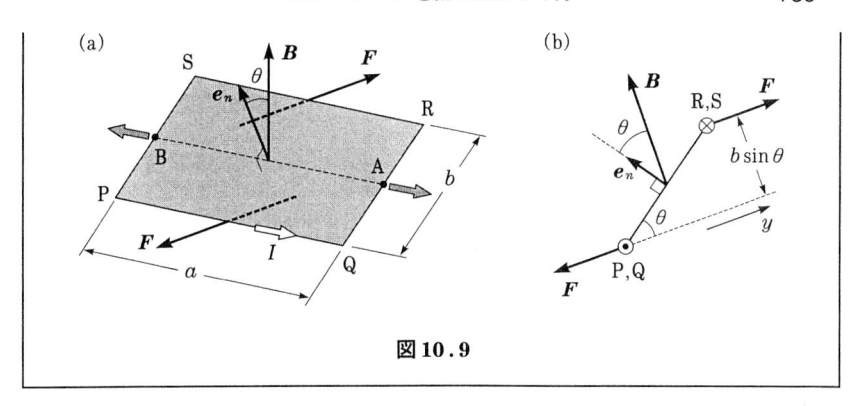

図 10.9

[解] 磁束密度の中を流れる電流にはローレンツ力がはたらく. 辺 QR と辺 SP とでははたらく力の大きさは等しいが, 電流の向きが逆だから力の向きも逆になる. このとき, 力が作用する点を通り, 力の方向の線(これを**作用線**という)は, 点 A と点 B を結ぶ点線で示すように共通だから, 2 つの力は打ち消し合う. 同様に, 辺 PQ と辺 RS にはたらく力も大きさは等しく向きは逆であるが, この場合は 2 つの力の作用線がずれているので, 回路には AB を軸にしてその周りに**偶力**がはたらく. (長方形の回路を, 辺 QR 側の真横から見た様子を図 10.9(b) に示す.)

辺 PQ と RS で電流と磁場は互いに垂直だから, はたらく力 F の大きさは,
$$F = IaB \tag{10.13}$$
で, 辺 PQ での向きは $-y$, RS での向きは y の方向である. 力の作用線(図の鎖線)がずれていて, その距離が $b\sin\theta$ だから, **偶力のモーメント** N の大きさは
$$N = Fb\sin\theta = IBab\sin\theta = IBS\sin\theta \tag{10.14}$$
となる ($ab = S$ は回路の面積). ¶

8.1 節では磁荷の考えを用いて磁気モーメントを導入したが, ここでコイルの**電流が作る磁気モーメント** μ を以下のように定義する. μ の大きさはループの面積 S と, ループを流れる電流 I の積

$$\mu = IS \tag{10.15}$$

で, 向きは右手の法則でループの面に垂直に決める(図 10.10). これを用いると, (10.14) は

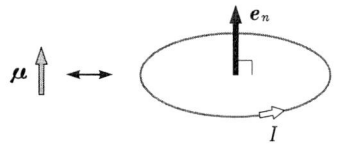

図 10.10

$$N = \mu B \sin\theta \tag{10.16}$$

と書ける．これより，磁束密度中の磁気モーメントに対する偶力のモーメントのベクトル表示は

$$N = \boldsymbol{\mu} \times \boldsymbol{B} \tag{10.17}$$

である．これは電場中の電気双極子 p にはたらく偶力のモーメントを与える式 (2.9)

$$N = \boldsymbol{p} \times \boldsymbol{E}$$

に対応する関係である．

磁気双極子のポテンシャルエネルギーも，電気双極子の場合の (2.11) から類推できて

$$U = -\boldsymbol{\mu}\cdot\boldsymbol{B} = -\mu B\cos\theta \tag{10.18}$$

で与えられる．

円形の場合だけでなく，どんな形のループであっても，磁気モーメントは $\boldsymbol{\mu} = I\boldsymbol{S}$ で与えられる（面積ベクトル $\boldsymbol{S}$ の説明は，0.3 節参照）．

── 例題 10.5 ──

y 方向に一様な磁束密度 B_y が存在する中に置いた薄板に，電流 J_x を x 方向に流す（図 10.11）．キャリヤー（電流を担う荷電粒子）の電荷 q の符号が正のとき，薄板内に $-z$ 方向に電場 E_z が生じ，それは $E_z = -J_x B_y/nq$ であることを示せ．ただし，キャリヤーの密度を n，ドリフト速度を v_d とする．この現象は**ホール効果**とよばれ，半導体中のキャリヤー密度とその電荷の符号を決めるのに用いられる．

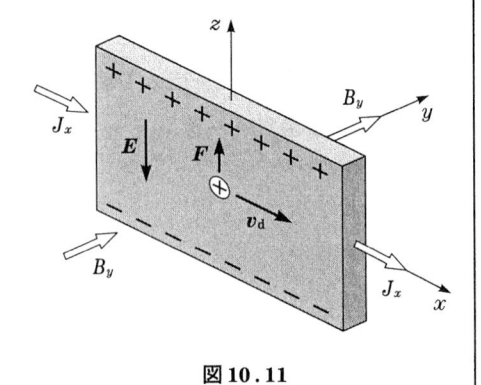

図 10.11

[解] 正電荷について，v_d の向きは電流と同じ $+x$ 方向である．ローレンツ力が $+z$ 方向にはたらくので，正の荷電粒子が板の上端に溜まる（このとき下端に負の電荷が移る）．その結果，z から $-z$ の向きに電場 $\boldsymbol{E}$ を生じる．もしもこの電場が実際に現れるならば，それによる電流が流れることになる．しかし，実際には孤立していて閉回路になっていない薄板では，電流が流れない．そうなるためには，溜まった電荷によって生じる電場 $\boldsymbol{E}$ を打ち消すような，逆向き（$-z$ から z の向き）の静電場 E_z が生じる必要がある．

ローレンツ力 qv_dB_y と静電場による力 qE_z の和がゼロになるという条件 $qE_z + qv_dB_y = 0$ から

$$E_z = -v_dB_y \tag{1}$$

一方で，電流密度は

$$J_x = nqv_d \tag{2}$$

であるから，(1)と(2)から v_d を消去すると

$$E_z = -\frac{J_xB_y}{nq} \tag{3}$$

となって題意が示せた． ¶

演習問題

［1］ 図 10.2 の点 O で逆向きの速度をもつ粒子の描く軌道を示せ．

［2］ 一様ではなく，緩やかに変化している磁束密度中での荷電粒子の運動はどうなるか．

［3］ 平行で逆向きに流れる電流間には斥力がはたらくことを確かめよ．

［4］ 図 10.11 の形で，y 方向の厚さ 3 mm，z 方向の幅 2 cm の銅板に，一様な 0.4 T の磁束密度が y 方向にかかっている．x 方向に流れる電流が 90 A のとき，z 方向の板の底が 1.2 μV だけ高電位になっているとして，キャリヤーの密度を求めよ．

CHAPTER. 11

アンペールの法則

　ある回路に沿った磁束密度の線積分と回路を貫く電流の関係を与えるのがアンペールの法則である．コンデンサーの充電現象にアンペールの法則を応用することにより，変位電流が導入される．アンペールの法則に対応する電気の法則が，CHAPTER. 12 で説明するファラデーの法則である．また，磁場中に置かれた物質の磁石としての性質を磁性といい，それを表す透磁率によって磁性体が分類される．

11.1　アンペールの法則

磁束密度はガウスの法則からは決まらない

　電荷分布がある対称性をもっているときには，ガウスの法則を使って電荷が作る電場を容易に知ることができた（2.5 節，例題 2.6）．磁気に関する問題でも，その源である電流分布の対称性が非常によいと，電流が作る磁束密度を容易に求める法則がある．しかしそれは，ガウスの法則ではない．

　2.5 節で述べた電場のガウスの法則（2.22）の意味は

　　　　『閉曲面を貫く全電束は，その閉曲面に囲まれた領域内にある全電荷量を真空の誘電率で割ったものである』

ということであった．つまり，ある領域の境界面での電場の強さは，その源となる電荷が閉曲面内部にどれだけあるかで決まる．

11.1 アンペールの法則

これに対して，磁束密度のガウスの法則（8.9）は

『閉曲面を貫く全磁束は常にゼロである』

というものであった．つまり磁束の量は，磁束密度の源になっている電流分布に関係なく，ゼロである．したがって，電流を閉曲面で積分して磁束密度に関するガウスの法則を使っても，磁束密度を決めることはできないのである．磁束密度を決めるときに使われるのは，次に述べるアンペールの法則である．

アンペールの法則の例

アンペールの法則は，磁束密度 B を閉曲線に沿って線積分した $\oint B \cdot ds$ に関するものである．アンペールの法則の具体的な形は，後に（11.1）で与える．

まずアンペールの法則を，直線電流を囲む2つの道筋の場合に説明する．

（1） 直線電流の周りの円

直線導体を流れる定常電流 I が，そこから距離 r の点に生じる磁束密度 B の大きさは式（9.4）で

$$B = \frac{\mu_0 I}{2\pi r}$$

と与えられた．この電流を中心軸とする半径 r の円を1周する道筋を考えると，（9.4）から，磁束密度 B と道筋の長さ $2\pi r$ との積が真空の透磁率と電流の積 $\mu_0 I$ に等しいことになる．つまり半径が違う回路でも，B と道筋の長さの積は一定である．

いま述べたことを，円に沿った磁束密度の線積分によって表すことにする（図11.1）．直線電流 I が流れるとき，そこから距離 r の点での磁力線は半径 r の円である．B の向きは円周上の各点で接線方向（ds に平行）である．

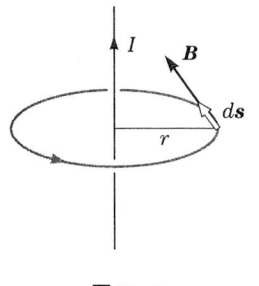

図11.1

図 11.1 で $d\boldsymbol{s}$ は軌道上の点での無限小ベクトル，$\boldsymbol{B}$ はそれに平行なベクトルである（図で $d\boldsymbol{s}$ は $\boldsymbol{B}$ に重なっている）．よって，$\boldsymbol{B}\cdot d\boldsymbol{s} = B\,ds$ が成り立つから

$$\oint \boldsymbol{B}\cdot d\boldsymbol{s} = \oint B\,ds$$

である．この積分はベクトルの線積分（0.56）である．r が一定の円周上では（9.4）から B を積分記号の外に出せて，上式は

$$\oint B\,ds = B\oint ds = \frac{\mu_0 I}{2\pi r} 2\pi r = \mu_0 I$$

となる．すなわち，

$$\oint \boldsymbol{B}\cdot d\boldsymbol{s} = \mu_0 I \tag{11.1}$$

が示された．これは

『円の中心を貫いて電流が流れているとき，その円に沿った磁束密度の1周積分は，その電流と真空の透磁率 μ_0 の積である』

ことを示している．これが直線電流の周りの円に関する**アンペールの法則**である．なお，ここでの円は，(11.1) を容易に導くために使う道筋であり，その上を運動しているものがあるわけではない．

例題 11.1

半径 R の円柱導体に電流 I が流れている．電流密度は導体内で一様とする．円柱の中心軸からの距離 r の関数として，磁束密度を求めよ．

[解] この例題では，円柱を中心軸の周りに回したとき系の状態は不変で，軸対称性がある．それを利用するために，アンペールの法則を適用する積分路として，円柱軸を中心とする軸に垂直な面内の円を選ぶ（図 11.2(a)）．生じる磁束密度 $\boldsymbol{B}$ は，円の接線方向で電流の方向に右ねじを回す向きである（電流を円柱内の上方に流すとき，$\boldsymbol{B}$ の向きは円柱を上から見たときに反時計回りである）．

円の半径 r が R より大きいとき（$r>R$）と小さいとき（$r<R$）に分けて考える．

$r>R$ のとき，(11.1) の左辺は

11.1 アンペールの法則

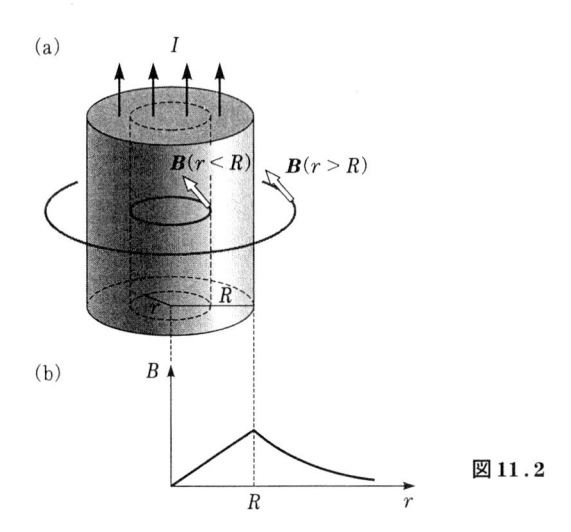

図11.2

(a) 円柱導体を流れる電流 I と、$r<R$ および $r>R$ での磁束密度 B
(b) B の r 依存性

$$\oint \boldsymbol{B}\cdot d\boldsymbol{s} = \oint B\,ds = 2\pi rB$$

円を貫く電流は円柱導体を流れる全電流 I だから，(11.1)の右辺は $\mu_0 I$ となるので

$$B = \frac{\mu_0 I}{2\pi r} \qquad (r>R) \tag{1}$$

である．

$r<R$ の場合は，円を貫く電流を i とすると，$i:I = \pi r^2 : \pi R^2$ の関係が成り立つので，$i = I(r/R)^2$ となる．それ以外は $r>R$ のときと同じだから，アンペールの法則は

$$2\pi rB = \mu_0 I\left(\frac{r}{R}\right)^2$$

となり，

$$B = \frac{\mu_0 I r}{2\pi R^2} \qquad (r<R) \tag{2}$$

を得る．このように，軸対称な電流分布をもつ問題で得られた磁束密度も，やはり軸対称性をもち，r だけの関数である．得られた結果(1)，(2)をまとめて図11.2(b)に示す． ¶

（2） 直線電流の周りの任意な道筋

電流が流れる導体を囲んでいる道筋が，円でなくて任意な形の場合のアンペールの法則も，円の場合と同じ結果の (11.1) となることがいえる．図 11.3 は，直線電流を真上から見た図である．電流が流れる導線の位置をOとし，電流の向きは紙面の裏側から手前に向かっている．

いま，軌道上の点 P を考える．$d\bm{s}$ は点 P での軌道の接線方向のベクトルであり，磁束密度 $\bm{B}$ は OP に垂直なベクトルだから，円軌道の場合と違って，$d\bm{s}$ と $\bm{B}$ は平行ではない．$d\bm{s}$ と $\bm{B}$ のなす角度を θ とすると $\bm{B}\cdot d\bm{s} = B\,ds\cos\theta$．Oからベクトル $d\bm{s}$ の両端に至る直線がなす角度（視角という）を $d\phi$，OからPまでの距離を r とすると，極座標の公式から $ds\cos\theta = r\,d\phi$ だから

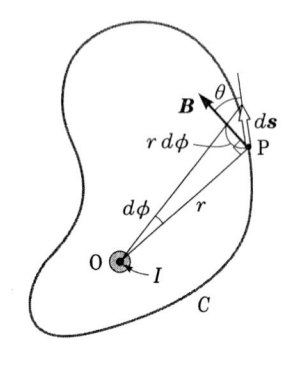

$$\oint \bm{B}\cdot d\bm{s} = \oint \frac{\mu_0 I}{2\pi r} r\,d\phi = \frac{\mu_0 I}{2\pi}\oint d\phi$$

最後の角度についての積分は 2π だから

$$\oint \bm{B}\cdot d\bm{s} = \mu_0 I$$

となる．

こうしてアンペールの法則 (11.1) は，任意な形の軌道内を貫く直線電流の場合にも成り立つことがいえた．電流の符号は，軌道 C の向きに右ねじを回したときに，電流の流れる方向がねじの進む方向と同じ場合に正とする．図 11.3 でいえば，軌道の反時計回りを C の向きとしているから，右ねじは紙面の裏側から手前に進む．その向きの電流の符号が正である．この結果は，導線がループの中でどこにあるかやループの形には関係がない．

これまで直線電流を囲むループの場合を考えたが，アンペールの法則は直

線状の電流に限らず，どのような形の定常電流についても成り立つことが証明できる．さらに，導線がループの外にある場合は，閉回路を貫く電流がゼロだから

$$\oint \boldsymbol{B} \cdot d\boldsymbol{s} = 0 \tag{11.2}$$

となる．この場合もアンペールの法則 (11.1) で右辺が $I=0$ として成り立っている．これについては，章末の演習問題 [1] とする．

ソレノイドの磁束密度

9.3 節で，電流 I が流れる無限に長いソレノイドで，中心軸上の磁束密度が (9.13) で与えられることを示した．アンペールの法則を使うと，ソレノイドの内と外での磁束密度の大きさを求めることができ，その結果は

$$\left.\begin{array}{ll} B = \mu_0 nI & （ソレノイド内部） \\ = 0 & （ソレノイド外部） \end{array}\right\} \tag{11.3}$$

となる．この証明を次の例題とする（ソレノイドの中心軸上での結果は，すでに例題 9.4 で導いているが，ここでは内部全域と外部の任意の場所での結果をまとめて証明する）．

例題 11.2

単位長さ当りの巻き数が n の無限に長いソレノイドの導線を流れる電流 I が作る磁束密度は，ソレノイド内部のすべての点で中心軸上と同じ $\mu_0 nI$ であること，またソレノイド外部ではゼロであることを示せ．

[解] ソレノイドの一部分を側面から見た断面を図 11.4(a) に示す．ソレノイド上端のコイルでは電流が紙面の裏側から手前に，下端のコイルでは逆に手前から紙面の裏側へ流れている．ソレノイド内の任意の点 P を選び，それから等距離の位置にあるコイルの円電流の対（細長い長方形 a と b で囲んだ）が，点 P に作る磁束密度を考える．磁束密度の中心軸に垂直な成分は，a 内の円電流と b 内の円電流の寄与が同じ大きさで逆符号だから，和はゼロとなる．この結果をすべての円電流対に適用すると，ソレノイドを流れる電流が作る磁束密度は軸に平行で右向きとなる．

次に図 11.4(b) のように，一辺 PQ がソレノイドの中心軸上にある長方形

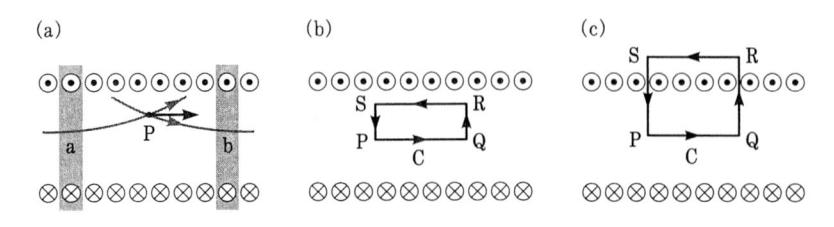

図 11.4

PQRS にアンペールの法則を適用する．ソレノイド内部の磁束密度を B_s とすると，長方形を1周したときの積分は

$$\int_P^Q B_s\,ds + \int_Q^R B_s\,ds + \int_R^S B_s\,ds + \int_S^P B_s\,ds$$

である．QR と SP では $B_s = 0$（磁束密度の向きが軸に平行）である．これから求める SR 上での磁束密度を右向きに測って B' として，中心軸上では (9.13) により $B_s = \mu_0 n I$ を使うと

$$\oint B_s\,ds = \mu_0 n I \cdot \overline{PQ} - B' \cdot \overline{RS}$$

と書ける．いま，長方形を貫く電流 I はゼロだから，アンペールの法則の右辺はゼロ，これから $\overline{PQ} = \overline{RS}$ を使って

$$B' = \mu_0 n I$$

がいえる．PQ に平行な SR はどこに選んでもよいから，ソレノイド内のすべての点で磁束密度は中心軸上と同じ右向きに $\mu_0 n I$ である．

次に図 11.4(c) のように，ソレノイドの外に一辺 RS がある長方形 PQRS を考える（PQ はソレノイド内であればどこでもよい）．単位長さ当りのコイルの本数が n で，長さが PQ だから，この長方形を貫く電流は $nI \cdot \overline{PQ}$ であり，アンペールの法則は

$$\oint B_s\,ds = \mu_0 n I \cdot \overline{PQ} - B' \cdot \overline{RS} = \mu_0 n I \cdot \overline{PQ}$$

と書けるから

$$B' = 0$$

となる．すなわち，ソレノイドの外部ではどこでも磁束密度はゼロである． ¶

11.2 変位電流

アンペールの法則の充電現象への応用

7.3節で，コンデンサーを充電するときに回路に流れる電流の時間変化を述べた．そのときコンデンサーの極板間に起こっている現象を，ここでアンペールの法則を使って考えてみる．そうすることにより，変位電流の概念を理解できる．以下でも，各時刻で変化する電流，電圧を表すのに i, v のように小文字を使う．

コンデンサーを充電するには，バッテリーからの電流 i_C を導線を通じてコンデンサーの片方の極板に流入させ，他方の極板から流出させる（図 11.5）．i_C は，これまで単に i と表していた電流を，以下で導入する変位（displacement）電流 i_D と区別するために，ここでは**伝導**（conduction）**電流**とよび，添字 C を付ける．

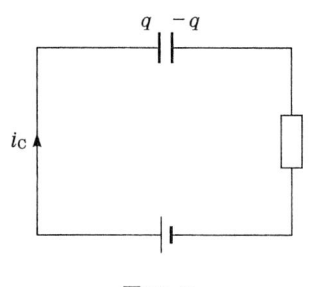

図 11.5

伝導電流 i_C が流れると，極板に電荷が蓄えられる．図 11.6(a) に示すように，正極板の左に，i_C に垂直な円形の経路 C_1 を考える．これを貫く電流は i_C だから，C_1 にアンペールの法則を適用すると $\oint \boldsymbol{B} \cdot d\boldsymbol{s} = \mu_0 i_C$ である．

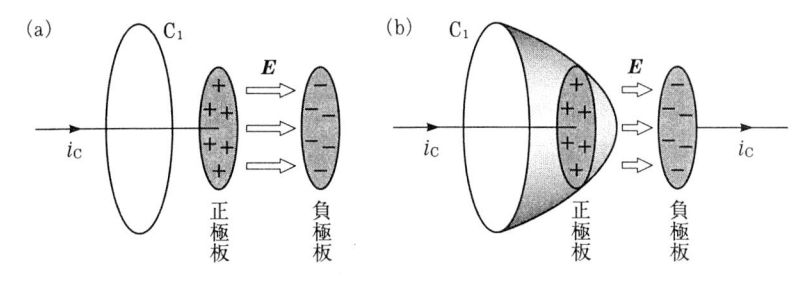

図 11.6

もう一つの考え方として，正の極板に内接し右側に突き出た放物面を考え，極板の左側にある縁を C_1 にとる（図 11.6(b)）．このとき，

『放物面の尖端部分が 2 つの極板間にあり，i_C は正極板までしかきていないから，放物面から右方向に流出する i_C はゼロ』

である．つまり，放物面と負の極板の間では i_C が流れていないから，アンペールの法則から $\oint \boldsymbol{B}\cdot d\boldsymbol{s} = 0$ となる．このとき放物面の境界線となっているのは前の場合と同じ円 C_1 であるから，共通の C_1 に対する線積分が，考え方によって，$\mu_0 i_C$ とゼロという矛盾する結果となってしまう．これを解決するために，マクスウェルは次に述べる変位電流という概念を導入した．

マクスウェル–アンペールの法則

コンデンサーが充電されるにつれて，図 11.6(b) の突き出ている放物面から右向きの電場 E が増加する．そのとき電束 Φ_E も増加する．ある時刻の電荷 q は，その時刻の電位差 v とコンデンサーの電気容量 C の積で与えられ，$q = Cv$ である（(4.2)）．極板の面積を S，極板間の距離を d とすると，(4.4) から $C = \varepsilon_0 S/d$ であり，また極板間の電場の大きさを E とすると，$v = Ed$ である（(3.21)）．以上の関係を使うと

$$q = Cv = \frac{\varepsilon_0 S}{d} Ed = \varepsilon_0 ES = \varepsilon_0 \Phi_E \tag{11.4}$$

となる．i_C は，コンデンサーが充電されるときの電荷の時間変化だから (11.4) を使うと

$$i_C = \frac{dq}{dt} = \varepsilon_0 \frac{d\Phi_E}{dt} \tag{11.5}$$

である．マクスウェルは

『極板間の電束の時間変化率を仮想的な電流と考えて』

$$i_D = \varepsilon_0 \frac{d\Phi_E}{dt} \tag{11.6}$$

で，**変位電流** i_D を定義した．つまり，正極板の左側では導線を流れる i_C が

11.2 変位電流

存在し，右側では電束の時間変化で定義した i_D が存在している．こう考えると，コンデンサーがあるときの閉回路の全部分で，電流という名の量が，一定の値をもって存在すると考えられ，極板間で生じた矛盾も解決できた．このときアンペールの法則は

$$\oint \boldsymbol{B} \cdot d\boldsymbol{s} = \mu_0(i_C + i_D) \tag{11.7}$$

となる．(11.7)はアンペールの法則(11.1)をコンデンサーがある場合に拡張したもので，**マクスウェル-アンペールの法則**という．

変位電流の物理的意味

上で述べたように，変位電流を導入することによって，コンデンサーを含む回路のどの部分でも，電流とよばれる量が回路の途中で消えることもなく，一定の値をもつことになった．変位電流には，こういうつじつま合わせの役割以外に，何か物理的な意味があるのだろうか？

次の例で考えてみよう．半径 R の円形コンデンサー極板を考え，極板間で中心軸から $r(r<R)$ の点で磁束密度を考える（図 11.7）．この点を通る半径 r の円にマクスウェル-アンペールの法

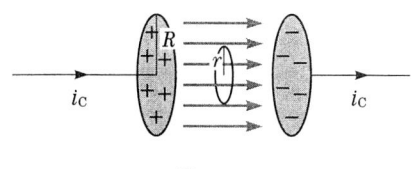

図 11.7

則を適用する．この円を通り抜ける変位電流は $i_D r^2/R^2$ である．アンペールの法則の左辺の積分は $2\pi r B$，また極板の左右での電流の連続性から $i_D = i_C$ だから $2\pi r B = \mu_0 (r^2/R^2) i_C$ が得られ，

$$B = \frac{\mu_0}{2\pi} \frac{r}{R^2} i_C \tag{11.8}$$

となる．つまり r を 0 から R まで変えたとき，B は 0 から $\mu_0 i_C/2\pi R$ まで増加する．

これまでに述べたことは理論的に得られた結論であるが，実際にその点で

磁束密度を測定してみると，(11.8) で与えられる値の磁束密度が存在する．さらに $r > R$ の場合には，$B = \mu_0 i c/2\pi r$ の値が測定される．これらは例題 11.1 で円柱導体の場合に得た結果である．

　結局，変位電流というものを考えれば，あたかもコンデンサーの極板間にも導線がつながっているかのように考えてよいことになる．また，伝導電流が磁束密度を作るように，変位電流も極板間に磁束密度を作っているということができる．このことは見方を変えると，電束の時間変化が磁気的な場を生じていることであり，CHAPTER. 12 で述べる電磁誘導で電場と磁場を入れ替えた現象になっている．

11.3　磁 性 体

物質の透磁率

　電場の中に置かれたときの物質の性質に誘電性があることを CHAPTER. 5 で学んだ．これに対し，磁気的な場に置かれたときの物性が**磁性**である．誘電性を表す誘電率に対応して，磁性を表す量が**透磁率**である．例えば，直線電流 I が導線からの距離 r の点に作る磁束密度は (9.4) より

$$B = \frac{\mu_0 I}{2\pi r}$$

であるが，これに定数 μ_r を掛けた

$$B = \frac{\mu_\mathrm{r} \mu_0 I}{2\pi r} \tag{11.9}$$

が，物質中で直線電流が作る磁束密度を与える．μ_r は物質によって決まる定数で，**比透磁率**とよばれる．$\mu = \mu_\mathrm{r} \mu_0$ がその**物質の透磁率**である．また，巻き数 n のソレノイド内部の磁束密度は真空中で (9.13) より

$$B = \mu_0 n I$$

だが，物質中では次のようになる．
$$B = \mu_r \mu_0 n I \tag{11.10}$$

物質は $\mu_r > 1$ の**常磁性体**と $\mu_r < 1$ の**反磁性体**に分けられる．この他に，外からの磁場がなくても磁石になる物質として，**強磁性体**がある．強磁性体の比透磁率はおよそ 1000 と非常に大きい．

磁束密度 B と磁場の強さ H の関係は，真空中で (9.16) より
$$H = \frac{1}{\mu_0} B$$
であるが，物質中では
$$H = \frac{1}{\mu_r \mu_0} B \tag{11.11}$$
となるから
$$B = \mu_r \mu_0 H \tag{11.12}$$
の関係がある．磁性体内での磁束密度は，外から加えた磁場の強さ H による磁束密度 $\mu_0 H$ と磁性体の**磁化** M の和で与えられる．
$$B = \mu_0 H + M \tag{11.13}$$
ここで
$$M = \chi_r \mu_0 H \tag{11.14}$$
とおいて，**物質の磁化率** χ_r を定義すると
$$B = (1 + \chi_r) \mu_0 H \tag{11.15}$$
と書ける．常磁性体では $\chi_r > 0$，反磁性体では $\chi_r < 0$ である．これは，その物質が外からの磁場の強さ H と同じ向きに磁化するか，逆向きに磁化するかの違いである．

物質の磁化 M は，物質がもつ単位体積当りの磁気モーメントである．この磁気モーメントは，物質を構成する分子内の電子の軌道運動によるものと，自転運動に相当するスピンによるものがある．

強磁性体

　鉄のように永久磁石となる物質は，強磁性体とよばれる．強磁性体では，各原子が磁気モーメントをもっている．そのとき，物質が**磁区**とよばれる小領域に分かれており，その中では磁気モーメントが1方向にそろっていて，それぞれが磁石になっている．しかし，磁区ごとの磁気モーメントの向きがランダムなため，結晶全体で見ると磁性を示さない．そこで外から H を加えると，その向きの磁気モーメントをもつ磁区が増えて，強磁性体の磁化が大きくなる（図11.8の点線OA）．H を十分大きくして結晶全体が外から加えた H の向きに磁化すると，それ以上は磁化 M は増えない（点A）．これを**飽和磁化**という．

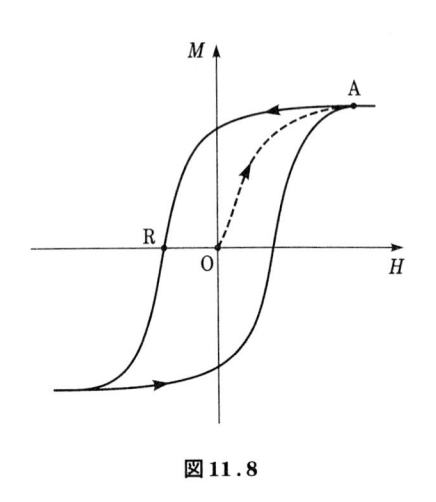

　次に H を小さくしていくと，M は図の実線に沿って減少するが，$H = 0$ となっても M はゼロとならずに残っている．これを**残留磁化**という．M をゼロにするには逆向きの H_c（点R）が必要である．この磁場の強さを**保磁力**という．残留磁化と保磁力が大きい物質が，磁石として使えるものである．

図11.8

演習問題

　[1] 電流が流れている導体がループの外にあるときも，アンペールの法則 (11.2) が成り立つことを証明せよ．

　[2] ソレノイドの内部の磁束密度がすべての点で同じこと（例題11.2）は，直観的にどう理解することができるか．

CHAPTER. 12

電磁誘導

　回路を貫く磁束を変化させると，回路に起電力が生じる．これを電磁誘導といい，それはファラデーの法則で表される．電磁誘導は電気と磁気が対等に関わる現象であり，とっつきにくいところもあるが，わかってみると電磁気学の真髄に触れることになるだろう．電磁誘導現象は，発電機で交流起電力を生じることにも利用される．

12.1　電磁誘導の実験

　導線を流れる電流が磁針に力をおよぼすことは，9.1 節で述べた．この現象を，電流の原因である電場にさかのぼって考えると

　　『電場が源になって電流が流れ，磁針の位置に磁束密度を生じる』

ということができる．

　これまでに扱った電気と磁気に関する現象では，多くの場合，電気と磁気を相互におきかえたものが存在した．ということは，いま述べた電場が磁束密度を生じたのと逆の現象も存在するのではないだろうか．つまり，

　　『磁束密度の作用が原因となって，
　　　電場を生じることはないか』

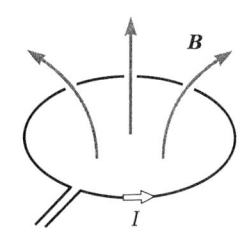

図 12.1

という疑問が生まれる．こう考えて実験をしたのが，英国のファラデーであった．それを説明するのに先立って，電磁誘導とは何かを簡潔にいってしまうと次のようになる．図12.1に示すような閉回路を貫く磁束があるとき，

　　　『磁束の量を変化させると，それを囲む回路に起電力が生じる．』
この現象を**電磁誘導**という．

ファラデーの実験

1831年8月29日のファラデーの日記には，電磁誘導現象を発見したことが書かれているという．同じ年にアメリカのヘンリーも，ファラデーとは独立にこの現象を発見した．ヘンリーの名は，CHAPTER.13で述べるインダクタンスの単位になっており，ファラデーの名は，CHAPTER.4で述べた電気容量の単位ファラドに使われている．

ファラデーの実験は，図12.2に示すような装置で行われた．ドーナツ型をした軟鉄のリングの半分に銅線のコイルAが巻いてあり，その両端は電池につながれ，スイッチSによってつないだり，切ったりできる．リングの残りの半分にコイルBを巻き，それから伸びた銅線の下には磁針を置いた．

コイルAを電池につなぐと，その瞬間に磁針がピクッと振れ，短い時間振動したのち，電池につなぐ前の最初の位置に停止する．その後もコイルAには電流が流れ続けるが，磁針は静止したままである．次にコイルAのスイッチSを切ると，その瞬間にまた磁針が振れ，やはり短時間振動をし

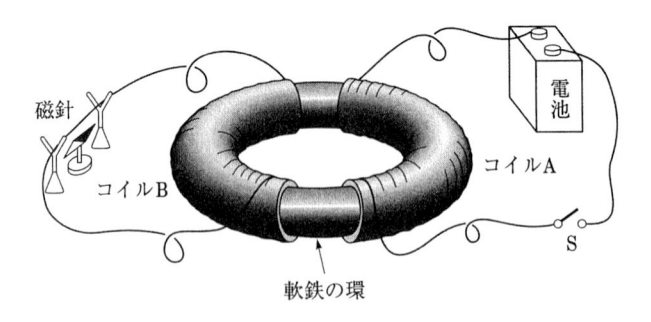

図**12.2**

てから静止する．電池を切ったときに振れ始める向きは，電池をつないだときとは逆である．これはコイル B の電流が，コイル A を電池につないだときと逆向きに流れたことを示す．

以上の実験結果から，コイル B に電流が流れるのは，コイル A に電流を通じた瞬間と切った瞬間であることがわかる．この事実は

『コイル B を貫く磁束が変化するときに，そのコイルに起電
　力が生じている』

ことを示している．この現象が電磁誘導であり，このとき生じた起電力を，Chapter.6 で述べた電池や発電機による起電力 V_e と区別して，**誘導起電力**といい，V_{em} で表す．また，誘導起電力によってコイル B に流れる電流を，**誘導電流**という．ここで重要なのは，コイルを貫く磁束の量が『変化するとき』に起きるということである．

電磁誘導のメカニズム

上で述べた実験結果をもとにして，電磁誘導は何が原因で起こっているのかを考える．そのために，実験装置を現象に本質的なものだけに単純化して考える．ファラデーが電流の磁気作用を強めるために使った軟鉄のリングをここでは止めて，その上，コイル A，B を単に 1 巻きのものとし，2 つを近づけて置く（図 12.3(a)）．コイルを左側の垂直方向から見た様子を図

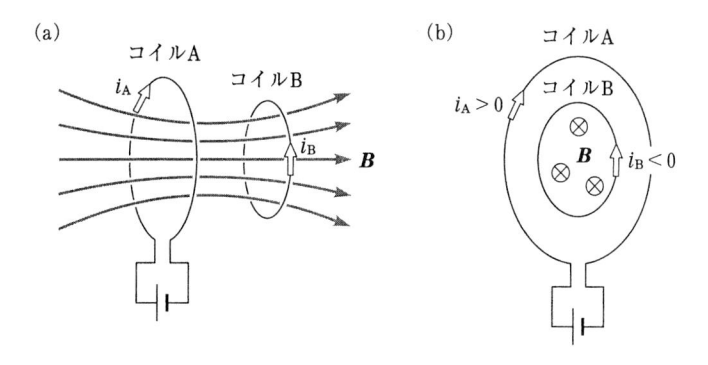

図 12.3

12. 電磁誘導

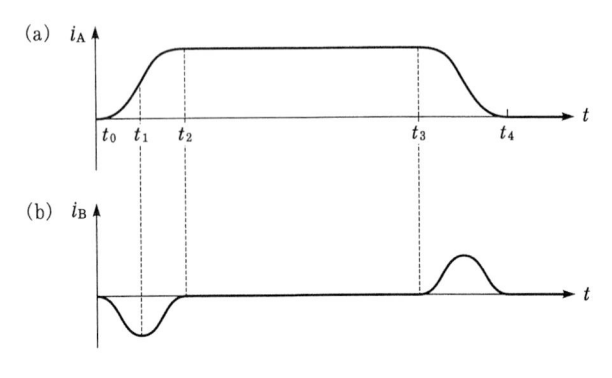

(a) i_A

(b) i_B

図 12.4

12.3(b) に示す．電流の符号は，時計回りに流れるときを正と約束する．

$t = 0$ にコイル A を電池につなぎ，$t = t_3$ に切ったとき，その間のコイル A に流れる電流の時間変化を図 12.4(a) に，コイル B の電流の時間変化を図 12.4(b) に示す．

スイッチを入れるとコイル A に電流 i_A が流れ始め，短い時間ののち $t > t_2$ で電流は一定になる．コイル A に電流が通じた瞬間に，コイル B に電流 i_B が流れるが，その向きは i_A とは逆である（$i_B < 0$）（図 12.4(b)）．i_A が増えている間は i_B が流れるが，時刻 t_2 で i_A が一定値になると i_B はゼロとなる．i_B の大きさは途中の時刻 t_1 で最大となる．時刻 t_1 は，i_A の勾配（電流 i_A の時間に関する微分）が最大になる時刻である．実際には電流の立ち上がりは瞬時に起こる．（グラフには立ち上がりの時間を誇張して長く示してある．）時刻 t_3 でスイッチを切り i_A が減り始めると，i_B は正の向きに流れ，$t = t_4$ で i_A が一定値（ゼロ）になると i_B もゼロになる．

次に，図 12.4 に示した現象がなぜ起こるかを説明する．その基本原理は，
『コイル A を貫く磁束が変化するとき，コイル B に起電力が生じる』
ということである．まず，コイル A だけがあるとする（図 12.5(a)）．コイル A に矢印の向きに電流が流れると，その周りに磁束密度が生じる（念の

ために注意すると,磁束密度 B とコイルの囲む面積の積が磁束である).これは,例えばコイル上の点 P_0 のごく近くでは,コイルを矢印(電流の向きに対して右ねじの回る向き)のように囲むので,

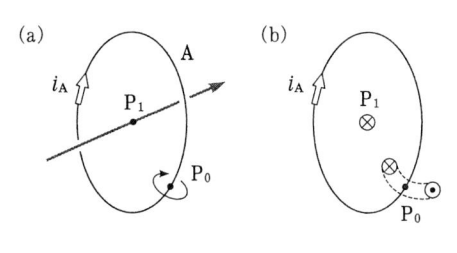

図 12.5

コイル A が作る回路内部を左から右に貫く磁力線をもつ.この様子をコイルの左側の垂直方向から見たのが,図 12.5(b) である.コイルの中心に近い点 P_1 にも,やはり回路を突き抜ける磁力線が存在する.このようにコイル A 内部のどの部分にも,磁力線がある.

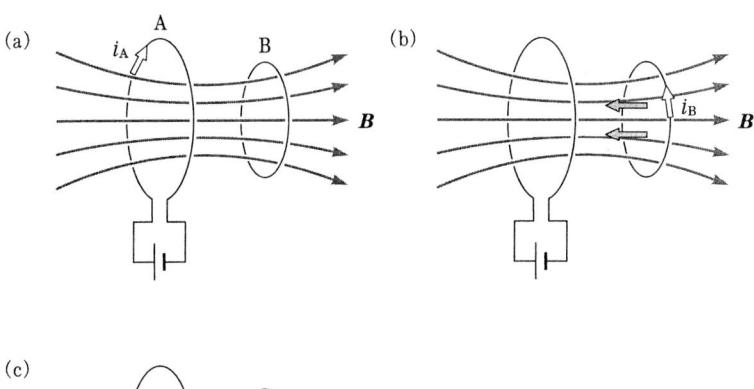

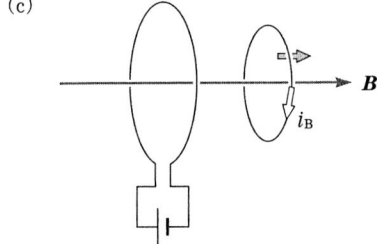

図 12.6

次にコイル A のそばにコイル B を置くと，A を貫く磁力線はコイル B の近くにも連続して存在することになる（図 12.6(a)）．したがって，コイル A に電流を流すと，コイル B を左側から貫く磁束密度がゼロから増加する．そのとき磁束密度を減らすように，コイル B には誘導電流 i_B が i_A と逆向きに流れて，逆向きの磁束密度を生じる．生じた磁束密度（太い矢印によるもの）と誘導電流 i_B の向きを書き加えたものを図 12.6(b) に示してある．これが図 12.4(b) の時間 $t_0 \sim t_2$ での負の i_B である．

コイル A の電流が一定値となって流れている間は（$t_2 \sim t_3$），誘導電流 i_B はゼロである．次にスイッチを切ると，i_A が作っていた磁束密度はコイル B の内部でも減少する．したがって，今度はコイル B に最初とは逆向きに，つまり磁束密度を増加させる向きに，誘導電流 i_B が i_A と同じ向きに流れる（$t_3 \sim t_4$）（図 12.6(c)）．

12.2 ファラデーの法則

前節で述べたように，電磁誘導の現象でキーとなるのは，回路を貫く磁束の変化である．電磁誘導に関する**ファラデーの法則**は

『閉回路に生じる**誘導起電力** V_{em} は，回路を貫く磁束 Φ_B の時間変化の符号を逆にしたものである』

となる．これを式で表すと

$$V_{em} = -\frac{d\Phi_B}{dt} \tag{12.1}$$

である．磁束が時間変化しないときは右辺がゼロ，したがって V_{em} もゼロとなるから，(12.1) は磁束が変化している間だけ誘導起電力が存在することを表している．

レンツの法則

　誘導起電力に関しては，その大きさと向きが問題になるが，発生した誘導起電力の回路における向き（符号）の規則を発見したのは，ロシアの物理学者レンツである．レンツの法則は，誘導起電力の向き（したがって，それによる電流の向き）を決めている．ただし，誘導起電力の大きさについては，レンツの法則からは何もいえない．

　図 12.4 で見たように，コイル A を流れる電流を増やして，それが作っている磁束密度を増加させたとき，コイル B に生じた誘導起電力はその磁束密度を減らすように誘導電流を流す．逆に，コイル A の電流を減らして磁束密度を減らすと，コイル B の誘導電流が作る磁束密度は，コイル A の磁束密度の減少を補う．これを表すのが**レンツの法則**で

　　　『誘導起電力によって生じる誘導電流が作り出す磁束の変化
　　は，誘導起電力の原因である磁束の変化とは逆向きである』

といい表すことができる．ファラデーの法則（12.1）の右辺のマイナス符号がレンツの法則を含んでいる．

　これまでにも述べたように電磁誘導の原因は，回路を貫く磁束の変化である．それは磁石を動かしたり，回路を動かすことによって生じる．回路を貫く磁束が変化すると，誘導電流が新たな磁束密度を作る．この磁束密度は，もとの磁束が増加するときには逆向き，もとの磁束が減少するときには同じ向きに誘導される．

　コイルが N 巻きのとき，全磁束の時間変化は 1 巻きの N 倍になる．1 巻きの磁束を Φ_B とすると，N 巻きのときの誘導起電力 V_{em} は，（12.1）の右辺を N 倍して

$$V_{em} = -N\frac{d\Phi_B}{dt} \tag{12.2}$$

となる．

―― 例題 12.1 ――

半径が 5 cm の円形導線のループ内に，その面に垂直な一様な磁束密度を磁石が作るとする．

（a） 磁束密度が毎秒 0.03 T/s の割合で増加しているときに生じる誘導起電力を求めよ．

（b） 同じ割合で減少させるとき，誘導起電力はどうなるか．

（c） (a), (b) 2 つの場合の誘導起電力の向きはどうなるか．

[解] （a） 磁束密度 B の向きを z 軸に選ぶ．ループが囲む面積ベクトルを S とする．(8.6) から $\Phi_B = \boldsymbol{B} \cdot \boldsymbol{S} = BS$ なので次のように求まる．

$$\frac{d\Phi_B}{dt} = \frac{dB}{dt}S = 0.03 \times 3.14 \times (0.05)^2 = 2.4 \times 10^{-4}\,\text{V} = 0.24\,\text{mV}$$

（b） 磁束が増えたときと減ったときの時間変化の割合が同じだから，起電力の大きさは等しく 0.24 mV である．違うのは起電力の向きだけである．

（c） (12.1) から，(a) の場合は $V_{em} < 0$ となるから，初めに流れていた電流と逆向きの電流を流す起電力である．それは増えた電流を減らす向きである．(b) では，$V_{em} > 0$ となるので，初めに電流を流している起電力と同じ向きである．すなわち，減った電流を増やす向きである． ¶

―― 例題 12.2 ――

円形コイルのそばに，S 極をそのコイルの中心に向けた棒磁石が置かれている．

（a） コイルを貫く磁束密度 $\boldsymbol{B}$ を図に示せ．

（b） この磁束密度を増加させるときに生じる誘導電流の方向を，レンツの法則によって示せ．

（c） 同様に，磁束密度を減らすときについても述べよ．

[解] （a） 磁力線は N 極から出て S 極に入るので，図 12.7(b) のように，コイルを貫いて磁石の S 極に向かう．

（b） 磁石をコイルに近づけると磁束密度は増える．したがって，これと逆向きの磁束密度（灰色の線）を生じるように誘導電流 i が矢印の向きに流れる（図 12.7(c)）．棒磁石を停止すると，誘導電流はゼロとなる．

(a)　　　　　　　　　　(b)

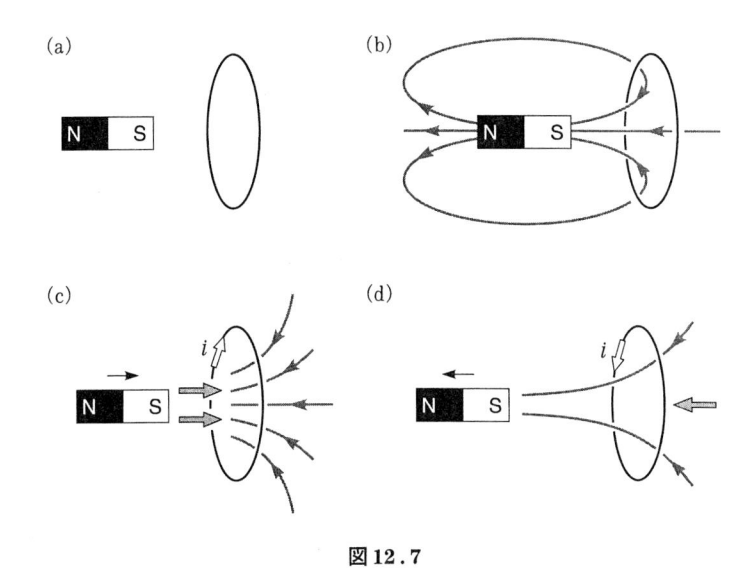

(c)　　　　　　　　　　(d)

図 12.7

　(c)　棒磁石を回路から遠ざけている間は（図 12.7(d)），コイルを右から左に貫く B が減るので，これを増やすように白矢印の向きに誘導電流 i が生じる．棒磁石の N, S 極をコイルに対して逆にして近づけたり遠ざけたりすると，上とは逆の現象が起こり，誘導電流の向きも逆になる． ¶

12.3　動く回路に誘導される起電力

起電力と磁気力

　電磁誘導でコイルに電流が流れるのは，導体であるコイルの中を伝導電子が動くからである．そのとき伝導電子を動かしているのは，起電力かローレンツ力のどちらかである．

　回路を貫く磁束の変化には，次の 2 つの場合がある．

　　(1)　回路は静止していて，貫く磁束密度が時間的に変化する場合
　　(2)　磁束密度は時間的に変化せず，回路が動いて場所が変る場合

(1) については，12.1, 12.2 節でくわしく説明した．ここでは (2) について説明する．(磁束密度が時間変化し，回路も動くという (1) と (2) を組み合わせた場合については，本書で触れない．)

図 12.8 のように磁束密度は時間的に変化せずに，回路が動く場合は，もともとは静磁場だけがあって電場は存在していなかった．したがって，回路に現れる誘導起電力は，回路の中の荷電粒子にはたらくローレンツ力が原因で生じたものである．そのメカニズムを考える．

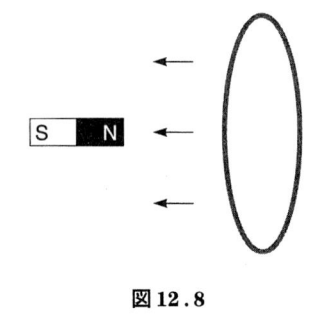

図 12.8

磁束密度中を動く棒に生じる起電力

一様な磁束密度中を動いている長さ L の棒を考える（図 12.9）．棒の向き，動いている速度 v，磁束密度 B の3つが互いに直交しているとする．図では，v を x 軸の正方向，棒の上部を y 軸の正方向，B を z 軸の負方向に選んでいる．磁束密度は一様で，v は一定の大きさとする．このとき棒の中の荷電粒子（$q > 0$ とする）はローレンツ力により qvB の大きさの磁気力を y 軸の正方向に受ける．

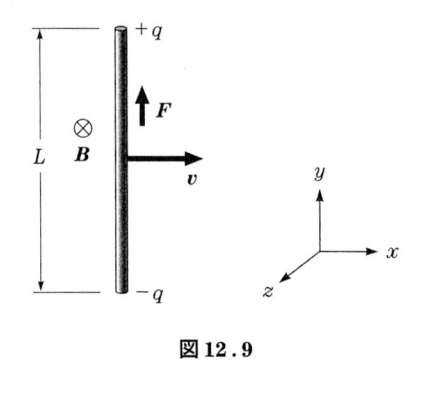

図 12.9

この磁気力が棒の中の荷電粒子を動かし，棒の上端に正の電荷を，下端に負の電荷を溜める．この電荷の再分布によって，棒の上端から下向きに電場 E が生じる．両端に溜まる電荷の量はゼロから次第に増加していき，最終的には E による下向きの電気力 qE が，初めの上向きのローレンツ力 qvB を完全に打ち消すまで増加する．すなわち $qE = qvB$ が実現したところで，棒の中の電荷分布が平衡に達し，電荷の移動が止まる．

電荷分布が平衡に達した状態では，棒の両端の電位差 V は 3.2 節の (3.21) で見たように，電場 E と棒の長さ L の積となる．

$$V = EL = vBL \tag{12.3}$$

次に，いま考えた棒を，図 12.10 に示すようなU字型の導体に組み入れて滑るようにした閉回路を考える．この棒を，一様な $-z$ 方向の磁束密度中を動かす．このときU字型導体自身は静止しているから，導体内の電荷も静止しているので，ローレンツ力がはたらかない．しかし，棒の両端 a と b に近い部分のU字型導体における電荷分布が変化して，U字型導体内部に新たな分布を生じる．それは，上で説明した棒の内部の電荷移動の結果に一致して，a の近くで正の電荷が多く，b の近くで少ないようになる．これがU字型の内部に電場を生じる．その電場の向きは，図に示した電流 I を生じる向きで，起電力の大きさは

$$V_{em} = vBL \tag{12.4}$$

である．こうして，

『磁束密度中を動いている棒が源になって，起電力を生じた．』

図 12.10 で動いている棒に起電力が生じたのは，棒の内部で電位の低い b から高い a に電荷が動いた結果である．それにともなって，U字型の部分に電流が流れる．こう考えると，動いている棒はU字型の部分に対して，電池の正極を a に，負極を b につないだときの起電力と似たはたらきをしている．もちろん，この2つの起電力は起源がまったく違うものである．一方で，磁束密度中を動いている棒がもつ起電力は，上に見たように回路につながれずに孤立していても，常に起電力を生じる．この点も，電池自体が導線をつないで閉回路にしなくても起電力をもっているのと同様の事情である．

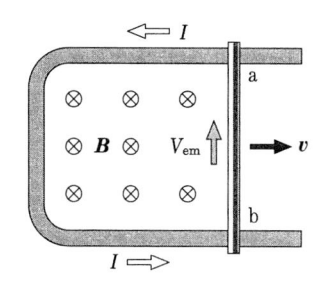

図 12.10

任意の形の動く導体による起電力

上で述べた動いている導体が生じる起電力の議論は，導体の形を任意のものに，また磁束密度が一様と限らず空間的に変化する場合（ただし時間的には一定とする）にも，一般化できる．その考え方は，これまでに空間分布する電荷による電場（2.3節）や，ビオ－サバールの法則（9.2節）の場合に用いたのと同様である．すなわち，導体を微小な部分に分けて，そこでは磁束密度が一様だと考える．

導体の微小部分 ds が作る誘導起電力 dV_{em} は単位電荷当りの磁気力 $\boldsymbol{v} \times \boldsymbol{B}$ と $d\boldsymbol{s}$ のスカラー積で与えられるから

$$dV_{em} = (\boldsymbol{v} \times \boldsymbol{B}) \cdot d\boldsymbol{s} \tag{12.5}$$

となる．したがって，閉じた導体回路に生じる全起電力は，(12.5) を道筋に沿って積分して次のようになる．

$$V_{em} = \oint (\boldsymbol{v} \times \boldsymbol{B}) \cdot d\boldsymbol{s} \tag{12.6}$$

演習問題

[1] S極をコイル側にして磁石を置いた場合を考える．磁石が静止したままでは，電流は流れない（図 12.7(a)）．次に，磁石をコイルに近づけると，コイルに電流が左側から見て時計回りに流れる（図 12.7(c)）．磁石を静止させると，電流は流れなくなる．次に，磁石を遠ざけるとコイルに電流が反時計回りに流れる（図 12.7(d)）．これらのことが起こる理由を説明せよ．

[2] 図 12.7 の場合に，磁石の N 極をコイル側にして動かすと，コイルに流れる電流はどうなるか．

[3] 半径 3 cm のループが 400 回巻いてあるコイルが，一様な磁場とコイルの面が $\pi/6$ の角度で置かれている．磁束密度を 0.16 T/s の割合で減らすとき，生じる誘導起電力の大きさと向きを求めよ．

CHAPTER. 13

インダクタンス

抵抗，コンデンサー，コイルは，回路を構成するデバイスである．抵抗を特徴づける量は R，コンデンサーでは C であった．この章では，コイルの電磁誘導の強さを与えるインダクタンス L を導入する．抵抗とコイルのある回路では，電流を流したり切ったりするときに電流が指数関数的な時間変化をし，コイルとコンデンサーがあるときは，電流が時間とともに振動することが示される．

13.1 相互インダクタンス

10.3 節で，定常電流が流れる 2 本の平行な導体間に引力や斥力がはたらくことを述べた．これは，片方の電流が相手の電流の場所に磁束密度を作るからであった．そのとき，導体から遠ざかると空間の磁束密度は弱くなるが，ある場所から磁束密度がゼロになるという明確な境界があるわけではない．

CHAPTER. 12 で述べたように，2 つのコイルがあるとき，一方の電流を変化させると電磁誘導現象が生じる．この現象は，相互インダクタンスという量を導入すると次のように定式化される．

2 つのコイル 1 と 2 が，図 13.1 のように近接している場合を考える．コイル 1 を流れる電流 i_1 は，コイル内部に矢印で示す磁束密度 B を作る．この B は，コイル 2 の内部にもおよんでいて，磁束 Φ_{B2} が存在する．いま i_1 を変化させると，コイル 1 の周辺の磁束密度が変化するから，コイル 2 を貫

く磁束 Φ_{B2} も変化する．その結果，ファラデーの法則によって，コイル2に誘導起電力 V_{e2} が生じる．コイル2の巻き数を N_2 とすると，起電力 V_{e2} の大きさは（12.2）から

$$V_{e2} = - N_2 \frac{d\Phi_{B2}}{dt} \qquad (13.1)$$

である（向きは，電流 i_1 を増加させるか減らすかで逆になる）．

電流 i_1 の大きさに比例して，コイル2内の B は大きくなるので，それによる磁束 Φ_{B2} と i_1 には比例関係があるから，これを

$$N_2 \Phi_{B2} = M_{21} i_1 \qquad (13.2)$$

と表して**相互インダクタンス** M_{21} を導入すると，（13.1）は

$$V_{e2} = - M_{21} \frac{di_1}{dt} \qquad (13.3)$$

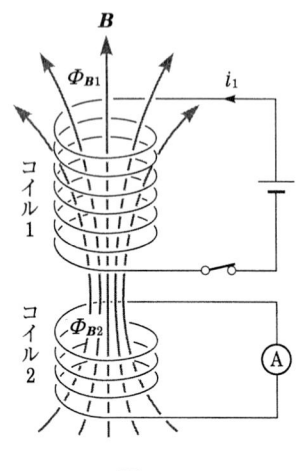

図 13.1

と書ける．これにより

　　『相互インダクタンスは，電磁誘導による起電力を電流の
　　時間変化で表すときの係数』

である．このとき「相互」という形容詞は，2つのコイル間の量であることを示す．相互インダクタンス M_{21} を定義する式 (13.2) は

$$M_{21} = \frac{N_2 \Phi_{B2}}{i_1} \qquad (13.4)$$

と書き直すこともできる．

上の議論で，コイル1と2を入れ替えて相互インダクタンスを考えてみよう．コイル2を流れる電流 i_2 を変化させると，コイル1内の磁束 Φ_{B1} が変化するから，コイル1に誘導起電力 V_{e1} を生じる．この現象は，(13.3) で1と2を交換した関係

13.1 相互インダクタンス

$$V_{e1} = -M_{12}\frac{di_2}{dt} \tag{13.5}$$

で表され，比例定数 M_{12} と M_{21} は常に等しいことが実験的にわかる．これは，コイル1が2におよぼす効果は，コイル2が1におよぼす効果と同じであり，

『発生源と相手のどっちが1と2であるかを，区別する理由がない』

ことを意味している．したがって，以後は相互インダクタンスを，添字を止めて単に M で表す．ここで改めて (13.3), (13.5) を表すと

$$V_{e2} = -M\frac{di_1}{dt}, \qquad V_{e1} = -M\frac{di_2}{dt} \tag{13.6}$$

であり，(13.4) に対応する式は以下となる．

$$M = \frac{N_2 \Phi_{B2}}{i_1} = \frac{N_1 \Phi_{B1}}{i_2} \tag{13.7}$$

相互インダクタンスの単位は，電磁誘導を発見した一人にちなんだ**ヘンリー** (H) である．(13.7) から

$$1\,\mathrm{H} = 1\,\mathrm{Wb/A} = 1\,\mathrm{V\cdot s/A} = 1\,\Omega\cdot\mathrm{s} = 1\,\mathrm{J/A^2}$$

である．

例題 13.1

断面積が S で，長さ L の円筒形にコイルが N_1 回巻いてあるソレノイドがあり，その外側にコイルが N_2 回巻いてある（図 13.2）．

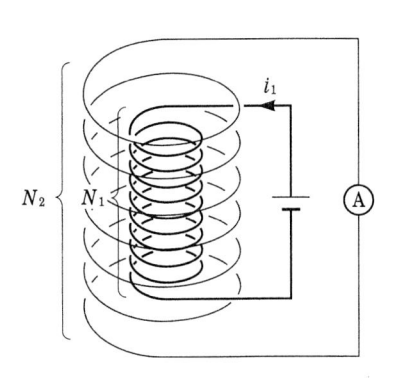

図 13.2

2つのコイルの相互インダクタンスを求めよ．また，$L = 50$ cm，$S = 25$ cm^2，$N_1 = 1000$，$N_2 = 20$ のときの値を計算せよ．

[解] ソレノイド内の磁束密度は，コイルを流れる電流を i_1 とすると，(9.13) から
$$B_1 = \mu_0 n_1 i_1$$
ここで小文字の n_1 は単位長さ当りの巻き数で N_1/L だから $B_1 = \mu_0 N_1 i_1 /L$ である．断面を貫く磁束は $B_1 S$ である．これは外側のコイル2を貫く磁束でもある．したがって，相互インダクタンス M は，(13.7) から
$$M = \frac{N_2 \Phi_{B2}}{i_1} = \frac{N_2 B_1 S}{i_1} = \frac{\mu_0 S N_1 N_2}{L}$$
となる．また，具体例での値は
$$M = \frac{4\pi \times 10^{-7} \times 2.5 \times 10^{-3} \times 1000 \times 20}{0.5} = 1.3 \times 10^{-4} = 130 \ \mu\mathrm{H}$$
となる． ¶

13.2 自己インダクタンス

相互インダクタンスは2つのコイルを考えたときの量だが，コイルが1個だけの場合でも電磁誘導が起こる．コイルに電流が流れると，コイル内に磁束密度が生じて磁束が存在する．コイルの電流を変化させると，その磁束が変る．そして，その変化を打ち消す磁束を生じるように，コイルの電流が変化する．こうして，コイル自身に誘導起電力が生じる（図 13.3）．これを**自己誘導起電力**という．

レンツの法則から，自己誘導起電力も，その原因である電流変化をもたらす起電力とは反対向きに生じる．また，コイルが N 巻きのときは N 倍

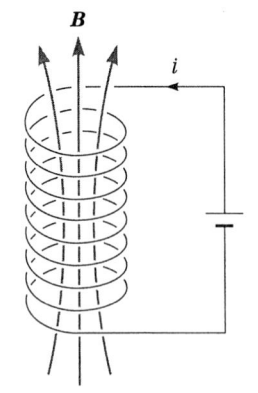

図 13.3

13.2 自己インダクタンス

になる．

自己インダクタンスを L で表すと，L は

$$L = \frac{N\Phi_B}{i} \tag{13.8}$$

で定義される．これは，(13.4) と同じ形である．なお，自己インダクタンスを，単に**インダクタンス**とよぶこともある．単位は，相互インダクタンスと同じでヘンリー（H）である．

コイルを流れる電流 i が変化すると，そこに生じた磁束 Φ_B も変化する．(13.8) を $N\Phi_B = Li$ と書き直して，両辺を時間 t で微分すると

$$N\frac{d\Phi_B}{dt} = L\frac{di}{dt}$$

となる．ここでファラデーの法則 $V_e = -N(d\Phi_B/dt)$ を使うと，自己誘導起電力が

$$V_e = -L\frac{di}{dt} \tag{13.9}$$

で与えられる（コイルのようなインダクタンスをもつ回路素子を，**インダクター**とよぶことがある）．その記号には ⌇⌇⌇⌇ を用いる．

例題 13.2

例題 13.1 と同じ構造のソレノイドを考える．外側のコイルの電流が毎秒 1×10^6 A ずつ増えている．電流が流れ始めてから $4\,\mu$s 後の時刻に，ソレノイドを貫く磁束と，誘導起電力を求めよ．

［解］ $4\,\mu$s 後に流れる電流は，$i_2 = 1 \times 10^6 \times 4 \times 10^{-6} = 4$ A．磁束は，(13.7) から，例題 13.1 の結果 $M = 130\,\mu$H を使って

$$\Phi_{B1} = \frac{Mi_2}{N_1} = \frac{130 \times 10^{-6} \times 4}{1000} = 5.2 \times 10^{-7}\,\text{Wb}$$

誘導起電力は，(13.5) から

$$V_{e1} = -M\frac{di_2}{dt} = -1.3 \times 10^{-4}\frac{d}{dt}(1 \times 10^6\,t) = -1.3 \times 10^2 = -130\,\text{V}$$

である． ¶

コイルの両端の電位差

図 13.4 のような，コイルと電源から成る回路を考える．電源の内部抵抗を変えることにより，回路の電流 i を制御できるとする．コイル内に電磁誘導によって作られる電場は保存力ではなくて，非保存 (non‐conservative) 力による電場である．これを E_n と表す（これはポテンシャルからは導けない電場である）．これに対し，いままで考えてきた保存力による電場を E_c と表す．(12.6) の $v \times B$ を E_n でおきかえた式と (13.9) を組み合わせると

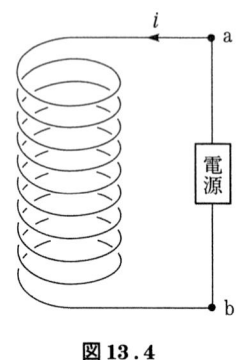

$$\oint E_n \cdot ds = -L\frac{di}{dt} \tag{13.10}$$

図 13.4

となる．E_n はコイル内だけに存在するため，左辺の1周積分をコイルの範囲 a〜b に限っても同じだから

$$\int_a^b E_n \cdot ds = -L\frac{di}{dt} \tag{13.11}$$

と書ける．コイルの抵抗が無視できるくらい小さいとすると，これはほとんどゼロの電場で電荷をコイル内で動かせることを意味する．その状況では，コイル内の各点で

$$E_c + E_n = 0 \tag{13.12}$$

が成り立っている．したがって，(13.11) は

$$\int_a^b E_c \cdot ds = L\frac{di}{dt} \tag{13.13}$$

となる．

3.2 節の (3.26) を思い出すと，これは点 b に対する点 a での電位だから

$$V_{ab} = V_a - V_b = L\frac{di}{dt} \tag{13.14}$$

となる．この結果は，コイルの両端には，インダクタンスとその時刻の電流の時間変化率の積で決まる電位差，$L(di/dt)$ があることを示している（図13.5）．電流が a から b までコイルを流れるとき，電流が増加（$di/dt > 0$）していれば，a に対して b の電位は $L(di/dt)$ だけ下がり，電流が減少（$di/dt < 0$）ならば電位が上がる．

$$V_{ab} = L\frac{di}{dt}$$

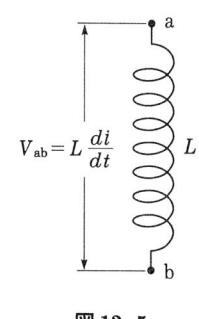

図 13.5

13.3 磁気的な場のエネルギー

後に 13.4 節でみるように，コイルを含む回路にも，抵抗を含む回路と同様に，定常的な電流を流すことができる．電流を運ぶことによって，コイルは蓄えてあったエネルギーを消費するから，電流を持続するためには，回路にエネルギーを注入する必要がある．そのメカニズムを説明する．

図 13.5 で，コイルに流れる電流 i を増すと，端子 a, b 間の起電力 V_e を生じ，電位差 $V_{ab}(V_a > V_b)$ が増える．このとき電源からコイルに供給するエネルギーは，各瞬間に $P = V_{ab}i$ である．電流 i を増やしていき，最終的な値 I に達するまでにコイルに加えるエネルギー U を自己インダクタンスを L として計算しよう．$V_{ab} = L(di/dt)$ から，$P = Li(di/dt)$ であることと，$dU = P\,dt$ を使う．dU を積分することは $P\,dt$ を t について積分することだから，電流を 0 から I まで増すのにコイルに加えるエネルギー U は

$$U = \int dU = \int P\,dt = L\int_0^I i\,di = \frac{1}{2}LI^2 \qquad (13.15)$$

である．3 番目の等式で，t に関する積分を i に関する積分に変換した．電流 I が流れている自己インダクタンス L のコイルには，これだけの磁気的な場のエネルギーが蓄えられている．

磁気的な場のエネルギー密度

4.4 節で真空中での電場のエネルギー密度を導入した．同じような考えで真空中での**磁気的な場のエネルギー密度**を求めると

$$u = \frac{B^2}{2\mu_0} \tag{13.16}$$

となる．これは電場のエネルギー密度 $u = \varepsilon_0 E^2/2$ に対応する．物質中での磁気的なエネルギー密度は，(13.16) で真空の透磁率 μ_0 をその**物質の透磁率** $\mu(=\mu_r\mu_0)$ でおきかえた

$$u = \frac{B^2}{2\mu} \tag{13.17}$$

となる．

例題 13.3

磁束密度 $B = 5.5\,\mathrm{T}$ があるとき，真空中での磁気的な場のエネルギー密度を計算せよ．

[解] (13.16) から

$$u = \frac{B^2}{2\mu_0} = \frac{(5.5)^2}{2 \times 4\pi \times 10^{-7}} = 1.2 \times 10^7\,\mathrm{J/m^3}$$

となる． ¶

ソレノイドに蓄えられた磁気的な場のエネルギーとその密度

比透磁率 μ_r の鉄心に巻いた長いソレノイドを考える（図 13.6）．その長さを l，断面積を S，1m 当りの巻き数を n とする．このソレノイドに電流 I を流すと，ソレノイド内部の磁束密度は (11.10) より

$$B = \mu_r\mu_0 nI$$

で与えられた．このときソレノイドの自己インダクタンスは (13.8) を思い出すと

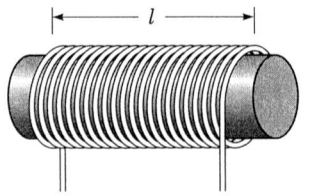

図 13.6

$$L = \mu_r \mu_0 n^2 lS$$

となる．これと (11.10) から得た $I = B/\mu_r\mu_0 n$ を，磁気的な場のエネルギー (13.15) に代入すると

$$U = \frac{1}{2\mu_r\mu_0} B^2 lS \tag{13.18}$$

だから，磁気的な場のエネルギー密度は

$$u = \frac{1}{2\mu_r\mu_0} B^2 \tag{13.19}$$

となる．

13.4 RL 回路

　コイルは，抵抗やコンデンサーと同様に，回路の要素である．13.4節と13.5節では，コイルを含む回路での電流の時間変化について述べる．

　導線には抵抗があり，電池にも内部抵抗がある．したがって，コイル自身の抵抗を無視したとしても，コイルをもつ回路には，インダクタンス L と抵抗 R が共存している．抵抗とコイルを含む回路のことを **RL 回路**という（図 13.7）．

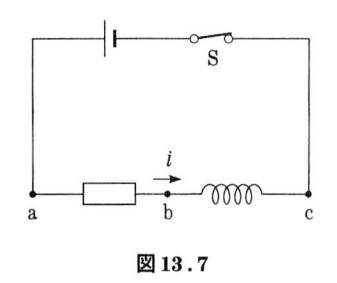

図 13.7

電流の時間変化

　抵抗とコイルが直列に，一定の起電力の電池とつながっている回路を考え，そのとき流れる電流に，コイルがどんなはたらきをするかを調べる．先に結論をいうと，コイルがあると，回路の電流が最終的な定常値に達するまでに時間がかかる．これはコイルが自己誘導起電力を生じるからである

(13.2 節). そのとき要する時間は L の大きさによる.

7.3 節のときと同じように, 時間変化する量を表すのに電流を i, 電圧は v と, 小文字を使う. $t=0$ にスイッチ S を閉じると, 抵抗とコイルは起電力 V_e の電池につながる. スイッチ S を閉じて t 秒後に回路を矢印の向きに流れる電流を i, そのときの電流の時間変化を di/dt とする. その時刻では, 抵抗 R の両端の電位差が

$$v_\mathrm{ab} = iR$$

である. また, コイルの両端での電位差は

$$v_\mathrm{bc} = L\frac{di}{dt}$$

である. ここでキルヒホッフの第2法則 (7.11) を使う. 回路を電池の負極から反時計回りの向きに考えると, 電池の起電力は V_e, 抵抗による電圧降下が $v_\mathrm{ab} = iR$, コイルによる電圧降下が $v_\mathrm{bc} = L(di/dt)$ だから

$$V_\mathrm{e} - iR - L\frac{di}{dt} = 0 \qquad (13.20)$$

となる. この式を書き直すと

$$\frac{di}{dt} = \frac{V_\mathrm{e}}{L} - \frac{R}{L}i \qquad (13.21)$$

である. 電流 i に関する微分方程式 (13.21) の一般解を求めて, 任意の時刻での電流の振舞を知ることもできるが, $t=0$ と十分時間が経ったとき ($t \to \infty$) の電流の振舞だけなら, 一般解を知らなくてもわかる.

すなわち S_1 を閉じたとき, 最初は $i=0$ だから

$$\left(\frac{di}{dt}\right)_{t=0} = \frac{V_\mathrm{e}}{L}$$

右辺が $t=0$ での電流の増加の割合を与え, L が大きいコイルほど電流の増え方は遅い. 電流が増えていくと, それにつれて (13.21) の右辺で第2項が大きくなるので, 左辺の i の増加速度は減る. 電流が最終的な一定値 I に達すると, 増加速度はゼロとなる. そのとき (13.21) は

13.4 RL 回路

$$\left(\frac{di}{dt}\right)_{t\to\infty} = 0 = \frac{V_\text{e}}{L} - \frac{R}{L}I$$

となるから，一定値が

$$I = \frac{V_\text{e}}{R}$$

と決まる．このように，最終的な電流の値は L によらないことがわかる．

次に，任意の時刻での i の時間変化を知るために，微分方程式 (13.21) の一般解を求める．実際の計算は積分だけで済む．(13.21) を書き直して，変数 i が左辺だけにあり，また t が右辺だけにある式に書き直すと

$$\frac{di}{i - V_\text{e}/R} = -\frac{R}{L}dt$$

を得る．この左辺を i で，右辺を t で積分する．ここで積分変数 i を i' に変えて，積分の上限を i とし（右辺の t についても同様である），

$$\int_0^i \frac{di'}{i' - V_\text{e}/R} = -\int_0^t \frac{R}{L}dt'$$

から，左辺で $i' - V_\text{e}/R = X$ とおくと，$di' = dX$ だから，

$$\int \frac{dX}{X} = \Big[\log|X|\Big]_{-V_\text{e}/R}^{i-V_\text{e}/R}$$

となり，

$$\log\left|\frac{i - V_\text{e}/R}{-V_\text{e}/R}\right| = -\frac{R}{L}t$$

を得る．$x = \log A$ の関係があるとき，両辺の指数関数をとって $e^x = A$ の関係があることを使うと

$$i\left(-\frac{R}{V_\text{e}}\right) + 1 = e^{-Rt/L}$$

結局，L と R が起電力と直列につながっているときの電流の時間変化は

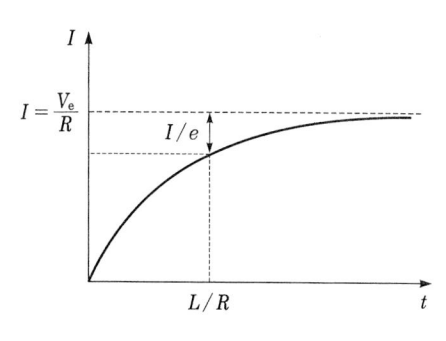

図 13.8

$$i = \frac{V_e}{R}(1 - e^{-Rt/L}) \tag{13.22}$$

で与えられる（図 13.8）．(13.22) は，コイルがある回路では

『電流が定常的に流れるまでには時間を要する』

ことを示している．こうして，(13.21) の一般解が得られた．

(13.22) は，$t = 0$ では $i = 0$, $di/dt = V_e/L$ という初期条件を満たしている．$t \to \infty$ では $i \to V_e/R$ で $di/dt = 0$ となる．これらの事実は，(13.21) の一般解を求める前に示していたことである．(13.22) は，任意の時刻 t での i と di/dt を与える．

例題 13.4

RL 回路に定常電流 I_0 が流れている状態でスイッチを切ったとき ($t = 0$)，電流はどういう時間変化をするか．また，$R = 175\,\Omega$, $L = 69 \times 10^{-3}\,\mathrm{H}$ のとき，時定数 τ を求めよ．時刻 $t = 2.3\,\tau$ には，スイッチを切る直前に蓄えていたエネルギーの何％が残っているか．

[解] (13.20) で $V_e = 0$ とした式

$$iR + L\frac{di}{dt} = 0$$

の解は

$$i = I_0 e^{-Rt/L}$$

である（図 13.9）．時定数は

$$\tau = \frac{L}{R} = \frac{69 \times 10^{-3}}{175} = 3.9 \times 10^{-4} = 390\,\mu\mathrm{s}$$

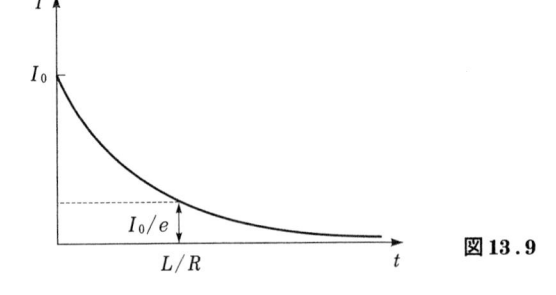

図 13.9

エネルギー U は (13.15) から
$$U = \frac{1}{2}LI_0^2 e^{-2Rt/L} = U_0 e^{-2\times 2.3} = U_0 e^{-4.6} = 0.01\, U_0$$
となるから，1％ が残っている． ¶

13.5　LC 回路

図 13.10 に示すようなコイルとコンデンサーを含む回路を，**LC 回路**という．この回路では

　　　　　　『電流が，時間的に振動する』

という，これまで見なかった振舞がみられる．この現象を式で表す前に，LC 回路でなぜそういう**振動現象**が起こるのかを考えてみよう．

　電気容量が C のコンデンサーを充電し，2 つの極板間の電位差が V_m にな

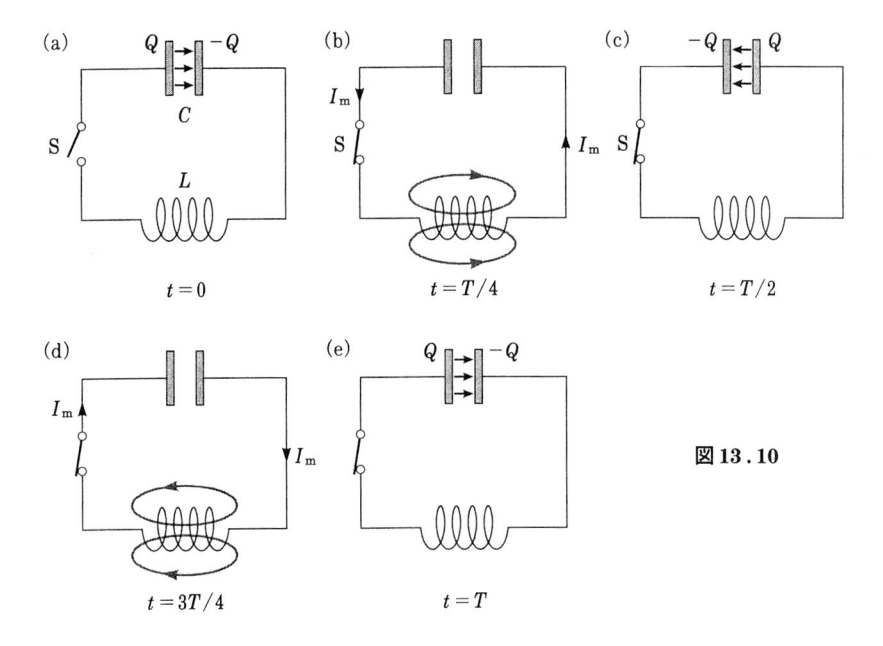

図 13.10

ったとする．そのとき左側の極板には $Q = CV_m$ の電荷が，右側の極板には $-Q$ の電荷が溜まっている．

次に回路のスイッチを閉じると，コイルを通じて電流が流れ始め，コンデンサーの放電が始まる．このとき電流によって，コイルには電流を妨げる向きに自己誘電起電力が生じるから，電流は瞬時に変化することができない．つまり，電流はゼロから始まって，最大値 I_m になるまでにある時間を要する．その間，コンデンサーは放電を続けている．各瞬間で，コンデンサーの電位はそのときコイルに生じる自己誘導起電力に等しい．（図 13.9 でみたように，コンデンサーが放電するにつれて，電流の変化率は減る．）極板間の電位差がゼロになると自己誘導起電力もゼロとなる．このとき，電流は最大値 I_m となってそれ以上増えない．その状況を示すのが図 13.10(b) である．これがコンデンサーが完全に放電したときである．

コンデンサーが放電している間は，それによる電流が時間とともに増加する．そのことがコイルの周りに磁束密度を作る（図 13.10(b) の灰色の矢印）．初めにコンデンサーの電場に蓄えられていたエネルギーは，こうして場所を変えてコイルの周りの磁気的な場に蓄えられる．

コンデンサーは完全に放電したが（図 13.10(b)），それと同時に電流が急にゼロになることはできず，コンデンサーでは最初とは逆に，右側の極板に正の電荷が溜まり始める．電流が減るにつれて磁束密度も減るので，電磁誘導によるコイルの起電力が，今度は電流と同じ向きに生じる．これが電流の減少を遅くしている．最終的に電流と磁束密度はともにゼロとなる（図 13.10(c)）．そのときコンデンサーは最初と逆向きに右側の極板に Q，左側の極板に $-Q$ が帯電する．こうして，コンデンサーの電位差は $-V_m$ となる．

次に，これまで述べた過程が回路内で逆向きにくり返される．コンデンサーは再び放電し，コイルに電流が逆に流れ（図 13.10(d)），その後，コンデンサーの電荷が最初の状態に戻る（図 13.10(e)）．このように，すべてのことがくり返される．最初からこれまでに要する時間を T として，これが振

動現象の周期となる．図 13.10(a)〜(e) は，それぞれ $t = 0$，$T/4$，$T/2$，$3T/4$，T での様子を示す．このようにコンデンサーの電荷は振動する．この現象を**電気振動**という．

次に，いま述べた LC 回路での振動現象を表す式を導く．図 13.11 に**キルヒホッフの第 2 法則**を適用する．点 a から始めて，回路を時計回りに電圧の和を考えると

$$-L\frac{di}{dt} - \frac{q}{C} = 0$$

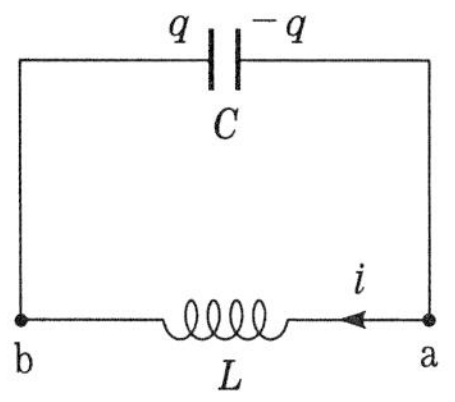

である．$i = dq/dt$ だから，この式は

$$\frac{d^2q}{dt^2} + \frac{1}{LC}q = 0 \tag{13.23}$$

図 13.11

となり，力学で学ぶ単振動の運動方程式と同じ形になる．(13.23) の解は

$$q = Q\cos(\omega t + \alpha) \tag{13.24}$$

で与えられることは代入すればわかる．ここで，Q は単振動の振幅，α は初期位相，ω は

$$\omega = \frac{1}{\sqrt{LC}} \tag{13.25}$$

で与えられる LC 回路で振動する電流や電圧の角振動数である．よって，この回路に流れる電流は，(13.24) を時間 t で微分して以下となる．

$$i = -\omega Q \sin(\omega t + \alpha) \tag{13.26}$$

例題 13.5

$C = 50\,\mu\mathrm{F}$ のコンデンサーに，出力の電圧が $300\,\mathrm{V}$ の電源で充電した．充電後に電源を切り，$L = 5\,\mathrm{mH}$ のコイルにつないだ．回路には抵抗がないとして，回路の電気振動の振動数 f と周期 T を求めよ．また，コイルとコンデンサーをつないでから $1.2\,\mathrm{ms}$ 後のコンデンサーの電荷量 q を計算せよ．

[解] $\omega = \sqrt{\dfrac{1}{LC}} = \sqrt{\dfrac{1}{5 \times 10^{-3} \times 50 \times 10^{-6}}} = \dfrac{1}{5 \times 10^{-4}} = 2 \times 10^3 \text{ rad/s}$

より,
$$f = \dfrac{\omega}{2\pi} = 320 \text{ Hz}, \quad T = \dfrac{1}{f} = 3.1 \text{ ms}$$

となる.また,
$$Q = CV = 50 \times 10^{-6} \times 300 = 1.5 \times 10^{-2} \text{ C}$$

より,これを振幅として,(13.24) から
$$q = 1.5 \times 10^{-2} \cos \omega t$$

である.$t = 1.2$ ms では,
$$\omega t = 2 \times 10^3 \times 1.2 \times 10^{-3} = 2.4 \text{ rad}$$

であり,求める電荷量 q は
$$q = 1.5 \times 10^{-2} \cos(2.4) = -1.1 \times 10^{-2} \text{ C}$$

となる. ¶

演習問題

[1] 半径 r のドーナツ型ソレノイドがある.電流を i,断面積を S,巻き数を N とすると,ドーナツの中心での磁束密度 B は $\mu_0 Ni/2\pi r$ であることを用いて自己インダクタンス L を求めよ.

[2] 100 A の電流が流れているコイルに 1 kW の電力を 1 時間使うだけのエネルギーを蓄えるには,コイルのインダクタンスはどれだけの値が必要か.

[3] 例題 13.5 の回路で,$t = 0$ の磁気的な場のエネルギーと電場のエネルギーを計算せよ.次に,$t = 1.2$ ms で 2 つのエネルギーを計算せよ.

CHAPTER. 14

交流電流

電流の大きさが時間とともに変化する現象をこれまでに RC 回路 (CHAPTER. 7) と RL 回路 (CHAPTER. 13) でみた．しかし，いずれも電流の流れる向きは一定の直流電流で，向きが時間変化することはなかった（13.5 節の LC 回路は別）．ところが日常我々が家庭で利用している電流や電圧は，時間とともに正弦関数で変化する．これを交流という．抵抗，コンデンサー，コイルといったデバイスをもつ回路で，交流電流の流れにくさを表す量として，リアクタンスを説明する．

14.1 交流発電機の原理

回路に交流電流を供給するためには，**交流起電力**が必要である．それでは，どうすれば交流起電力が生じるのか，その原理を次の例題を考えながら説明する．これは 12.1 節で述べた電磁誘導現象の応用である．

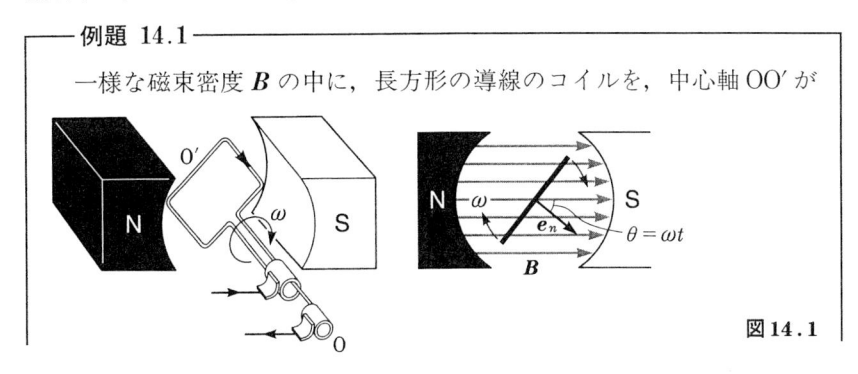

例題 14.1

一様な磁束密度 B の中に，長方形の導線のコイルを，中心軸 OO′ が

図 14.1

磁束密度と垂直になるようにおく．そして $t = 0$ でコイルを $\boldsymbol{B}$ に垂直にして，角速度 ω で矢印の向きに回転させる（図 14.1）．このコイルに発生する誘導起電力を求めよ．

[解] コイルが回転することにより，コイルが作る面の法線方向と $\boldsymbol{B}$ のなす角も $\theta = \omega t$ で時間変化をする．コイルの面積を S とすると，これを貫く磁束 $\varPhi_B$ の時間変化は

$$\varPhi_B = \boldsymbol{B} \cdot S\boldsymbol{e}_\mathrm{n} = BS \cos \omega t$$

で与えられる（$\boldsymbol{e}_\mathrm{n}$ は法線方向の単位ベクトル）．したがって，電磁誘導によってコイルに生じる誘導起電力 V_em は

$$V_\mathrm{em} = -\frac{d\varPhi_B}{dt} = \omega BS \sin \omega t \tag{14.1}$$

となる．レンツの法則から，この起電力の向きはコイルに矢印の向きの電流を流すような向きである．

図 14.2 の最上段に，コイルの傾きを $\pi/2$ 刻みに示す．対応する各時刻でのコイルの面を貫く磁束を中段に，コイルに生じる誘導起電力を下段に示す．図にみられるように，磁束と起電力も時間の三角関数である．コイルが磁束密度に垂直で，磁束が最大になるとき（$\theta = 0, 2\pi$）と最小になるとき（$\theta = \pi$）には，磁束の変化率はゼロとなる（その点における余弦関数の接線の傾きがゼロ）．そのとき，誘導起電力もゼロとなる．誘導起電力の絶対値が最大になるのは，コイルが $\boldsymbol{B}$ と平行なとき（$\theta = \pi/2, 3\pi/2$）である．その理由は，そのとき磁束の変化が一番大

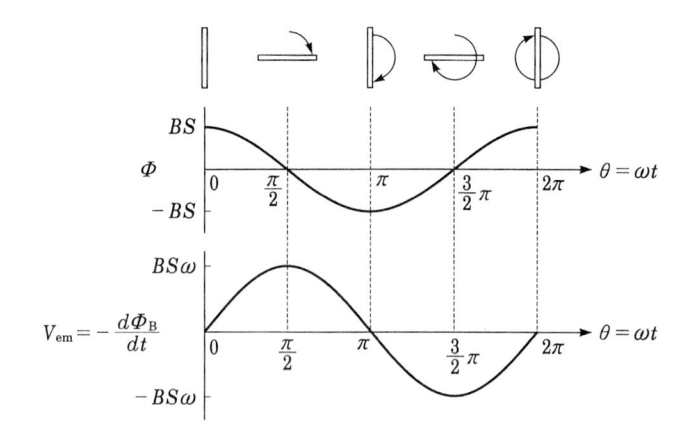

図 14.2

きいからである(その点における余弦関数の接線の傾きが最大).

コイルが半回転して,コイルの表裏が逆になると,誘導起電力の向きも逆になる.その理由は,このとき磁束が最小値から増え始めるからである(表のときは,磁束が減りつつある).あるいは面積ベクトルでいえば,逆向きになっている.

この起電力は,図 14.2 にみるように,$T = 2\pi/\omega$ の周期関数である.**交流の周波数**は

$$f = \frac{\omega}{2\pi} \tag{14.2}$$

で,これが 1 秒間に電圧の正と負が入れ替る回数である.電力会社が家庭などに提供している電流の周波数は,東日本では 50 Hz,西日本では 60 Hz である.¶

14.2 交流電流

例題 14.1 に示したような,時間とともに

$$v = V \cos \omega t \tag{14.3}$$

で変動する電圧 v を**交流電圧**という.ここで V を**電圧振幅**という.V は交流電圧の最大値を与える.

閉回路において,電気抵抗 R の両端に交流電圧 v を加えると,オームの法則

$$v = Ri \tag{14.4}$$

で決まる**交流電流** i が流れる.i の時間変化は v と同じで

$$i = I \cos \omega t \tag{14.5}$$

である.ここで I を**電流振幅**という.このとき電流と電圧の振幅の間には,直流のときと同じ**オームの法則**

$$V = RI \tag{14.6}$$

が成り立つ.(14.3), (14.5) でみたように,交流電流と交流電圧の時間変化はともに $\cos \omega t$ であり,周期 T($= 2\pi/\omega$)は同じである.

一般に，回路内の電流が
$$i = I\cos\omega t$$
で，任意の2点間の電圧を
$$v = V\cos(\omega t + \phi) \tag{14.7}$$
と表したとき，ϕ を**位相角**という．位相角は，電流を基準にしたときの電圧の位相である．抵抗を含む回路の場合は，位相角がゼロである．回路にコイルやコンデンサーがあると電圧と電流に位相差があることは，14.3節で示す．

交流電流は時間の周期関数として I から $-I$ までの値を連続的にとる．時々刻々変化する交流電流の大きさを1つの値で表すような，何らかの量が必要である．交流電流の1周期での時間平均をとったのでは，正と負の寄与が打ち消し合ってゼロとなるので，交流電流の大きさを表せない．このような場合の平均値を与えるのが**2乗平均**（root mean square, rms）とよばれるもので，2乗して正の値にしたものの平均の平方根である．つまり，電流の2乗の1周期での平均値 $\langle i^2 \rangle$ を計算し，この値の平方根をとって電流の次元の量にもどしたものを，**電流の実効値** I_e として用いるのである．

時間の周期関数である量 A の，1周期での**平均値**を $\langle A \rangle$ で表す．平均値は，その量を1周期にわたって積分したものを周期で割れば得られる．具体的に式で表すと
$$\langle A \rangle = \frac{1}{T}\int_0^T A(t)\,dt = \frac{\omega}{2\pi}\int_0^{2\pi/\omega} A(t)\,dt \tag{14.8}$$
である．最右辺への変形で，係数 $1/T$ と積分の上限 T を $T = 2\pi/\omega$ の関係により ω で表した．(14.8) を使って電流の2乗平均を計算すると
$$\langle i^2 \rangle = \langle I^2\cos^2\omega t \rangle = \frac{I^2}{2}\langle 1 + \cos 2\omega t \rangle$$
$$= \frac{I^2}{2}\langle 1 \rangle + \frac{I^2}{2}\langle \cos 2\omega t \rangle = \frac{I^2}{2}$$
を得る．ここで

$$\langle 1 \rangle = \frac{\omega}{2\pi} \int_0^{2\pi/\omega} dt = 1 \tag{14.9}$$

$$\langle \cos 2\omega t \rangle = \frac{\omega}{2\pi} \int_0^{2\pi/\omega} \cos 2\omega t \, dt = \frac{1}{4\pi} \left[\sin 2\omega t \right]_0^{2\pi/\omega} = 0 \tag{14.10}$$

を使った．したがって，電流の実効値 I_e は

$$I_e = \sqrt{\langle i^2 \rangle} = \frac{I}{\sqrt{2}} \tag{14.11}$$

である．図 14.3 に実効値を点線で示す．電圧についても同様に考えると

$$V_e = \frac{V}{\sqrt{2}} \tag{14.12}$$

となる．したがって，電流と電圧の実効値に対しても，オームの法則

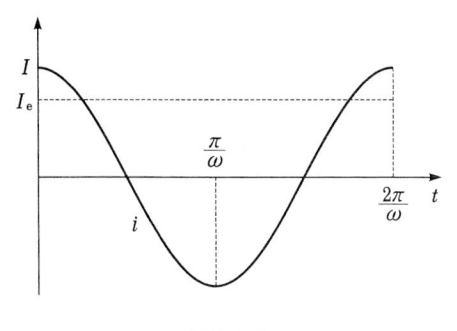

図 14.3

$$V_e = R I_e \tag{14.13}$$

が成り立つ．

交流の電流計，電圧計の目盛は，実効値を表すように作られている．普段家庭で使っている電圧が 100 V というのは実効値のことで，$V_e = 100$ V という意味だから，電圧の瞬間最大値は $\sqrt{2}\, V_e \approx 141$ V である．

―― 例題 14.2 ――

100 V，50 Hz で 2.7 A の電流が流れると表示された器具がある．電流の平均値はいくらか．また，電流の最大値はいくらか．

[解] これは交流電流であるから，時間的な平均値はゼロである．また，電流の最大値は $\sqrt{2} \times 2.7 = 3.8$ A である． ¶

14.3 抵抗とリアクタンス

CHAPTER.13 では，回路を構成する要素である抵抗，コイル，コンデンサーなどのデバイスを含む回路で，直流電流の振舞を調べた．この節では，そのような回路に交流電流が流れたときの，電流と電圧の関係を考える．

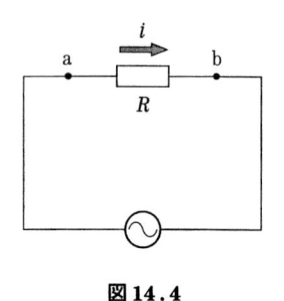

まず抵抗 R をもつ回路に，交流電流が流れる場合を考える（図14.4）．回路の図で**交流電源**を表す記号は⊖である．オームの法則から，時刻 t で抵抗の両側の端子 a と b の電位差は（時間変化する量だから小文字で表して）

$$v_R = iR = IR \cos \omega t \tag{14.14}$$

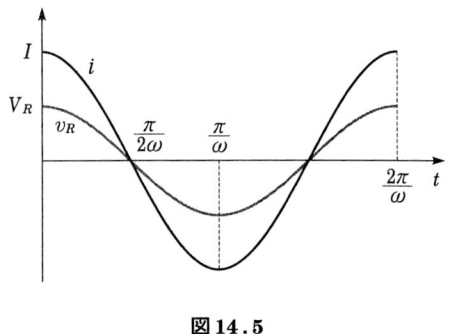

である．このとき電圧振幅 V_R は $\cos \omega t$ の係数だから

$$V_R = IR \tag{14.15}$$

であり，交流電圧は

$$v_R = V_R \cos \omega t \tag{14.16}$$

図 14.4

図 14.5

と表せる．すなわち，**抵抗がある**ときの**交流回路**では，i と v_R の時間変化はともに $\cos \omega t$ で位相が一致している（図14.5）．両者の違いは，振幅 I と V_R だけである．交流回路で i と v_R が同じ位相であることは，コイルやコンデンサーを含まない場合の特徴である．

交流回路のコイル

回路の抵抗 R を自己インダクタンス L のコイルでおきかえた場合に，交流電流 $i = I \cos \omega t$ が流れるコイルの両端の電圧を考える（図14.6）．コイ

14.3 抵抗とリアクタンス

ルの抵抗をゼロと仮定すると，コイルでの定常電流による電圧降下はない．しかし，電流が時間的に変って自己誘導起電力 $V_e = -L(di/dt)$ を生じる．

いまコイルを流れる電流が時計回りで，かつ増えている場合（$di/dt > 0$）には，誘導起電力が左向きに生じて電流が増えるのを妨げる．その効果により，a の電位は b の電位より正の値 $v_L = L(di/dt)$ だけ高くなる（コイルの端子 a, b 間の電位差 v_L は誘導起電力の符号を変えたものである）．このとき

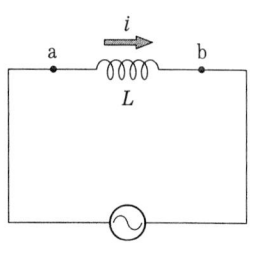

$$v_L = L\frac{d}{dt}(I\cos\omega t)$$
$$= -I\omega L \sin\omega t \tag{14.17}$$

図 14.6

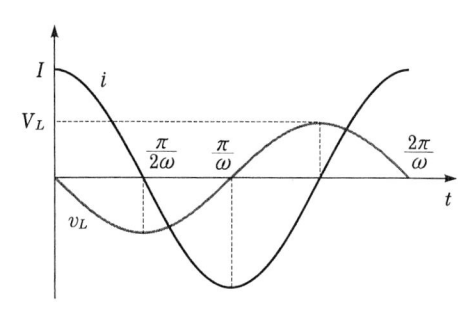

図 14.7

である．i と v_L を図 14.7 に示す．(14.17) は

$$v_L = I\omega L \cos\left(\omega t + \frac{\pi}{2}\right) \tag{14.18}$$

と表せ，電圧は電流に対して位相が常に $\pi/2$ 進んでいることがわかる．

(14.18) で**コイルの電圧振幅**を V_L とすると

$$V_L = I\omega L \tag{14.19}$$

である．このように L を含む回路での電圧の振幅は V_L である．(14.19) を (14.15) と似た形の

$$V_L = IX_L \tag{14.20}$$

と表し，**誘導リアクタンス** X_L を導入する．

$$X_L = \omega L \tag{14.21}$$

これは，コイルによる交流電流の流れにくさを与える量であり，X_L の単位は抵抗と同じオーム（Ω）である．

誘導リアクタンスは，コイルの電流が変化したとき，その変化を妨げるようにはたらく自己誘導起電力に起因している．(14.18)，(14.19) をみると，v_L も V_L も X_L に比例していることがわかる．

例題 14.3

周波数 1.6 MHz で電圧振幅 3 V の交流電圧を使って，コイルに振幅が 200 μA の電流を利用するには，コイルの誘導リアクタンス X_L とインダクタンス L の値はどれだけか．また，このコイルで周波数を 16 MHz に変えた場合に流れる電流振幅を求めよ．

[解]
$$X_L = \frac{V_L}{I} = \frac{3}{200 \times 10^{-6}} = 15 \text{ k}\Omega$$

$$L = \frac{X_L}{\omega} = \frac{15 \times 10^3}{2\pi \times 1.6 \times 10^6} = 1.5 \times 10^{-3} = 1.5 \text{ mH}$$

となる．また，(14.19) から I は ω に逆比例するから，求める電流振幅は 16 MHz のときは 1.6 MHz での値の 1/10 の 20 μA となる． ¶

交流回路のコンデンサー

電気容量が C のコンデンサーを交流電源につないだときの，電流と電圧の時間変化について述べる．図 14.8 に示す回路で，電流の正方向を時計回りとする．コンデンサーを交流電源によって充電するとき，ある瞬間を考えると左側の極板に i が流れ込み，右側の極板から同じ i が流れ出る（このとき，極板間には 11.2 節で述べた変位電流が流れる）．

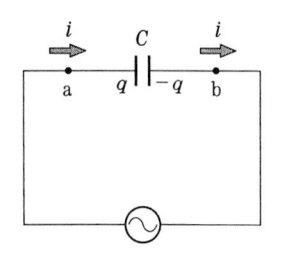

図 14.8

14.3 抵抗とリアクタンス

ある時刻に，コンデンサーに生じる電圧 v_C （端子 b に対する a の電位）を求めるのに，電荷 $+q$ がコンデンサーの左側の極板に蓄えられていると考える（ということは，右側の極板には $-q$ が蓄えられている）．電流 $i = dq/dt$ の符号を，左極板の電荷が増える場合に正であると定義すると，(14.5) と同じ

$$i = \frac{dq}{dt} = I \cos \omega t$$

の関係がある．これを時刻 0 から t の範囲で積分すると

$$\int_0^t i \, dt = q = \int_0^t I \cos \omega t \, dt = \frac{I}{\omega} \sin \omega t \qquad (14.22)$$

となる．コンデンサーの電圧 v_C は，$v_C = q/C$ の関係から

$$v_C = \frac{I}{\omega C} \sin \omega t \qquad (14.23)$$

となる．つまり，**コンデンサー**がある回路の**電圧振幅**は

$$V_C = \frac{I}{\omega C} \qquad (14.24)$$

である．

電流 i と v_C の位相差を知るために，(14.23) を余弦関数を使って表すと

$$v_C = \frac{I}{\omega C} \cos\left(\omega t - \frac{\pi}{2}\right) \qquad (14.25)$$

であるから，電圧は電流に対して位相が常に $\pi/2$ 遅れている（図 14.9）．したがって，コンデンサーを含む回路の電圧の振幅は V_C である．ここで

$$X_C = \frac{1}{\omega C} \qquad (14.26)$$

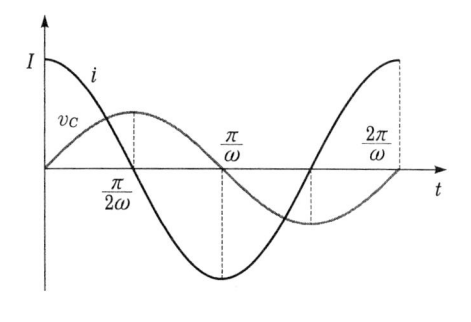

図 14.9

として，**容量リアクタンス**という量を定義すると

$$V_C = IX_C \tag{14.27}$$

の関係がある．これはコイルの場合の誘導リアクタンス (14.20) と同じ形の式である．容量リアクタンスは，コンデンサーによる交流電流の流れにくさを表す．

―― 例題 14.4 ――

150 Ω の抵抗と 4 μF のコンデンサーが直列につながれている回路がある．抵抗の両端に掛かっている交流電圧は，$1.2\cos(1500\,t)$ の時間変化をしている（単位は V）．

(a) 回路に流れる電流 i を求めよ．

(b) コンデンサーのリアクタンス X_C を求めよ．

(c) コンデンサーの両端の電位差 V_C を計算せよ．

[解] (a) (14.14) から

$$i = \frac{v_R}{R} = \frac{1.2\cos(1500\,t)}{150} = 8\times 10^{-3}\cos(1500\,t)$$

となる．このとき電流振幅は $I = 8\times 10^{-3}$ A である．

(b) 時間変化が $\cos(1500\,t)$ だから，$\omega = 1500$ である．(14.26) を使うと

$$X_C = \frac{1}{\omega C} = \frac{1}{1500\times 4\times 10^{-6}} = 1.7\times 10^2\ \Omega$$

と求まる．

(c) (14.27) に (a)，(b) の結果を用いると

$$V_C = IX_C = 8\times 10^{-3} \times 170 = 1.36\ \text{V}$$

となる． ¶

LRC 回 路

図 14.10 に示すような抵抗，コイル，コンデンサーと交流電源が直列につながれた回路（**LRC 回路**）の抵抗に相当する量として，インピーダンスという量を導入する．電源が供給する電流を $i = I\cos\omega t$ とする．R, L, C の両端に生じる電圧をそれぞれ v_R, v_L, v_C とし，その最大値を V_R, V_L,

14.3 抵抗とリアクタンス

V_C とする．回路におけるa〜dの各端子間の電圧は $v = v_{ad}$, $v_R = v_{ab}$, $v_L = v_{bc}$, $v_C = v_{cd}$ である．ここで v_R, v_L, v_C はすべて正の値で，aとdの間で正の電位差をもつ．一方，交流電源はdからaに至るとき電位を v だけ上げるから，$v = v_R + v_L + v_C$ が成り立っている．

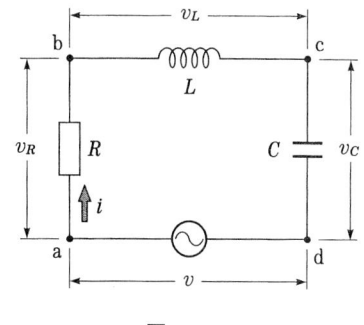

図 14.10

図 14.10 において抵抗の両端の電圧は，電流と位相が同じで $V_R = IR$ であるが（図 14.11(a)），コイルの両端に現れる電圧の大きさは $V_L = IX_L$ で，位相は I より $\pi/2$ 進み（図 14.11(b)），コンデンサーの両端の電圧は $V_C = IX_C$ で位相が I より $\pi/2$ 遅れている（図 14.11(c)）．このように位相が違う電圧を生じるデバイスを直列につないだ回路において，電流と電圧の関係を述べる．

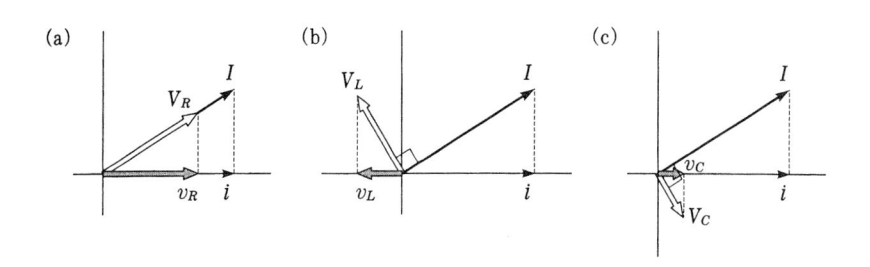

図 14.11

図 14.12 に，$X_L > X_C$ の場合を示した．図にみるように

$$V = \sqrt{V_R^2 + (V_L - V_C)^2} \tag{14.28}$$

の関係がある．(14.28) は，回路の交流電圧の振幅を各デバイスの両端に現れる電圧の振幅で表したものである．これを (14.15), (14.20), (14.27) を使って書き直すと

$$V = I\sqrt{R^2 + (X_L - X_C)^2}$$

となる．ここで，

『交流回路の**インピーダンス** Z という量を，電圧振幅と電流振幅の比で定義する』

と，

$$Z = \sqrt{R^2 + (X_L - X_C)^2} \tag{14.29}$$

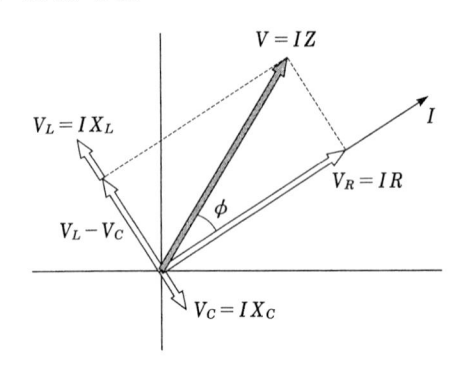

図 14.12

となる．これを用いると，電流と電圧の関係が

$$V = IZ \tag{14.30}$$

と書けるから，インピーダンス Z は，L，C があるときの抵抗に相当する量と考えられる．なお，X_L，X_C に (14.21)，(14.26) を使うと，Z は R，C，L で表せて

$$Z = \sqrt{R^2 + \left(\omega L - \frac{1}{\omega C}\right)^2} \tag{14.31}$$

となる．

14.4　交流回路の電力

交流回路で，電流 i（振幅が I）が流れる回路のデバイス（R，C，L）を挟む瞬間的な電位差を v（振幅を V）とするとき，このデバイスの瞬間的な電力は $p = vi$ である．

抵抗だけがある回路では v と i は同じ位相で（図 14.11(a)），**電力の平均値**を P_{av} とすると

$$P_{\text{av}} = \frac{1}{2} VI \tag{14.32}$$

である．これは

$$P_{\text{av}} = \frac{V}{\sqrt{2}} \frac{I}{\sqrt{2}} = V_{\text{rms}} I_{\text{rms}} \tag{14.33}$$

とも書ける．また，$V_{\text{rms}} = I_{\text{rms}} R$ だから

$$P_{\text{av}} = I_{\text{rms}}^2 R = \frac{V_{\text{rms}}^2}{R} \tag{14.34}$$

と書くことができる．

L だけがある回路では，$v = v_L$ は i より位相が $\pi/2$ 進んでいるので，v と i の積 p の時間平均 P_{av} はゼロとなる．C だけがある回路では，$v = v_C$ の位相が i より $\pi/2$ 遅れており，やはり P_{av} はゼロとなる．

抵抗，コンデンサー，コイルの任意の組合せがある回路では，これらの大きさで決まる位相角 ϕ を使って

$$p = vi = V\cos(\omega t + \phi) \times I \cos \omega t$$
$$= VI \cos \phi \cos^2 \omega t - VI \sin \phi \cos \omega t \sin \omega t$$

と書ける．第2項の時間平均は $\langle \cos \omega t \rangle = \langle \sin \omega t \rangle = 0$ だからゼロとなり，平均電力は

$$P_{\text{av}} = \frac{1}{2} VI \cos \phi = V_{\text{rms}} I_{\text{rms}} \cos \phi \tag{14.35}$$

となる（L か C どちらか一方だけがある場合は，$\phi = \pm \pi/2$ だから $P_{\text{av}} = 0$ である）．

演習問題

[1] 100Ω の抵抗と 8 μF のコンデンサーを直列につないだ回路があり，抵抗の両端に $v_R = 1.2 \cos(2500\,t)$ の電圧をかける．

（a）回路の電流の表式を求めよ．

（b） コンデンサーの容量リアクタンスを求めよ．
（c） コンデンサーの両端の電圧を求めよ．

[2] $R = 100\,\Omega$, $L = 20\,\text{mH}$, $C = 1\,\mu\text{F}$, $V = 50\,\text{V}$, $\omega = 10000\,\text{rad/s}$ の回路で，X_L, X_C, Z, I, ϕ, V_R, V_L, V_C の値を計算せよ．また，答えで $V_R + V_L + V_C \neq V$ なのはなぜか．

[3] ヘアドライヤーを 100 V, 1200 W で使うときの，抵抗と2乗平均電流 I_{rms} を計算せよ．

CHAPTER. 15

電 磁 波

　コイル内の磁束の時間変化によって誘導電場が生じるという電磁誘導現象に対応して，コンデンサーの極板間の電場が時間変化すると磁場が誘導された．つまり，電場や磁場が時間変化するとき，両者は切り離せない．このような時間変化する電磁気的な場は，空間を波として伝わる．この章では，波の基本的な性質を説明してから，電磁波について説明する．

15.1　マクスウェル方程式と電磁波

　これまでに，いろいろな電気現象のそれぞれに対応する磁気現象があることを知った．そのうえ，電流が磁束密度を生じたり，磁束の変化が誘導起電力を生じるように，電気と磁気は相互に作用し合う．

　実際に，磁束の時間変化により誘導電場を生じる現象はファラデーの法則（12.2節）で記述され，時間変化する電場が磁束密度を誘導する現象はマクスウェル - アンペールの法則（11.2節）で表現された．

電気と磁気を統一する方程式

　マクスウェルは電場と磁気的な場の関係をすっきりした理論にまとめ，電気と磁気を統一的に理解できるようにした．それは

　『電場や磁束密度は，空間的にも時間的にも変化する波として存在する』

ということである．マクスウェルは，1865年に電場と磁束密度が一体とな

って自由空間を光の速度で伝わることを証明した．これが15.3節で述べる電磁波である．我々が見る光も電磁波の一つであることが，マクスウェル方程式からいえる．

時間変化する電場と磁束密度

15.4節で示すように，電場と磁束密度の波は，空間的にも時間的にも正弦関数で表すことができる．つまり，電場も磁束密度も決まった振動数と波長をもつ波である．**電磁波**には，可視光，ラジオ波，X線などが含まれるが，いずれも速度は同じで，波長（振動数といってもいい）だけが異なる．それぞれの波長領域を表15.1に示す．

表15.1 電磁波の種類

波長 (m)		名 称	
(km)	10^4	LF（長波）	電波
	10^3	MF（中波）	
	10^2	HF（短波）	
	10	VHF（超短波）	
	1	UHF（極超短波）	マイクロ波
	10^{-1}	SHF（センチ波）	
	10^{-2}	EHF（ミリ波）	
(mm)	10^{-3}		
	10^{-4}	赤外線	
(μm)	10^{-5}		
	0.78×10^{-6}	可視光線	
	3.8×10^{-7}	紫外線	
	10^{-8}		
(nm)	10^{-9}	X線	
	10^{-10}		
	10^{-11}		γ線
	10^{-12}		

マクスウェル方程式

電磁気学の基本的な法則は，**マクスウェル方程式**とよばれる4つの式にまとめることができる．この節では，真空中の電磁現象に関するマクスウェル方程式を論じる．物質中でのマクスウェル方程式については，最後に15.6節で触れる．4つはいずれも，これまでの章ですでに説明したものである．初めの2つは，(2.20) の**電場に関するガウスの法則**

$$\int \boldsymbol{E} \cdot d\boldsymbol{S} = \frac{Q}{\varepsilon_0} \tag{15.1}$$

と，(8.9) の**磁束密度に関するガウスの法則**

$$\int \boldsymbol{B} \cdot d\boldsymbol{S} = 0 \tag{15.2}$$

である．この2つの式の左辺は，それぞれ電場 $\boldsymbol{E}$ と磁束密度 $\boldsymbol{B}$ の，閉曲面上での積分である．3番目が (11.6) の変位電流 $i_D = \varepsilon_0 (d\Phi_E/dt)$ を含む**マクスウェル－アンペールの法則**

$$\oint \boldsymbol{B} \cdot d\boldsymbol{s} = \mu_0 \left(i_C + \varepsilon_0 \frac{d\Phi_E}{dt} \right) \tag{15.3}$$

である．第4の式が**ファラデーの法則** (12.1) で起電力を $\oint \boldsymbol{E} \cdot d\boldsymbol{s}$ と表した

$$\oint \boldsymbol{E} \cdot d\boldsymbol{s} = -\frac{d\Phi_B}{dt} \tag{15.4}$$

である．(15.3) と (15.4) の積分は，閉曲線に沿った線積分である．

(15.1)～(15.4) の4つをまとめて真空中のマクスウェル方程式という．真空中では電荷が存在しない ($Q = 0$) なので，(15.1) と (15.2) は $\boldsymbol{E}$ と $\boldsymbol{B}$ に関する同じ形の式である．(15.3) と (15.4) は，電束の変化が磁束密度を，磁束の変化が電場を作るという意味で共通している（真空中では電流を運ぶ物体がないので，(15.3) の伝導電流はゼロ）．

(15.3) は電束の積分形を使って，また (15.4) は磁束の積分形を使って書き直すことができる．真空中では $i_C = 0$ だから，(15.1) を用いて $i_D = dQ/dt$ を表すと，(15.3) は

$$\oint \boldsymbol{B} \cdot d\boldsymbol{s} = \varepsilon_0 \mu_0 \frac{d}{dt} \int \boldsymbol{E} \cdot d\boldsymbol{S} \tag{15.5}$$

と，右辺が面積分の形になる．また，(15.4) で磁束を面積分で表すと

$$\oint \boldsymbol{E} \cdot d\boldsymbol{s} = -\frac{d}{dt} \int \boldsymbol{B} \cdot d\boldsymbol{S} \tag{15.6}$$

となる．

　ガウスの法則 (15.1) と (15.2) では，電場と磁束密度は独立である．独立である理由は，(15.1) で電場の源が静止した電荷であることと，(15.2) で磁束密度の源が時間的に変化しない定常電流であることである．

15.2 波動

　電磁波を説明する前に，まず波動がもつ一般的な性質を解説することにする．
波動の例 —水面波—
　池の水面に広がる波，話し声や楽器が奏でる音など，身の周りにはいろいろな波が伝わる現象が見られる．
　静かな水面の1点に小石を落とすと，その点は上下に振動を始め，それが小石の落ちた点を中心とする同心円状に広がるのが見られる．これは，中心点での水面の垂直方向の振動が順々にとなりの部分に伝わっているのである．
　　　『水面の振動のような，物理量が周囲に伝わっていく現象を，
　　波動または**波**という．』
小石を投げ入れた水の場合には，水面の各点での基準面から上下への変位が，波動量として横方向に伝わっている．音波の場合は，空間の各領域での空気の密度の増減が波動量として伝わる．
　上で述べた水面や音の波は，いずれも力学的な波動である．この章で扱うのは電磁気的な場が伝わる電磁波とよばれる波で，数学的な扱いは力学的な

波動と共通である．力学的な波動は，水波の場合に水中を伝わり，音波の場合には空気中を伝わる．水，空気など，波を伝える物質を**媒質**とよぶ．電磁波が伝わる媒質には，真空と物質がある．

波動として伝わる変位

波動の具体的な例として，長いひもを水平にして一端を固定し，他の端をひもに垂直方向に往復運動をさせたときに生じる波動を考える（図15.1）．ひもの端を上方に振ると，その動きが隣の部分に伝わって，やはり上方に変位する．図の矢印はこれからその部分が変位する向きを示す（向きは，その点のすぐ左の部分の方が高い場合には上方に，低い場合には下方である）．手元の上下振動を続けると，次に図の下段に示すように，次第にひもの広い領域に波が伝わっていく．これが波動の例である．

ひもは各部分が上下に振動し，その振動がひもを右方向に伝わる波となる．このように，波動を特徴づける方向は2つある．ひもの各部分が変位する方向と，波が伝わる方向である．この場合，波が伝わるのはひもを介してだから，伝わる方向はひもが存在する方向しかありえない．これに対し，振動の方向は3次元のときは3つある．図15.1の振動のように，振動の方向と波の伝わる方向が垂直である波を**横波**という．

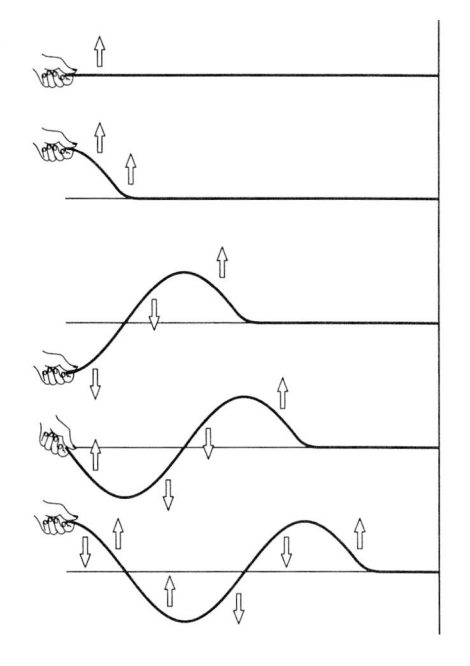

図15.1

波が伝わるときの特徴は次の3点である．

(1) 波は，ある一定の速度で伝わる．
(2) 波が伝わるとき，波を伝える媒質自体は波の進行方向に移動しない．媒質を構成する個々の粒子は，平衡位置から上下（あるいは左右）に振動する．このとき，ある一定の高さの点をある方向で追っていくと，波がその方向に伝播しているように見える．
(3) 振動が生じ，それを波動とするには，エネルギーを投入しなければならない．それにともなって，波動はエネルギーを運ぶ（物体は運ばれない）．

音は空気の各部分の密度変化が振動方向に伝わる波である．このように，波の振動方向と伝わる方向が平行な波を**縦波**という．

波動の数学的表現

図15.1で，ひもで波が伝わっていく向きを x 軸に，振動する方向を y 軸にとって，ひもの各部分を単振動によって上下させる．**単振動**とは，系（いまの例ではひもの各部分）が，ある決まった1つの振動数で振動することをいう．この場合の波動量である y 座標は，x と t の関数である．これを**波動関数**といい，$y(x, t)$ と書く．波動関数とは，波動量を表す関数形のことである．余談になるが，量子力学では粒子を波動として捉えるので，粒子の状態は波動関数で表される．

波は，

　　　『波動量（波動関数）が形を変えずにある方向に進行する』

という特徴をもっている．いいかえると，ひもの振動の振幅と周期はどの部分でも同じということである．

正 弦 波

ひもにおいて，x 方向に進行する波の波動関数 $y(x, t)$ の具体的な形を考察する．

ひもの左端（$x = 0$）の**変位の時間変化**が

15.2 波　動

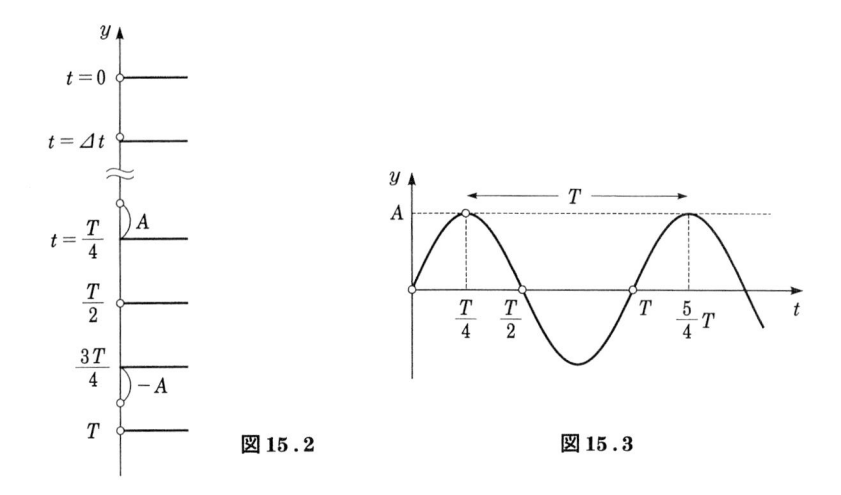

図 15.2

図 15.3

$$y(x=0, t) = A\sin\omega t \tag{15.7}$$

で与えられるとする．A は振幅，$\omega = 2\pi f$ は角振動数であり，周期は $T = 1/f = 2\pi/\omega$ となる．(15.7) は，$x=0$ での変位が $t=0$ でゼロであり，時間とともに y 方向に単振動することを表している．1 周期の間のこの点の変位を図 15.2 に示す．この様子を t を横軸に選んで示すと，周期 T の周期運動をする（図 15.3）．

この変位が原点から右方向の距離 x の点まで伝わるのに，x/v だけの時間がかかる（v は波の速度）．したがって位置 x で時刻 t の変位は，$x=0$ での時刻 $t - x/v$ の変位と同じである．この関係を (15.7) を用いて表すと

$$y(x, t) = A\sin\omega\left(t - \frac{x}{v}\right) \tag{15.8}$$

である．波動は，周期 T の間に波長 λ の長さだけの距離を進むから，**波動の速度**は

$$v = \frac{\lambda}{T} = \lambda f \tag{15.9}$$

で与えられる．**波数**を

$$k = \frac{2\pi}{\lambda} \tag{15.10}$$

で定義すると，これは 2π の長さの中にある波の数である．このとき

$$\omega = vk \tag{15.11}$$

の関係がある．(15.11) を使うと，(15.8) は

$$y(x, t) = A\sin(\omega t - kx) \tag{15.12}$$

と書ける．これは**正弦波**の一般形であり，ω が時間的変化の周期を，k が空間的変化の周期を決めている．

(15.12) で $t = 0$ とすると

$$y(x, 0) = -A\sin kx$$
$$= -A\sin 2\pi \frac{x}{\lambda}$$
$$\tag{15.13}$$

となる (図 15.4)．これは特定の時刻 $t = 0$ でひもの任意の部分の変位が，x の周期関数であることを示している．

波動は，変位（y 座標）の空間変化と時間変化が組み合わさった運動である．(15.8) を図示すると図 15.5 の破線のようになる．(15.13) は図 15.5 の実線で表される．時

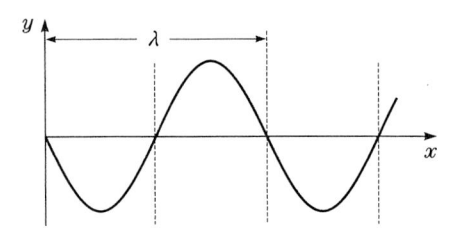

図 15.4

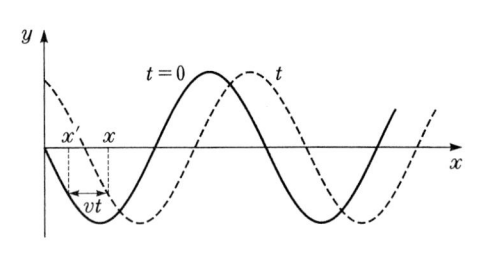

図 15.5

間が経つと，この曲線は形を変えずに右へ平行移動する．波が伝わる速度を v とすると，時刻 t での波動関数は実線を vt だけ右にずらした点線で表される．このとき，$y(x)$ と $t = 0$ での x' での関数値 $y(x')$ は等しく，x' と x には

15.2 波　動

$$x' = x - vt$$

の関係がある．つまり，x での破線の関数値 $y(x)$ は，x' での実線の関数値に等しいので，y は

$$y(x) = y(x - vt) \tag{15.14}$$

を満たす．前にみた (15.8) もこの形である．したがって，x の正方向に速度 v で進行する波 $\varphi(x, t)$ は

$$\varphi(x, t) = f(x - vt) \tag{15.15}$$

で表される．つまり変数 x と t は，$x - vt$ の形のセットで変数となっている．

時刻 0，$T/4$，$T/2$，$3T/4$，T での振動の様子を図 15.6 に示す．ひもの各部分が振幅の範囲で上下に振動していることが，例えば ○ を見てもわかる．また，振動の変位が同じ点（例えば変位が最大の △）の時間変化を追う

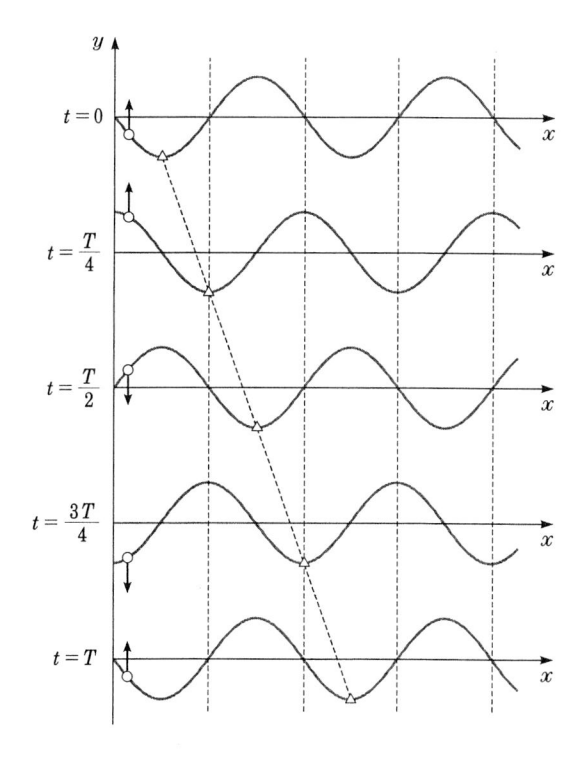

図 15.6

と右へ移動していて，**波の伝播**を表していることがわかる．1周期 T だけの時間が経つと，波の形は初めにもどる．

波動方程式

これまで波動を表す式として，正弦波 (15.8) や，一般形である (15.12) を示したが，これらは波動を記述する基本的な式，**波動方程式**の解である．簡単な1次元の場合の波動方程式は

$$\frac{1}{v^2}\frac{\partial^2 \varphi}{\partial t^2} = \frac{\partial^2 \varphi}{\partial x^2} \tag{15.16}$$

である（この式の導出は，「力学」または「振動・波動」の本にゆずる）．この式は変位が x 方向に伝わる波であることを表しており，v が波の伝わる速度である．(15.12) がこれを満たしていることは，実際に (15.16) に代入して偏微分を計算すれば容易に確かめられる．

15.3 平面電磁波と光速

この節では，電磁波のさらにくわしい議論を展開し，それがマクスウェルの方程式を満たすことを示す．また光速が $1/\sqrt{\varepsilon_0\mu_0}$ で与えられること (15.24) も導く．そのために，まず平面電磁波というものを説明する．

平面波

以下の議論では，波として振舞う単純な形の電磁場のモデルを仮定する．それは y 成分だけをもつ電場 E と，z 成分だけをもつ磁束密度 B であり，さらに E と B は一緒に x 軸の正方向に一定速度 c（c の大きさは (15.24) で決まる）で進むと仮定する．

ここで空間を x 軸に垂直な面で2つの領域に分けて考える．図 15.7 で，$x = x_0$ を通る境界面から左側では E と B は一様であると仮定する．つまり，矢印を示していない所にも E と B は一様に存在している．境界面が x

15.3 平面電磁波と光速

軸の正方向に進むと，それまで場のなかった空間を E と B がその方向に進んでいく．そのような状況が電磁波である．進行方向に垂直な任意の面上で，波動量が一様な波が**平面波**（いまの場合は平面電磁波）である．**平面電磁波**の場合は，E から B に回した右ねじの進む向きが波の進行方向になる．平面電磁波では，振動する電場と磁束密度がともに進行方向に垂直であり，横波である．平面電磁波は，この形の波である．

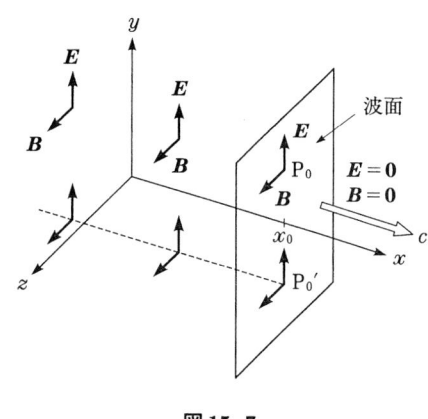

図15.7

平面電磁波はマクスウェル方程式を満たす

平面電磁波では E と B が互いに直交し，かつ進行方向にも直交すると仮定したが，それがマクスウェル方程式と矛盾しないことを示すことができる．まず，マクスウェル方程式の最初の2つ，電場と磁束密度の**ガウスの法則**（15.1）と（15.2）を考える．

$x < x_0$ にある yz 面に平行な各面上で，E と B が一定と考える（図15.8）．このとき，異なる面上で E や B は同じでなくてもよい．いま xy 面，yz 面，zx 面に平行な3つの面が作る直方体を考えて，その内部の電荷はゼロとする．その状況で直方体を貫く全電束と全磁束は，ともにゼロとなって（15.1），（15.2）を満足することを証明できる．そのためには E と B に平面電磁波の伝わる方向（x）の成分が

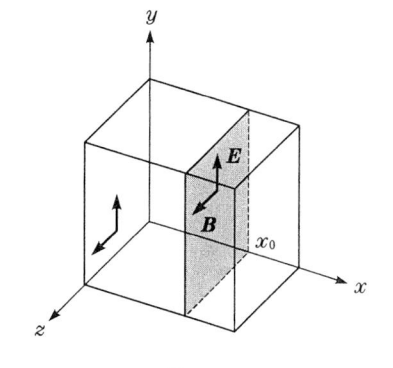

図15.8

ないことが条件になる．つまり，平面電磁波は横波でなければならない．

次に，平面電磁波が**ファラデーの法則**(15.4) を満たすのに必要な条件を示す．ここでは簡単のために，$x < x_0$ での x 軸に垂直なすべての面で $x = x_0$ の面と $\boldsymbol{E}$ と $\boldsymbol{B}$ が同じであるとする．xy 面に平行な長方形 efgh を考え，その高さを a，幅を $\varDelta x$ とする (図 15.9(a))．efgh の面積ベクトル $d\boldsymbol{S}$ を，z 軸の正の向きにとる．0.3 節の面積ベクトルの項で導入した閉曲線の向きを用いると，この長方形の正の向きは efgh となる．図に示されている時点では，辺 ef を波面より x 座標が大きいところにとっている．このとき波面の外にある辺 ef では $\boldsymbol{E}$ はゼロであり，辺 fg と辺 he では波面の外で $\boldsymbol{E} = 0$，波面の内で $\boldsymbol{E}$ は $d\boldsymbol{s}$ に垂直だから，ファラデーの法則 (15.4) の線積分に寄与するのは，辺 gh だけである．辺 gh では，$\boldsymbol{E}$ の向きは辺 gh と逆向

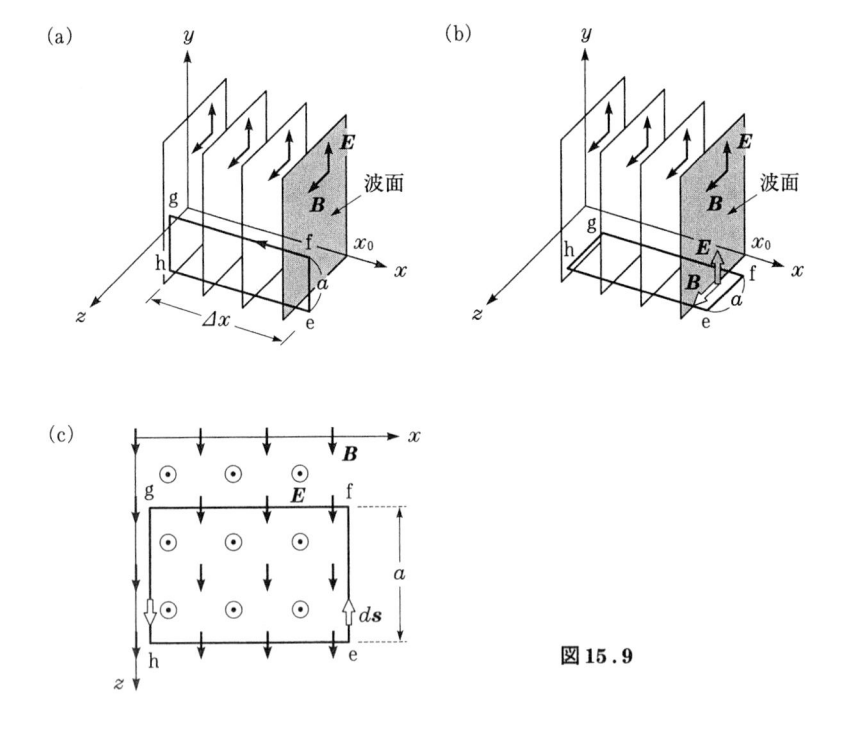

図 15.9

15.3 平面電磁波と光速

きだから，(15.4) の左辺は

$$\oint \boldsymbol{E} \cdot d\boldsymbol{s} = -Ea \tag{15.17}$$

となる．

ファラデーの法則を満たすには，長方形 efgh を貫く磁束に関して $d\Phi/dt \neq 0$ であることが必要だから，$\boldsymbol{B}$ の z 成分がなければならない．時間 dt の間に波面は $c\,dt$ の距離を動くから，長方形 efgh の面積は $ac\,dt$ だけ増える．したがって，磁束の時間変化は

$$\frac{d\Phi_B}{dt} = Bac \tag{15.18}$$

となる．(15.17)，(15.18) をファラデーの法則 (15.4) に代入すると

$$E = cB \tag{15.19}$$

となる．(15.19) が，ファラデーの法則が成り立つ条件である．これは真空中の電磁場について成り立つ関係である．

最後に証明する**アンペールの法則**は（$i_C = 0$ として）

$$\oint \boldsymbol{B} \cdot d\boldsymbol{s} = \mu_0 \varepsilon_0 \frac{d\Phi_E}{dt} \tag{15.20}$$

である．今度は長方形 efgh を xz 面内で考える（図 15.9(b)）．このときも，やはり波面が長方形の途中にあるとする．長方形を上から見たのが図 15.9(c) である．面積ベクトル $d\boldsymbol{S}$ を y 軸方向にとる．したがって，長方形の正の向きは efgh となり，$\boldsymbol{B} \cdot d\boldsymbol{s}$ の積分は長方形の四辺を反時計回りに回る．$\boldsymbol{B}$ は辺 ef でゼロ，辺 fg と辺 he ではゼロ（波面の外）か $d\boldsymbol{s}$ に垂直（波面の内）．辺 gh でのみ $\boldsymbol{B}$ と $d\boldsymbol{s}$ が平行で積分に寄与する．したがって

$$\oint \boldsymbol{B} \cdot d\boldsymbol{s} = Ba \tag{15.21}$$

となる．これから，アンペールの法則 (15.20) の左辺はゼロではない．ということは，右辺の $d\Phi_E/dt$ もゼロでなく，$\boldsymbol{E}$ は y 成分がある．(15.19) を導いたときと同様に，長方形 efgh の面積は dt の時間に $ac\,dt$ だけ増え

るから

$$\frac{d\Phi_E}{dt} = Eac \tag{15.22}$$

である．(15.21)，(15.22) を (15.20) に代入すると

$$B = \varepsilon_0\mu_0 cE \tag{15.23}$$

となる．電磁波は，B，c，E の間に (15.23) の関係があるときに，アンペールの法則を満たす．これは**真空中の平面電磁波の速度** c が

$$c = \frac{1}{\sqrt{\varepsilon_0\mu_0}} \tag{15.24}$$

ということを意味している．なお，$c = 3.00 \times 10^8$m/s である．

(15.16) で与えた波動方程式を真空中の平面電磁波 E_y の場合に適用して，(15.24) を用いると，**波動方程式**は

$$\frac{\partial^2 E_y(x,t)}{\partial x^2} = \varepsilon_0\mu_0 \frac{\partial^2 E_y(x,t)}{\partial t^2} \tag{15.25}$$

となることがいえる．

15.4 正弦電磁波

正弦的な電磁波は，1次元の場合に (15.12) の形をしている．このとき，座標を決めると，そこでの電場 E と磁束密度 B は時間の正弦関数である．同様に，ある時刻を決めると空間的にも正弦関数となる．

ある種の正弦関数は平面波の性質をもっている．この波は，任意の時刻で，伝播方向に垂直な面上で一様であることは 15.3 節で述べた．そして，全体として面に垂直な向きに速度 c で伝わる．

ベクトル E，B の向きは伝播方向に垂直で，電磁波は**横波**である．また，周波数 f，波長 λ，速度 c の間には，$c = \lambda f$ の関係がある．

図 15.10(a) に x 方向に伝わる電磁波の例を示す．この場合のように電場

15.4 正弦電磁波

(a)

(b)

等位相面

図 15.10

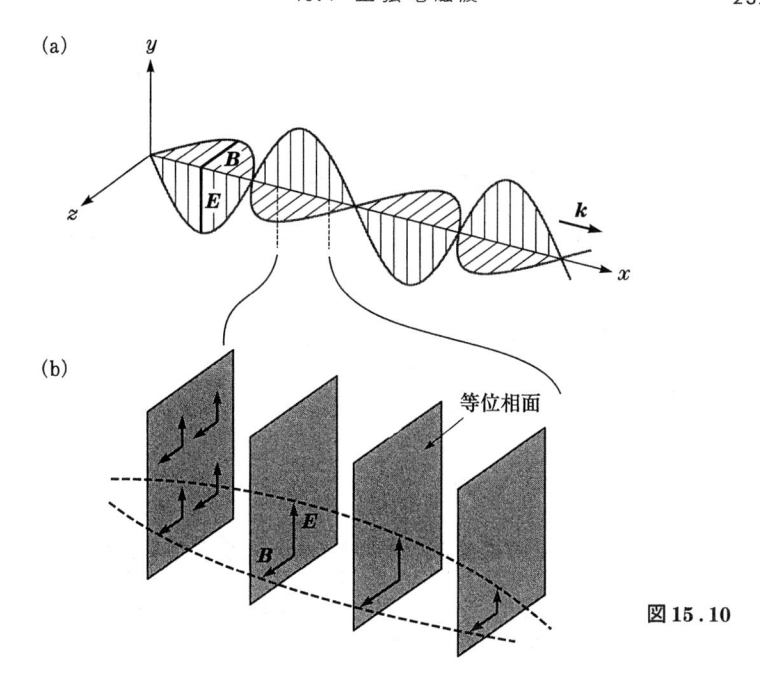

が y 成分だけの電磁波を，y 方向の**直線偏光**という．B は z 方向に直線偏光している．図 15.10(b) に示したのは，x の狭い範囲での様子を拡大したものである．時刻 t での E の y 成分を $E(x,t)$，B の z 成分を $B(x,t)$ で表すと，x 方向に波数 k で伝わる波は，電場の振幅を $E_{\max}$，磁束密度の振幅を $B_{\max}$ として，

$$\left. \begin{array}{l} E(x,t) = E_{\max}\sin(\omega t - kx) \\ B(x,t) = B_{\max}\sin(\omega t - kx) \end{array} \right\} \quad (15.26)$$

と表せる．この 2 式をベクトルで表すと

$$\begin{array}{l} \boldsymbol{E}(x,t) = E_{\max}\boldsymbol{e}_y\sin(\omega t - kx) \\ \boldsymbol{B}(x,t) = B_{\max}\boldsymbol{e}_z\sin(\omega t - kx) \end{array} \quad (15.27)$$

となる（$\boldsymbol{e}_y, \boldsymbol{e}_z$ は y, z 方向の単位ベクトル）．これが**正弦電磁波の伝播**の様子を示す式である．

15.5 電磁場のエネルギーと運動量

電場と磁場のエネルギー密度 (4.18), (13.16) から, 真空中に電場 E と磁束密度 B があるときの全エネルギー密度は

$$u = \frac{1}{2}\varepsilon_0 E^2 + \frac{1}{2\mu_0} B^2 \tag{15.28}$$

である. (15.23) と (15.24) から

$$B = \frac{E}{c} = \sqrt{\varepsilon_0 \mu_0}\, E \tag{15.29}$$

の関係があるから, (15.28) は

$$u = \frac{1}{2}\varepsilon_0 E^2 + \frac{1}{2\mu_0}(\sqrt{\varepsilon_0 \mu_0}\, E)^2 = \varepsilon_0 E^2 \tag{15.30}$$

となる. これは, 真空中の電磁波で, 電場と磁気的な場のエネルギー密度が等しいことを示している.

電磁エネルギーの流れとポインティングベクトル

電場のエネルギーについては 4.4 節で, 磁気的な場のエネルギーについては 13.3 節で学んだ. 電場と磁気的な場が共存する電磁場がもっているエネルギーのことを, **電磁エネルギー**という. 電磁波が伝わるとき, 電磁エネルギーを場所から場所へ運ぶ.

単位面積を単位時間に運ばれるエネルギーで, エネルギー移動の量を表す. x 軸に垂直な面積 A を考える. これは時間 dt に $dx = c\,dt$ だけ動くとする. 動く体積は $dV = Ac\,dt$ であり, その中にあるエネルギーは $dU = u\,dV = \varepsilon_0 E^2 Ac\,dt$ である. 真空中において, 単位時間に単位面積を通るエネルギーを S で表すと

$$S = \frac{1}{A}\frac{dU}{dt} = \varepsilon_0 c E^2 \tag{15.31}$$

となる. これは (15.23), (15.24) を使って書き直すと

$$S = \frac{\varepsilon_0}{\sqrt{\varepsilon_0 \mu_0}} E^2 = \sqrt{\frac{\varepsilon_0}{\mu_0}} E^2 = \frac{EB}{\mu_0} \tag{15.32}$$

となる.

電磁波の進行方向は $E \times B$ の向きだから,向きを含めて**ポインティングベクトル S** を

$$S = \frac{1}{\mu_0} E \times B \tag{15.33}$$

で定義する.ポインティングベクトルとは,電磁場のエネルギーの流れを表すベクトルである.S の単位は $1\,\mathrm{J/s\cdot m^2} = 1\,\mathrm{W/m^2}$ である.

通常,電磁波の周波数は高いから,ポインティングベクトルは時間的に非常に速く変化し,その強度を表すのには平均値を用いる.以上述べてきたのは真空中での電磁波についてである.

15.6 物質中の電磁波

物質中では,電磁波に関するいろいろな量が,真空中での値から電磁波が伝わる媒質中での値に変る.光速は $c \to v$ (**物質中の光速**),誘電率は $\varepsilon_0 \to \varepsilon = \varepsilon_r \varepsilon_0$,透磁率は $\mu_0 \to \mu = \mu_r \mu_0$ におきかえられる.**物質中のマクスウェル方程式**は,真空中の式 (15.1) と (15.3) で,やはり,$\varepsilon_0 \to \varepsilon$, $\mu_0 \to \mu$ としたものである.15.3 節で導いた関係 (15.19) と (15.23) は

$$E = vB, \qquad B = \varepsilon\mu v E \tag{15.34}$$

に変る.また,

$$v = \frac{1}{\sqrt{\varepsilon\mu}} = \frac{1}{\sqrt{\varepsilon_r \mu_r}} \frac{1}{\sqrt{\varepsilon_0 \mu_0}} = \frac{c}{\sqrt{\varepsilon_r \mu_r}} \tag{15.35}$$

であるが,多くの誘電体では $\mu_r = 1$ だから (15.35) は

$$v = \frac{1}{\sqrt{\varepsilon_r}} \frac{1}{\sqrt{\varepsilon_0 \mu_0}} = \frac{c}{\sqrt{\varepsilon_r}} \tag{15.36}$$

となる.物質での**光の屈折率** n は

$$\frac{c}{v} = n = \sqrt{\varepsilon_r \mu_r} = \sqrt{\varepsilon_r} \qquad (15.37)$$

の関係がある．

誘電体内での電磁場のエネルギー密度は，(15.28) と (15.30) に対応して

$$u = \frac{1}{2}\varepsilon E^2 + \frac{1}{2\mu}B^2 = \varepsilon E^2 \qquad (15.38)$$

となり，ポインティングベクトルは (15.33) に対応して

$$S = \frac{1}{\mu} E \times B \qquad (15.39)$$

となる．

演習問題

[1] (15.7), (15.8), (15.13) の由来と相互関係を説明せよ．
[2] 速度 v で，x 軸の負の方向へ進行する波の一般形を示せ．

演習問題解答

Chapter. 0

[1] $f(x+\Delta x) = (x+\Delta x)^n = x^n + nx^{n-1}\Delta x + \dfrac{n(n-1)}{2}x^{n-2}(\Delta x)^2 + \cdots$

$\dfrac{f(x+\Delta x)-f(x)}{\Delta x} = nx^{n-1} + \dfrac{n(n-1)}{2}x^{n-2}\Delta x + \cdots$

$\therefore\ f'(x) = \lim_{\Delta x\to 0}\dfrac{f(x+\Delta x)-f(x)}{\Delta x} = nx^{n-1}$

[2] $f(x+\Delta x) = e^{x+\Delta x} = e^x e^{\Delta x} = e^x\left[1+\Delta x+\dfrac{1}{2}(\Delta x)^2+\cdots\right]$

$\dfrac{f(x+\Delta x)-f(x)}{\Delta x} = e^x + e^x\dfrac{1}{2}\Delta x + \cdots$

$\therefore\ f'(x) = \lim_{\Delta x\to 0}\dfrac{f(x+\Delta x)-f(x)}{\Delta x} = e^x$

[3] $\dfrac{d(e^{ax})}{dx} = \dfrac{de^u}{dx} = \dfrac{de^u}{du}\dfrac{d(ax)}{dx} = e^u a = ae^{ax}$

[4] $\omega t = \Omega$ とおくと，$d\Omega/dt = \omega$ だから，$dt = d\Omega/\omega$ となるので

$\int \cos\omega t\ dt = \dfrac{1}{\omega}\int \cos\Omega\ d\Omega = \dfrac{1}{\omega}\sin\Omega + C = \dfrac{1}{\omega}\sin\omega t + C$

[5] $\boldsymbol{A}$ と $\boldsymbol{B}$ が平行であるとは，$A_x:A_y:A_z = B_x:B_y:B_z$ が成り立つことだから，これを満たすベクトルの例として

$\boldsymbol{A}=(2,1,0)$，$\boldsymbol{B}=(6,3,0)$ で (0.39) を計算すると

$(1\times 0 - 0\times 3,\ 0\times 6 - 2\times 0,\ 2\times 3 - 1\times 6) = (0,0,0)$

[6] ベクトル積の式 (0.39) の右辺を t で微分すると，例えば $\boldsymbol{e}_x$ の係数は

$\dfrac{dA_y}{dt}B_z + A_y\dfrac{dB_z}{dt} - \dfrac{dA_z}{dt}B_y - A_z\dfrac{dB_y}{dt}$

$= \dfrac{dA_y}{dt}B_z - B_y\dfrac{dA_z}{dt} + A_y\dfrac{dB_z}{dt} - \dfrac{dB_y}{dt}A_z$

$= \left(\dfrac{d\boldsymbol{A}}{dt}\times\boldsymbol{B}\right)_x + \left(\boldsymbol{A}\times\dfrac{d\boldsymbol{B}}{dt}\right)_x$

である．$\boldsymbol{e}_y, \boldsymbol{e}_z$ の係数も，同様に右辺の y, z 成分になり，よって，与式が示された．

[7] $\operatorname{div}(\operatorname{rot}\boldsymbol{A}) = \dfrac{\partial}{\partial x}\left(\dfrac{\partial A_z}{\partial y}-\dfrac{\partial A_y}{\partial z}\right) + \dfrac{\partial}{\partial y}\left(\dfrac{\partial A_x}{\partial z}-\dfrac{\partial A_z}{\partial x}\right)$

$\qquad\qquad + \dfrac{\partial}{\partial z}\left(\dfrac{\partial A_y}{\partial x}-\dfrac{\partial A_x}{\partial y}\right) = 0$

Chapter. 1

[1] F_1 の向きは $e_x + e_y$ である．その方向を向いて，大きさが1のベクトルは $(1/\sqrt{2})(e_x + e_y)$ だから，$F_1 = F_1(1/\sqrt{2})(e_x + e_y)$ と書ける．また，F の向きは e_y の向きだから，$F = \sqrt{2}\, F_1 e_y$ と表せる．

[2] $\dfrac{1}{1.6 \times 10^{-19}} = 6.2 \times 10^{18}$ 個

Chapter. 2

[1] 図に示す．

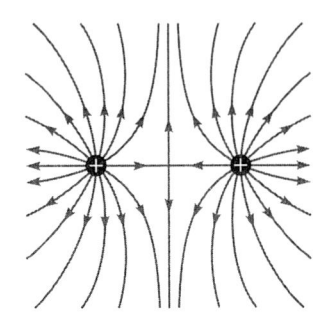

[2] 任意の点で電場に平行な向きに等しい力がはたらくから，電気力線は，平行線群になる．例えば，一様な電場が右下方向の場合の電気力線を図に示す．

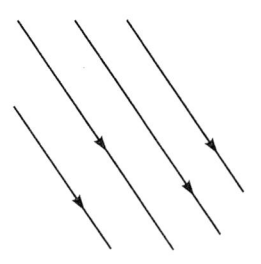

[3] 微小角度 $d\theta$ を決めると，その中に含まれる電気力線の数は，r が違っても一定である．弧の長さは $r\, d\theta$ だから，力線の数密度は 力線数$/r\, d\theta$ となって r に反比例する．ゆえに，半径が 1/2 の円周上である．

[4] 板1が一様な電荷密度 $-\sigma$ をもち，板2が σ をもつとする（図(a)）．空間をI，II，IIIに分けて考える．板1だけがあるときにできる電場を E_1 とする．これは，負の電荷をもつ板1に対して，全域で板に垂直に入る向きである．図(b)に各領域の電場の向きを矢印で示す．板2が作る電場を E_2 とすると，これは各領域で板2から垂直に出る向きである（図(c)）．両者を重ね合わせた全電場 $E = E_1 + E_2$ は領域IIで左向き，領域IとIIIでゼロである．

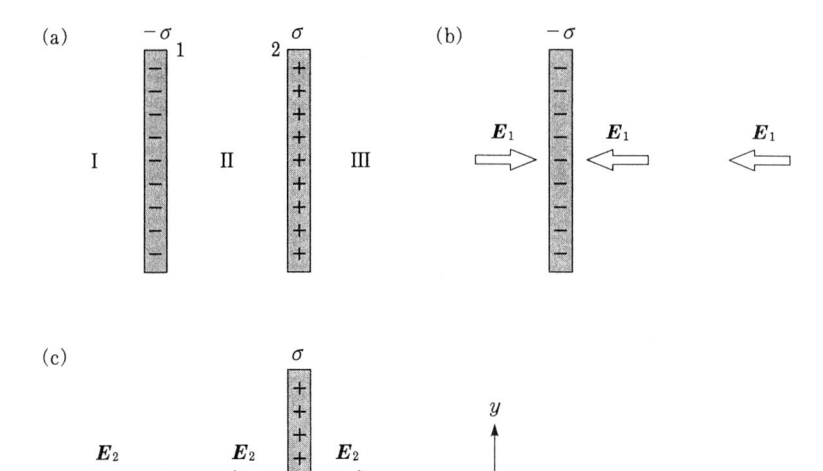

次問［5］の結果を使うと，領域Ⅱでの電場は $E_1 = E_2 = \sigma/2\varepsilon_0$ だから，$E = \sigma/\varepsilon_0$．ベクトルで書くと，$\boldsymbol{E} = (\sigma/\varepsilon_0)(-\boldsymbol{e}_x)$ である．

［5］ 円板を内径 r，幅 dr のリングに分けて考える．リングの面積は $dS = 2\pi r\, dr$，単位面積当りの電荷密度を σ とすると，$dQ = \sigma\, dS = 2\pi\sigma r\, dr$．例題 2.4 から

$$dE_x = \frac{1}{4\pi\varepsilon_0} \frac{(2\pi\sigma r\, dr)\, x}{(x^2 + r^2)^{3/2}}$$

$$E_x = \int_0^R \frac{1}{4\pi\varepsilon_0} \frac{(2\pi\sigma r\, dr)\, x}{(x^2 + r^2)^{3/2}}$$

$$= \frac{\sigma x}{2\varepsilon_0} \int_0^R \frac{r\, dr}{(x^2 + r^2)^{3/2}}$$

$$= \frac{\sigma}{2\varepsilon_0}\left(1 - \frac{1}{\sqrt{R^2/x^2 + 1}}\right)$$

$R \gg x$ のとき，これは $\sigma/2\varepsilon_0$ となる．この問題で，円板を x 軸の周りに任意の角度で回転しても状況は不変である．これを軸対称性があるという．上の結果が得られたのは，この問題がもっている軸対称性を利用して，面積分を r だけの積分に表せたからである．ここで得た結果は，円形の半径 R によらない．したがって，十分大きい任意の形の導体板の場合にも適用できる（例題 2.6 参照）．

［6］ 球対称性を利用するために，半径 r の球を考えてガウスの法則を適用す

る．電場 E は球面上のすべての点で同じで，かつ向きは動径方向である．そのとき電束は $\Phi_E = 4\pi r^2 E$. r が R より大きい場合と小さい場合に分けて考える．$r > R$ のときは球内の電荷は全電荷 Q であるから，ガウスの法則は $4\pi r^2 E = Q/\varepsilon_0$ となり，$E = Q/4\pi\varepsilon_0 r^2$.

$r < R$ では，球内の電荷は全電荷の $(r/R)^3$ だから $4\pi r^2 E = Qr^3/\varepsilon_0 R^3$ となるので $E = Qr/4\pi\varepsilon_0 R^3$ となる．

[7] 箱の中に電荷がないとき，電場はいたるところでゼロだから，箱のすべての表面で電束がゼロである．次に，$q, -q$ の電荷が図に示す場所にある場合を考える．これは，図2.10 に示した電気双極子が作る電場を直方体で囲ったと考えられる．このとき，例えば上面では，q の電荷に近い部分では外向きの電束があり，$-q$ の電荷に近いところでは内向きの電束がある．$q, -q$ の中点付近では，ほとんどゼロの電束が外向きか内向きのどちらかに存在している．面全体で足し合わせたものを考えると，外向きと内向きの電束が打ち消し合って，電束はゼロとなる．これは内部の正味の電荷がゼロだからである．上面以外でも同様の事情である．

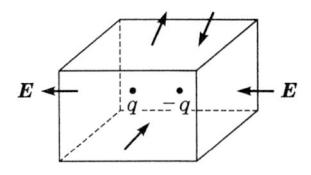

CHAPTER. 3

[1] (3.16) は $N+1$ 個のすべての電荷が互いに無限に遠くにあったのを，q_i, q_j が r_{ij} の距離になるまで近づけたときのポテンシャルエネルギーである．一方 (3.14) は，N 個の固定された $q_i\ (i = 1 \sim N)$ が作る電場内に q がある場合である．(3.14) では，$q_1 \sim q_N$ の位置は固定されていて，q だけを無限遠から近づけているが，(3.16) では $N+1$ 個すべてを無限遠から近づけている違いがある．

[2] (3.23) から $\phi(A) = (1/4\pi\varepsilon_0)\{q/a + (-2q)/2a\} = 0$, $\phi(B) = (1/4\pi\varepsilon_0)\{q/2a + (-2q)/a\} = -3q/8\pi\varepsilon_0$ となるので，$\phi(A) - \phi(B) = 3q/8\pi\varepsilon_0$.

[3] (3.26) を $\phi(r) - \phi(\infty) = \int_r^\infty \boldsymbol{E} \cdot d\boldsymbol{r} = \int_r^\infty E\, dr$ と書き直して，電場に CHAPTER.2 の演習問題 [6] の結果を使うと，$r > R$ では $\phi(r) = \int_r^\infty Q\, dr/4\pi\varepsilon_0 r^2 = Q/4\pi\varepsilon_0 r$. $r < R$ のときは，$r = R$ を境に電場の形が変るから

$$\phi(r) = \int_r^R \frac{Qr}{4\pi\varepsilon_0 R^3}\, dr + \int_R^\infty \frac{Q}{4\pi\varepsilon_0 r^2}\, dr = \frac{Q}{4\pi\varepsilon_0}\frac{1}{2}\left(\frac{R^2}{R^3} - \frac{r^2}{R^3}\right) + \frac{Q}{4\pi\varepsilon_0 R}$$

$$= -\frac{Qr^2}{8\pi\varepsilon_0 R^3} + \frac{3Q}{8\pi\varepsilon_0 R}$$

となる．

[4] 空洞内のある点で $E \neq 0$ と仮定したときに矛盾が生じることを示して，いたるところで $E = 0$ であることを示す．$E \neq 0$ の点を通る電気力線が存在し，その始点は正電荷，終点は負電荷である．始点は終点より電位が高いはずである．一方で電荷は導体の表面にしか現れないので，電気力線の始点と終点はともに空洞内の壁にある．空洞の壁は等電位だから，このようなことは起こらないから空洞内はいたるところ $E = 0$．$E = 0$ であるところはどこも等電位だから，空洞と導体は等電位である．

Chapter. 4

[1] AとBの合成容量は $10 + 10 = 20\ \mu\mathrm{F}$．これにCを加えた全合成容量は $1/20 + 1/10 = 3/20$ から $20/3\ \mu\mathrm{F}$．

Cに電荷 Q が蓄えられると，A, Bにはそれぞれ $Q/2$ が蓄えられる．$V = Q/C$ から，Cの両端の電位差は，A, Bの両端の電位差の2倍である．30 V を $2:1$ に分けると，Cでの電位差は 20 V（A, B はともに 10 V）．

[2] 導体球がもつ全電荷 Q は，半径 R の球面上に一様に分布するので，導体球の外の電場は (2.23) である．導体球と無限の遠方との電位差 V は，例題 3.3 により $V = Q/4\pi\varepsilon_0 R$．したがって，$C = Q/V = 4\pi\varepsilon_0 R$．半径が 10 cm のときは $C = 4\pi \times 8.9 \times 10^{-12} \times 0.1 = 1.1 \times 10^{-11}$ F．

[3] コンデンサーが蓄えるエネルギーは，(4.16) から
$$\frac{1}{2} \times 300 \times 10^{-6} \times (100)^2 = 1.5\ \mathrm{J}$$
放電によって，全エネルギーは導線内に発生するジュール熱になる．

[4] 靴とカーペットの摩擦で生じた電気が，キーと錠前の金属の間に放電を起こしているのである．キーのように尖ったものでは，先端部分を球面と考えるとき半径が小さい．[2] でみたように導体球の電位は半径に反比例するので，キーの先端の電圧が高くなっている．その結果，他の部分より放電が起こりやすい．

Chapter. 5

[1] $(5.6)/(5.4) = E/E_0 = (\sigma_0 - \sigma_P)/\sigma_0 = 1 - \sigma_P/\sigma_0$．これは (5.3) から $1/\varepsilon_r$ だから，$\sigma_P = \sigma_0(1 - 1/\varepsilon_r)$．

[2] (4.4) と (5.1) から，
$$C = \frac{\varepsilon_r \varepsilon_0 S}{d} = \frac{3.5 \times 8.85 \times 10^{-12} \times 1}{2 \times 10^{-4}} = 1.5 \times 10^{-7} = 0.15\ \mu\mathrm{F}$$

[3] （a） 初めに A に蓄えられている電荷は
$$Q = 200 \times 10^{-6} \times 100 = 2 \times 10^{-2}\ \mathrm{C}$$

AとBを並列につなぐと，A，Bが1×10^{-2}Cずつ蓄えられるから，AとBの電圧は，どちらも$V=(1\times10^{-2})/(200\times10^{-6})=50$Vとなる．

（b）電場のエネルギーは(4.16)から$2\times(1/2)\times200\times10^{-6}\times(50)^2=0.5$J

（c）Aが初めにもっていたエネルギーは$(1/2)\times200\times10^{-6}\times(100)^2=1$J．差の0.5Jは，電荷が導線を移動するときに発生するジュール熱となった．

Chapter. 6

［1］(6.14)から$R=\rho L/S=1.72\times10^{-8}\times20/(1\times10^{-6})=0.34\,\Omega$．

［2］(6.16)で$T_0=0$に選ぶ．その上で$T=0$とおけば$\rho_0=0.08$である．$T=100\,°C$での電気抵抗率は
$$\rho=0.08\times(1+4.5\times10^{-3}\times100)=0.116\,\Omega\cdot\mathrm{m}$$

［3］非均一な物質内の点P付近での平均電気伝導率
$$\sigma_\mathrm{ave}=\frac{L}{S}G$$
を，次の極限操作で求める．円柱導体中にある点Pを適当に選び，これを含むようにある大きさの試験円柱を切り出してコンダクタンスとサイズを測り，上式で計算する．これと同形の円柱を，段々小さくして測定をくり返すと，電気伝導率がある値に近づくと期待される．その極限値を平均電気伝導率として用いる．

［4］(6.25)から，$R=V^2/P=(100)^2/(2\times10^3)=5\,\Omega$．(6.14)から，ニクロム線の長さ$L=RS/\rho=5\times3.14\times(0.5\times10^{-3})^2/(1.1\times10^{-6})=3.6$m．また，流れる電流$I=V/R=100/5=20$A．

Chapter. 7

［1］直列につないだとき$R=4\,\Omega$，$I=2$Aだから，(6.25)により$P=RI^2=16$W．並列のときは，Rが$1/2+1/2=1$から$1\,\Omega$，$I=8$Aだから1個の抵抗には4Aが流れる．その電力が$P=16$W，これが2個あるので全体では32W．

［2］$I=0$だから，キルヒホッフの第2法則は$I_1R_1+I_1R_2-V_1=0$となるから，$I_1=V_1/(R_1+R_2)$である．求めるVは，抵抗の分点と点bの電位差I_1R_2に等しいから，$V=R_2V_1/(R_1+R_2)$．

Chapter. 8

［1］違う．実際に砂の中で棒磁石を動かすと，両方の極にくっつく砂鉄の量が違うことは，磁気力の強さが違うことを示している．これは，磁石が正，負の

極をもつごく小さい領域からできていること,その意味で磁石の両端はそれぞれ異なる領域の磁極であるとして理解される.

[2] $1\,\mathrm{T}=1\,\mathrm{N/A\cdot m}$ だから,$1\,\mathrm{Wb}=1\,\mathrm{T\cdot m^2}=1\,\mathrm{N\cdot m/A}$.

CHAPTER. 9

[1] z 軸に沿って上方に流れる定常電流 i が点 P に作る磁束密度を計算する.円柱座標 (ρ,ϕ,z) で,基底ベクトル $\boldsymbol{e}_\rho, \boldsymbol{e}_\phi, \boldsymbol{e}_z$ を図のようにとると
$$d\boldsymbol{s}=\boldsymbol{e}_\rho\,d\rho+\boldsymbol{e}_\phi\rho\,d\phi+\boldsymbol{e}_z\,dz$$
である.いまの場合は
$$d\boldsymbol{s}=\boldsymbol{e}_z\,dz$$
で,$\boldsymbol{e}_r$ を下向きにとっているから
$$\boldsymbol{e}_r=\frac{x}{r}\boldsymbol{e}_x+\frac{y}{r}\boldsymbol{e}_y-\frac{z}{r}\boldsymbol{e}_z$$
したがって,
$$d\boldsymbol{s}\times\boldsymbol{e}_r=\left(\frac{x}{r}\boldsymbol{e}_y-\frac{y}{r}\boldsymbol{e}_x\right)dz=\frac{\rho}{r}dz\,\boldsymbol{e}_\phi$$
だから
$$d\boldsymbol{B}=\frac{\mu_0 I}{4\pi}\frac{\rho\,dz}{(z^2+\rho^2)^{3/2}}\boldsymbol{e}_\phi$$
これを $z=-\infty\sim\infty$ で積分すると,(9.15) を用いて
$$\boldsymbol{B}=\frac{\mu_0}{2\pi}\frac{I}{\rho}\boldsymbol{e}_\phi$$
これは (9.4) で,ベクトルの向きも表したものである.

[2] (9.4) から
$$B=4\pi\times10^{-7}\times\frac{10}{2\pi\times4\times10^{-2}}=5\times10^{-5}\,\mathrm{T}$$

[3] (9.8) から
$$B=4\pi\times10^{-7}\times\frac{(6/50)}{2\times0.1}=7.6\times10^{-7}\,\mathrm{T}$$

[4] (9.13) から,
$$B=4\pi\times10^{-7}\times\frac{1200}{0.4}\times2=7.5\times10^{-3}\,\mathrm{T}$$

[5] (9.14) から,
$$B=\frac{4\pi\times10^{-7}\times100\times5\times(0.3)^2}{2\times(0.4^2+0.3^2)^{3/2}}=2.3\times10^{-4}\,\mathrm{T}$$

Chapter. 10

[1] 図10.2の円を反時計回りに回る軌道になる．

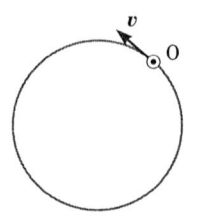

[2] 磁束密度が変ると，水平面内の運動が変化する．磁束密度が強くなっていくと，円軌道の半径が次第に小さくなるので，運動の軌道は先が細くなるらせん形である．

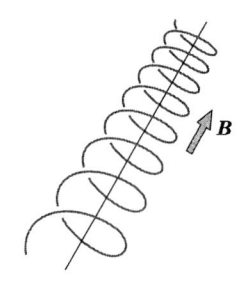

[3] 図10.8において，I_2 を逆向きにとると，導体2にはたらく F_1 は逆向きになる．また導体1における B_2 が逆になり，F_2 も逆にはたらく．したがって，F_1 と F_2 は斥力である．

[4] 電流密度は $J = I/S = 90/(3 \times 10^{-3} \times 2 \times 10^{-2}) = 1.5 \times 10^6 \, \text{A/m}^2$.
z 方向の電場の強さは $V/d = 1.2 \times 10^{-6}/(2 \times 10^{-2}) = 6 \times 10^{-5} \, \text{V/m}$．キャリヤー密度は例題10.5の［解］の（3）式から

$$n = -\frac{1.5 \times 10^6 \times 0.4}{6 \times 10^{-5} \times (-1.6 \times 10^{-19})} = 6.2 \times 10^{28} \, \text{m}^{-3}$$

Chapter. 11

[1] 図に示す例で考える．電流 I は導体を紙面の裏側から手前に向かって流れている．ループ内を伝導電流が流れているときの説明（図11.3）と同じように，道筋を1周したときの角度積分で決まる．導体から道筋を見たときの両端を P, Q とする．$\overline{PQ}$ での角度積分

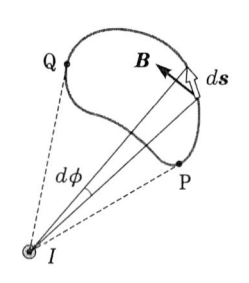

$\int_P^Q d\phi$ と, $\overline{QP}$ での角度積分 $\int_Q^P d\phi$ は符号だけが違って打ち消すので, 1周すると $\oint d\phi = 0$ となり, アンペールの法則 $\oint \boldsymbol{B} \cdot d\boldsymbol{s} = 0$ が成り立つことがわかる.

[2] ソレノイドを流れる電流の対称性から, 中心軸に垂直なある半径の円周上では, どこでも B が一定である. ソレノイドの長さが十分長いことから, 中心軸に平行な線上でも一定である. あとは例えば図11.4(b)の点Sで中心軸上と同じであることをいえればよい. 点Sではソレノイドの上部の寄与が軸上の点Pより大きいが, 下部の寄与は小さく, 全体として中心軸上と同じになると考えられる. 以上のことから, 題意が示せた.

CHAPTER. 12

[1] 図12.7(b)ではS極に入る磁力線があり, コイルを右から左に貫いている. S極がコイルに近づくと, 図12.7(c)のように, 磁力線の量が増える. これを減らす右に貫く磁束を作るように, 電流が時計回りに流れる. 逆に磁石を遠ざけると, 左から右への磁束が減るので, これを補うようにコイルに反時計回りの電流が流れる (図12.7(d)).

[2] コイルを貫く磁力線は, 左から右へ向かう. 磁石をコイルに近づけると, その向きの磁束が増えるから, 逆向きの磁束を生じるように電流が反時計回りに流れる. 磁石を遠ざけると, 左から右への磁束が減るので, これを補うように時計回りの電流が流れる.

[3] 面積ベクトル $\boldsymbol{S}$ の向きは, 面の法線方向だから, $\boldsymbol{B}$ から $\boldsymbol{S}$ までの角度は $\pi/3$ である. 磁束は
$$3.14 \times (3 \times 10^{-2})^2 \sin(\pi/6) \times B = 1.41 \times 10^{-3} \times B$$
したがって (12.2) から誘導起電力は $V_{em} = -N d\Phi_B/dt = -400 \times (-0.16 \times 1.41 \times 10^{-3}) = 0.092$ V で, その向きは, 初めにコイルに電流を流している起電力の向きと同じ.

CHAPTER. 13

[1] ドーナツ型のソレノイドでは, $2\pi r$ の長さに N 個のコイルがあるから, $n = N/2\pi r$. したがって, このソレノイド内の磁束は $\Phi_B = BS = \mu_0 NiS/2\pi r$. これと (13.8) から自己インダクタンスは $L = N\Phi_B/i = \mu_0 N^2 S/2\pi r$ となる.

[2] (13.15) から
$$L = \frac{2U}{I^2} = \frac{2 \times 1 \times 10^3 \times (60)^2}{(100)^2} = 720 \text{ H}$$

[3] $t = 0$ では電流が流れないから $q = Q$. したがって, 磁気的な場のエネ

ルギーはゼロ．回路のエネルギーは，すべてコンデンサーの電場のエネルギーである．よって，求めるエネルギーはそれぞれ (13.15) から $U_B = Li^2/2 = 0$, (4.15) から $U_E = (1.5 \times 10^{-2})^2/(2 \times 50 \times 10^{-6}) = 2.2$ J.

$t = 1.2$ ms では，図 13.10 の $t = T/4$ と $T/2$ の間に対応するので，部分的に磁気的な場および電場それぞれのエネルギーである．例題 13.5 でみたように，$t = 1.2$ ms では $q = -1.1 \times 10^{-2}$ C．(13.26) から $i = -2 \times 10^3 \times 1.1 \times 10^{-2} \times \sin 2.4 = -20$ A．これらを使うと，求めるエネルギーはそれぞれ

$$U_B = \frac{1}{2} \times 5 \times 10^{-3} \times (-20)^2 = 1.0 \text{ J}, \qquad U_E = \frac{(-1.1 \times 10^{-2})^2}{2 \times (50 \times 10^{-6})} = 1.2 \text{ J}$$

Chapter. 14

[1] （a） $v_R = iR$ から，$i = 1.2\cos(2500t)/100 = 1.2 \times 10^{-2}\cos(2500t)$
（b） (14.26) から，$X_C = 1/(2500 \times 8 \times 10^{-6}) = 50\ \Omega$
（c） (14.27) から，$V_C = 1.2 \times 10^{-2} \times 50 = 0.6$ V

コンデンサーの両端の電圧の時間変化は

$$v_C = V_C \cos\left(\omega t - \frac{\pi}{2}\right) = 0.6\cos\left(\omega t - \frac{\pi}{2}\right)$$

このように，コンデンサーと抵抗では電圧の振幅の大きさが違う．

[2] (14.21) から $X_L = 10^4 \times 20 \times 10^{-3} = 200\ \Omega$．(14.26) から $X_C = 1/(10^4 \times 1 \times 10^{-6}) = 100\ \Omega$．(14.29) から $Z = \sqrt{100^2 + (200-100)^2} = \sqrt{2} \times 100 = 1.4 \times 10^2\ \Omega$．(14.30) から $I = V/Z = 50/140 = 0.36$ A．位相角は図 14.12 から $\phi = \tan^{-1}(V_L - V_C)/V_R = \tan^{-1}(X_L - X_C)/R = \tan^{-1} 1/1 = \pi/4$

(14.15)，(14.20)，(14.27) を使うと $V_R = 0.36 \times 100 = 36$ V, $V_L = 0.36 \times 200 = 72$ V, $V_C = 0.36 \times 100 = 36$ V，このとき 3 つの電圧振幅の和は 144 V，電源電圧 50 V と違うのは，3 つの量に位相差があるからである．

[3] (14.34) から $R = V_{\text{rms}}^2/P_{\text{av}} = 100^2/1200 = 8.3\ \Omega$．(14.33) から $I_{\text{rms}} = P_{\text{av}}/V_{\text{rms}} = 1200/100 = 12$ A．

Chapter. 15

[1] (15.8) は進行波の条件．(15.7) は時間的に周期関数であること，(15.13) は空間的に周期関数であることを表す．

[2] (15.15) に対応して

$$\varphi(x, t) = f(x + vt)$$

となる．

索　引

ア

RC 回路　125
RL 回路　201
アース　35
アンペア　100
アンペールの法則　169, 170, 175, 235
　マクスウェル-――　177, 225

イ

イオン　100
　正――　32
　負――　33
　分子――　33
イオン化　33
位相角　212
位置ベクトル　13
一様な電場のポテンシャルエネルギー　58
インダクター　197
インダクタンス　197
　自己――　197
　相互――　194
インピーダンス　220

ウ

ウェーバー　140

エ

LC 回路　205
LRC 回路　218
N 極　131
S 極　131
エネルギー　117
　――のゼロ点　62
　――密度　83
　　磁気的な場の――　200
　　真空中の電場の――　84
　　電気双極子の――　45
　電磁――　238
　電場の――　83
　ポテンシャル――　56, 61
　　磁気双極子の――　166
　　電場の――　81, 82

オ

オーム　106
オームの法則　105, 109, 211

カ

外積　16
回転　20
外部電場　95

回路　112
　交流――　214
　電気――　112
ガウスの法則　53, 233
　磁束密度に関する――　140, 225
　積分形の――　53
　電場に関する――　52, 225
　誘電体内の――　97
重ね合わせの原理　40
　力の――　30
　電場の――　40
価電子　100
荷電粒子　33
　――の数密度　102
関数　1
　原始――　5
　合成――　4
　導――　2
　2 階――　2
　波動――　228

キ

起電力　113, 114, 115, 190
　交流――　209
　誘導――　183, 186
　自己――　196
基本ベクトル　13
キャリヤー　101

索 引

球座標 11
強磁性体 179
極限値 1
極座標 11
極性分子 93
　非―― 92
曲線を表す方程式 20
極板 74
キルヒホッフの第1法則 122
キルヒホッフの第2法則 123, 207
キロワット時 117
均一 106

ク

偶力 45, 165
　――のモーメント 45, 165
クーロン 27
クーロンの法則 27
クーロン力 27

ケ

原子核 31
原始関数 5
原子番号 32

コ

コイル 152
　――の電圧振幅 215
　交流回路の―― 215
交換律 15
合成関数 4
　――の積分 8

――の微分 4
合成抵抗 120
合成容量 79
光速 232
勾配 19
勾配ベクトル 19
交流 209
交流回路 214
　――の電力 221
交流起電力 209
交流周波数 211
交流電圧 211
交流電源 214
交流電流 211
コンダクタンス 111
　――の単位 112
コンデンサー 74, 217
　平行板―― 74

サ

3重積分 11
作用線 45, 165
散乱体 104
残留磁化 180

シ

磁化 179
磁荷 132
磁気双極子 134
　――のポテンシャルエネルギー 166
磁気的な場 132, 155
　――のエネルギー密度 200
磁気モーメント 134

電流が作る―― 165
磁極 131
磁気量 133
磁気力 135
　電流にはたらく―― 159
磁区 180
軸対称 152
試験電荷 37
自己インダクタンス 197
仕事 58, 117
自己誘導起電力 196
磁石 130
　棒―― 130
磁針 130
磁性 178
　強――体 179
　反――体 179
磁束 139
　――の単位 140
磁束密度 135, 154, 155
　――に関するガウスの法則 140, 225
　――の単位 135
時定数 127
磁場 132
　――の強さ 154, 155
ジーメンス 112
充電 75
周波数 158
　――の単位 158
　交流―― 211
常磁性体 179
衝突 105

索　引
253

　　——による減速　105
　　——の原因　111
磁力線　138
真空中の平面電磁波の速度　236
真空中の電場のエネルギー密度　84
真空の透磁率　143
真空の誘電率　27
振動現象　205

ス

スイッチ　112
水面波　226
スカラー　12
スカラー積　14
スカラー場　19

セ

正イオン　32
正弦電磁波　236
正弦波　230
正孔　101
静電気　26
静電誘導　35
正の電荷　25
積分　5
　　——形のガウスの法則　53
　　——定数　5
　　合成関数の——　8
　　定——　7
　　不定——　5
絶縁体　85, 101
接合　122

接線方向の単位ベクトル　20
接続　78
　　直列——　119
　　並列——　80, 120
線形現象　89
線形効果　89
線積分　21

ソ

相互インダクタンス　194
　　——の単位　195
ソレノイド　152
　　——の磁束密度　173

タ

縦波　228
単位ベクトル　13
　　接線方向の——　20
単振動　228
担体　101

チ

力の重ね合わせの原理　30
地磁気　133
直線偏光　237
直列　78
直列接続　78, 119
直角座標　11

テ

抵抗がある交流回路　214

抵抗の温度係数　111
抵抗率の温度依存性　111
抵抗率の単位　106
定積分　7
テスラ　135
デバイス　74, 113
電圧　67
　　——振幅　211, 217
　　コイルの——　215
　　交流——　211
電圧降下　109
電位　66
　　——の勾配　71
　　——の単位　66
　　等——面　70
電位差　67, 115
電荷　24
　　——の移動　34
　　——の保存則　33
　　——密度　46, 65, 87
　　試験——　37
　　正の——　25
　　負の——　25
　　誘導——　35
　　——密度　88
電気回路　112
電気感受率　89
電気振動　207
電気双極子　44
　　——のエネルギー　45
　　——モーメント　44
電気素量　32
電気抵抗　107
　　——率　106

電気伝導 101
　――性 101
　――率 106
　　　――の単位 106
電気分極 88
電気容量 75
　　　――の単位 76
電気力線 41, 42
　　　――の密度 44
電気量の単位 27
電子 31, 100
　　価―― 100
　　内殻―― 100
電磁エネルギー 238
電磁波 224
　　　――の伝播 237
　　　真空中の平面――の
　　　　速度 236
　　　正弦―― 236
　　　平面―― 233
電子ボルト 69
電磁誘導 182
電束 48, 50
　　　――密度 54, 154
　　　誘電体中の―― 90
電池の電圧 112
点電荷 26, 61
　　　――のポテンシャル
　　　　エネルギー 61
伝導体 101
伝導電子 100
伝導電流 175
電場 37, 39, 154
　　　――が電荷にする仕事
　　　　57

索　引

　――に関するガウスの
　　法則 52, 225
　――による加速 105
　――のエネルギー
　　83
　真空中の――密度
　　84
　――の重ね合わせの
　　原理 40
　――のポテンシャル
　　エネルギー 81, 82
　外部―― 95
　誘導―― 95
電流 99, 101, 102
　　　――が作る磁気モーメ
　　　　ント 165
　　　――振幅 211
　　　――素片 146
　　　――にはたらく磁気力
　　　　159
　　　――の実効値 212
　　　――の単位 100
　　　――の定義 102
　　　――の向き 102
　　　――密度 95, 103
　　交流―― 211
　　変位―― 177
　　誘導―― 183
電力 117
　　　――の平均値 220
電力量 117
　　　――の単位 117
　　　交流回路の―― 220

ト

導関数 2
　2階―― 2
透磁率 178
　真空の―― 143
　比―― 178
　物質の―― 178, 200
等速円運動 157
　　　――の周期 158
導体 85, 101
等電位面 70
等方的 107
閉じた系 33
ドリフト 105
　　　――速度 102, 105

ナ

内殻電子 100
内積 14
内部抵抗 115
ナブラ 19
波 226
　　　――の伝播 232

ニ

2階導関数 2
2重積分 9
2乗平均 212

ネ

熱振動 111

ハ

媒介変数 20

索引

媒質 227
波数 229
発散 19
波動 226
　——関数 228
　——の速度 229
　——方程式 232, 236
反磁性体 179

ヒ

ビオ‐サバールの公式 147
ビオ‐サバールの法則 146
光の屈折率 239
非極性分子 92
左手の法則 137
比透磁率 178
微分 2
　合成関数の—— 4
比誘電率 86
開いた系 33

フ

ファラデーの法則 186, 225, 234
ファラド 76
負イオン 33
不純物原子 111
物質 108
　——中の光速 239
　——中のマクスウェル方程式 239
　——の磁化率 179
　——の透磁率 178,
　　200
物性 85
物体 108
不定積分 5
負の電荷 25
分岐点 122
分極 88
　——の単位 89
　電気—— 88
　誘電——のミクロな理解 93
分子イオン 33
分配律 15

ヘ

閉曲面 49
平均値 212
平行板コンデンサー 74
平面電磁波 233
平面波 233
並列接続 80, 120
ベクトル 12
　——表示 29
　位置—— 13
　基本—— 13
　単位—— 13
　接線方向の—— 20
　ポインティング—— 239
　法線—— 16
　面積—— 17
　面要素—— 23
ベクトル積 16
ベクトル場 19

255

ヘルツ 158
変位電流 176
変位の時間変化 228
偏微分 4
ヘンリー 195

ホ

ポインティングベクトル 239
棒磁石 130
法線ベクトル 16
放電 76, 128
飽和磁化 180
保磁力 180
保存力 57
ポテンシャルエネルギー 56, 61
　——の勾配 60
　一様な電場中での—— 58
　磁気双極子の—— 166
　電場の—— 81, 82
ホール効果 166
ボルト 66

マ

巻き数 152
マクスウェル‐アンペールの法則 177, 225
マクスウェル方程式 225
　物質中の—— 239
摩擦電気 24

索　引

ミ

右手の法則　137
右ねじの関係　16
ミクロな粒子　100
乱れ　111

ム

ムオー　106
無限遠点　62

メ

面積分　22, 226
面積ベクトル　17
面の符号　18
面要素ベクトル　23

ユ

誘電性　85
誘電体　85
　——中の電束密度　90
　——内のガウスの法則　97
誘電分極のミクロな理解　93
誘電率　27, 86
　真空の——　27
　比——　86
　物質の——　86
誘導起電力　183, 186
　自己——　196
誘導電荷　35
　——の分子モデル　92
　——密度　88
誘導電場　95
誘導電流　183
誘導リアクタンス　215
　——の単位　216

ヨ

陽子　31
容量リアクタンス　218
横波　227, 236

ラ

らせん運動　159
ランダム速度　104

ル

ループ　123

レ

レンツの法則　187

ロ

ローレンツ力　136

著者略歴

岡崎　誠（おかざき　まこと）

　1934年 中国，旅順市に生まれる．1957年 東京大学理学部物理学科卒業．1962年 同大学院博士課程修了．理学博士．東京大学工学部物理工学科助手，講師，助教授，筑波大学物質工学系教授を経て，現在，同大学名誉教授．

　主な著書：「物質の量子力学」(岩波書店)，「演習 量子力学 [新訂版]」(共著)，「量子力学 [新訂版]」(以上，サイエンス社)，「べんりな変分原理」(共立出版)，「固体物理学 －工学のために－」(裳華房)

電磁気学入門

2005年11月25日	第1版発行
2017年 3月10日	第4版1刷発行
2024年 3月25日	第4版5刷発行

検印省略

定価はカバーに表示してあります．

増刷表示について
2009年4月より「増刷」表示を「版」から「刷」に変更いたしました．詳しい表示基準は弊社ホームページ
http://www.shokabo.co.jp/
をご覧ください．

著作者　　岡崎　誠
発行者　　吉野和浩
発行所　　〒102-0081
　　　　　東京都千代田区四番町8-1
　　　　　電話 03-3262-9166
　　　　　株式会社 裳華房
印刷所
製本所　　株式会社デジタルパブリッシングサービス

一般社団法人 自然科学書協会会員

JCOPY〈出版者著作権管理機構 委託出版物〉
本書の無断複製は著作権法上での例外を除き禁じられています．複製される場合は，そのつど事前に，出版者著作権管理機構（電話03-5244-5088，FAX03-5244-5089，e-mail: info@jcopy.or.jp）の許諾を得てください．

ISBN 978-4-7853-2223-6

©岡崎　誠, 2005　　Printed in Japan

マクスウェル方程式から始める 電磁気学

小宮山 進・竹川 敦 共著　Ａ５判／288頁／定価 2970円（税込）

★電磁気学の新しいスタンダード★

　基本法則であるマクスウェル方程式をまず最初に丁寧に説明し，基本法則から全ての電磁気現象を演繹的に説明することで，電磁気学を体系的に理解できるようにした．クーロンの法則から始める従来のやり方とは異なる初学者向けの全く新しい教科書・参考書であり，首尾一貫した見通しの良い論理の流れが全編を貫く．理工学系の応用・実践のために充分な基礎を与え，初学者だけでなく，電磁気学を学び直す社会人にも適する．

【本書の特徴】
◆ 理工系の１年生に対して30年間にわたって行った講義を基に書かれた教科書．
◆ 力学を運動方程式から学び始めるように，マクスウェル方程式から学び始めることで，今までなかった最適の構成をもつ電磁気学の教科書・参考書となっている．
◆ 初学者の独習にも適するように，マクスウェル方程式から始めるにあたって必要な数学的な概念を懇切丁寧に解説し，図も豊富に取り入れた．
◆ 従来の教科書ではつながりが見えにくかった多くの関係式が，基本法則から意味をもって体系的につながっていることが非常によくわかるようになっている．

【主要目次】1．電磁気学の法則　2．マクスウェル方程式（積分形）　3．ベクトル場とスカラー場の微分と積分　4．マクスウェル方程式（微分形）　5．静電気　6．電場と静電ポテンシャルの具体例　7．静電エネルギー　8．誘電体　9．静磁気　10．磁性体　11．物質中の電磁気学　12．変動する電磁場　13．電磁波

本質から理解する 数学的手法

荒木　修・齋藤智彦 共著　Ａ５判／210頁／定価 2530円（税込）

　大学理工系の初学年で学ぶ基礎数学について，「学ぶことにどんな意味があるのか」「何が重要か」「本質は何か」「何の役に立つのか」という問題意識を常に持って考えるためのヒントや解答を記した．話の流れを重視した「読み物」風のスタイルで，直感に訴えるような図や絵を多用した．

【主要目次】1．基本の「き」　2．テイラー展開　3．多変数・ベクトル関数の微分　4．線積分・面積分・体積積分　5．ベクトル場の発散と回転　6．フーリエ級数・変換とラプラス変換　7．微分方程式　8．行列と線形代数　9．群論の初歩

力学・電磁気学・熱力学のための 基礎数学

松下　貢 著　Ａ５判／242頁／定価 2640円（税込）

　「力学」「電磁気学」「熱力学」に共通する道具としての数学を一冊にまとめ，豊富な問題と共に，直観的な理解を目指して懇切丁寧に解説．取り上げた題材には，通常の「物理数学」の書籍では省かれることの多い「微分」と「積分」，「行列と行列式」も含めた．

【主要目次】1．微分　2．積分　3．微分方程式　4．関数の微小変化と偏微分　5．ベクトルとその性質　6．スカラー場とベクトル場　7．ベクトル場の積分定理　8．行列と行列式

裳華房ホームページ　https://www.shokabo.co.jp/